国家学生饮用奶与营养改善计划年度报告

（2021—2022学年）

林　巧　柴彤涛
张　倩　聂迎利　主编
孔令博　王晶静

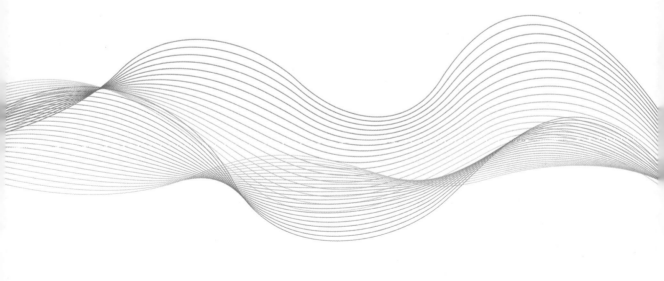

中国农业科学技术出版社

图书在版编目（CIP）数据

国家学生饮用奶与营养改善计划年度报告：2021—2022学年／林巧等主编. --北京：中国农业科学技术出版社，2022.12

ISBN 978-7-5116-6087-9

Ⅰ.①国… Ⅱ.①林… Ⅲ.①农村学校-中小学生-膳食-后勤供应-研究报告-中国-2021-2022 Ⅳ.①G637.4

中国版本图书馆 CIP 数据核字（2022）第 239352 号

责任编辑 徐定娜
责任校对 王 彦
责任印制 姜义伟 王思文

出 版 者 中国农业科学技术出版社
          北京市中关村南大街 12 号   邮编：100081
电   话 (010) 82105169 (编辑室)   (010) 82109702 (发行部)
          (010) 82109709 (读者服务部)
网   址 https://castp.caas.cn
经 销 者 各地新华书店
印 刷 者 北京科信印刷有限公司
开   本 190 mm×270 mm 1/16
印   张 16.5
字   数 423 千字
版   次 2022 年 12 月第 1 版 2022 年 12 月第 1 次印刷
定   价 80.00 元

《国家学生饮用奶与营养改善计划年度报告（2021—2022 学年)》

编委会

主 任 委 员：

陈萌山　国家食物与营养咨询委员会主任

副主任委员：

陈永祥　中国学生营养与健康促进会会长

刘亚清　中国奶业协会副会长兼秘书长

周清波　中国农业科学院农业信息研究所所长

王加启　农业农村部食物与营养发展研究所所长

委　　员（按姓氏笔画排序）：

于　朔　仲　岩　刘　豪　李　栋　李小伟　宋　畅　张　倩

陆玉忠　陈彦军　欧阳良金　金家昌　郑　楠　郑永红　徐　娇

滑卫志　魏　虹

编写组

主　　编：林　巧　柴彤涛　张　倩　聂迎利　孔令博　王晶静

副 主 编：何　微　赵慧敏　王晓梅　杨　娇　张　毅　赵永坤

参　　编（按姓氏笔画排序）：

王玉芹　王加春　毛永娇　孔相合　吕远征　李天皓　杨小薇

杨光华　吾际舟　张　帆　季万兰　赵晓梅　赵彩霞　姜　琨

姜萍萍　徐　静　常　赞　董明珠　程洁明

前　言

2021—2022 年，对于国家"学生饮用奶计划"和"农村义务教育学生营养改善计划"（以下简称"两项计划"）来说是具有重要意义的年份。

2021 年是"农村义务教育学生营养改善计划"实施 10 周年，它被写入 2022 年政府工作报告：着力保障和改善民生，加快发展社会事业。加大农村义务教育薄弱环节建设力度，提高学生营养改善计划补助标准，3 700 多万学生受益。党的二十大报告中也指出，"我们经过接续奋斗，实现了小康这个中华民族的千年梦想，打赢了人类历史上规模最大的脱贫攻坚战，历史性地解决了绝对贫困问题，为全球减贫事业作出了重大贡献"。在消除绝对贫困的过程中，针对农村义务教育阶段的学生进行的营养干预和改善工作，让脱贫事业在具体领域事半功倍，助力阻断贫困代际传递。10 年来，我国农村义务教育阶段学生营养改善计划从"鸡蛋牛奶加餐"到"校校有食堂"，再到覆盖 29 个省份 1 762 个县，惠及学生 4 060.82 万人；学生们实实在在有了获得感、幸福感，餐盘中的菜品也越来越丰盛，从"吃得饱"向"吃得营养"迈进。随之而来的是，10 年来，欠发达地区农村学生的整体面貌也有了显著改善，学生的体质健康、运动能力、学习能力都有了显著提升。《农村义务教育学生营养改善计划十周年评估报告》显示，2012 年至 2020 年，随着肉、蛋、奶的持续供给，我国欠发达地区农村 15 岁男生、女生身高分别比 2012 年高出近 10 厘米和 8 厘米；受益学生的体质健康合格率从 2012 年的 70.3% 提高至 2021 年的 86.7%，营养不良问题从 2012 年的 20.3% 下降到 10.2%，贫血率由 2012 年的 19.2% 下降到 9.6%。

2000 年启动的国家"学生饮用奶计划"也积极稳妥推进，实施成效显著，成果丰硕，得到广泛的社会认可。中国奶业协会 2022 年 5 月数据显示，国家"学生饮用奶计划"供应能力显著提升，覆盖范围不断扩大。全国学生饮用奶生产企业 124 家，日处理生乳总能力 5 万多吨；学生饮用奶奶源基地 353 家，日均生产生乳 1.2 万多吨。2020—2021 学年，全国学生饮用奶日均供应量 2 500 余万份，惠及 3 000 多万名中小学生，覆盖全国 7 万多所学校。

2021 年以来，"两项计划"又迎来新的发展机遇。党的二十大报告要求，要树立大食物观，提出到 2035 年，健康中国是我国发展总目标之一，要推进健康中国建设。人民健康是民族昌盛和国家强盛的重要标志。把保障人民健康放在优先发展的战略位置，完善人民健康促进政策。这为"两项计划"的进一步持续发展明确了方向。

2022 年 5 月，《国家"学生饮用奶计划"推广管理办法》（修订版）正式发布，供应对象从限定中小学生扩大至所有学生；配套的 3 项新增学生饮用奶团体标准（《学生饮用奶 巴氏杀菌乳》《学生饮用奶 发酵乳》《学生饮用奶 入校操作规范》）也同期发布，对原奶质量、生产工艺、入校规范操作等提出新要求，并进行了详细的规定。2021 年 9 月，财政部和教育部印发《关于深入实施农村义务教育学生营养改善计划的通知》，提出要提高营养膳食补助国家基础标准。经国务院批准，从 2021 年秋季学期起，农村义务教育学生营养膳食补助国家基础标准由每生每天 4 元提高至 5 元，2021 年，中央财政安排的学生营养膳食补助资金为 260.34 亿元，比上年增长 12.9%。2022 年 10 月 31 日，教育部等七部委发布《农村义务教育学生营养改善计划实施办法》，明确了管理体制、供餐管理、资金使用与管理、采购管理等各个环节的具体要求。这些为"两项计划"的实施提供了强大的财政支持和可操作性的规范要求。

为助力"两项计划"的实施，在各级领导的关心下，在有关专家的指导下，在国家科技图书文献中心（NSTL）项目和"两项计划"参与机构的支持下，中国农业科学院农业信息研究所成立项目团队，2021 年 12 月精心编写出版了《国家学生饮用奶与营养改善计划年度报告（2020—2021 学年）》，记录了 2020 年 9 月至 2021 年 8 月期间"两项计划"的发展特点、重要政策、成功经验、重点报告等。报告的出版，得到广泛好评。

一年来，项目团队持续高度关注"两项计划"的进展，并且我们延续 2021 年报告的体例，从年度寄语、相关国家政策和地方性法规、重点企业推广案例和经验、精选媒体报道、重要报告与论文摘要、年度大事记 6 个部分，编写了《国家学生饮用奶与营养改善计划年度报告（2021—2022 学年）》，尽力展示 2021 年 9 月至 2022 年 8 月期间"两项计划"的全貌和成果。报告的出版，将继续为各级政府、社会各界、相关企业、参与学校等方面的管理人员、技术人员、工作人员，以及老师、学生、家长提供全方位的信息服务。

项目团队中的成员，有二十余年坚持投身"两项计划"一线推广工作的，有自己喝学生饮用奶长大的，有孩子正在喝学生饮用奶的，还有家中有正在天天饮奶的婴幼儿。编写出版《报告》，让我们对"两项计划"有了切身的感受，也对它们的意义有了更深刻的认识。众人拾柴火焰高，我们将以自己特有的方式，为"两项计划"的发展，为提升青少年营养健康水平，贡献自己的绵薄之力。

"两项计划"功在当代，利在千秋。助力国家"学生饮用奶计划"和"农村义务教育学生营养改善计划"，我们一直在路上……

《国家学生饮用奶与营养改善计划年度报告》编写组

2022 年 11 月 18 日

目　　录

第一部分

年度寄语

补齐乳品消费短板　要从儿童抓起

陈萌山　国家食物与营养咨询委员会主任

（2022 年 9 月 5 日，山东济南）

习近平总书记指出，儿童健康事关家庭幸福和民族未来。促进儿童健康成长，是国家可持续发展的基础保障，是建设社会主义现代化强国、实现中华民族伟大复兴的必然要求。营养是健康的基石，是儿童身体和智力发育的根本条件。乳品是大自然赐予人类的珍贵食物。科学食用乳品可以保障儿童生长发育、减少儿童营养不良、预防慢性疾病发生。推广饮奶成为世界各国改善儿童营养健康的重要抓手。我国于 2000 年实施了国家"学生饮用奶计划"，这对改善我国儿童营养健康水平，促进奶业振兴和健康中国建设起到了积极作用。这次论坛以乳品营养与儿童健康为主题，极具时代特色，富有重要现实意义。借这个机会我就进一步提高儿童乳品消费讲一点感受和建议。

一、我国儿童乳品消费现状

近些年来，我国对于促进儿童乳品消费提升的行动计划和科普工作不断开展，但儿童乳品消费水平低、城乡儿童乳品消费差距大、儿童乳品消费结构单一的问题仍较突出。乳品在儿童营养改善和健康促进中的作用发挥不充分，是当前儿童食物消费中最为突出的短板产品。

（一）儿童乳品消费水平偏低

《中国居民营养与慢性病状况报告（2020 年）》的监测数据显示，3～5 岁、6～11 岁、12～17 岁儿童平均乳品摄入量分别为 56 克/天、71 克/天、75 克/天，与《中国居民膳食指南（2022）》推荐的每天 300～500 克相比，为推荐摄入量的 1/7 左右。与部分发达国家相比，我国儿童乳品摄入不足的问题更为凸显。美国农业部的调查数据显示，美国 2～11 岁儿童乳品平均摄入量约为 365 克/天，12～19 岁的青少年乳品平均摄入量约为 244 克/天，分别是我国相应年龄儿童乳品平均摄入量的 5 倍和 3 倍。饮食习惯相似的日本国民健康营养状况调查显示，1～6 岁的日本儿童乳品平均摄入量为 202 克/天，7～14 岁的日本儿童乳品平均摄入量为 299 克/天，15～19 岁的日本青少年乳品平均摄入量为 145 克/天，明显高于我国儿童平均摄入量。

（二）城乡儿童乳品消费差距大

受城乡经济水平、家长文化程度、乳品销售渠道等多种因素影响，儿童乳品消费存在明显城乡差异，尤其是欠发达农村地区儿童乳品消费还存在误区。《中国居民营养与慢性病状况报告（2020年）》的监测数据显示，我国城市3~5岁、6~11岁、12~17岁儿童平均乳品摄入量分别为82.6克/天、97.2克/天、90.6克/天，分别是农村相应年龄儿童的2.0倍、2.1倍、1.5倍。2021年中国疾病预防控制中心发布的《中国初中生和高中生牛奶和牛奶制品消费量（2016—2017年）》显示，农村仅有11.5%的中学生达到了推荐量，低于城镇中学生的22.7%。此外，农村地区存在认为含糖乳饮料、乳酸菌等可以替代乳品的认知误区，进一步加剧了城乡儿童乳品消费差距，甚至成为一些落后农村地区儿童营养不良的主要原因。

（三）儿童乳品消费结构较单一

我国儿童乳品消费结构较单一，突出表现在常温奶消费占比高，干乳制品和低温鲜奶占比少。从国内乳品加工和贸易宏观数据看，我国乳品消费主要以液态奶为主，约占乳品总消费量的66.5%，其中常温奶占液态奶总消费的62%；奶酪、黄油等干乳制品消费量很低，2021年我国人均奶酪、黄油消费分别为0.2千克/年、0.1千克/年。而在奶业发达国家，乳品消费以干乳制品为主，液态奶和干乳制品的消费比例大致为3∶7。日本近些年来也逐步形成了以干乳制品为主的消费结构，2019年日本干乳制品消费占比达到57.1%。微观调研数据也证实了我国儿童乳品消费结构较单一。2021年农业农村部食物与营养发展研究所开展的儿童乳品消费调研数据显示，有62.4%的儿童主要消费常温奶，41.5%的儿童主要消费发酵乳，仅有21.1%和3.9%的儿童主要消费低温鲜奶、奶酪，还有27.1%的儿童选择乳饮料。

二、儿童乳品消费不足的主要制约因素

制约我国儿童乳品消费的因素是多方面的，有市场因素、认知因素、社会因素、政策因素等。一是乳品市场价格偏高，制约了乳品消费的可及性。二是家长及儿童对乳品认知水平不足，没有认识到乳品对健康的重要性。三是受传统社会习俗影响，儿童尚未形成饮奶习惯。四是促进儿童乳品消费提升的政策环境尚未健全，相关行动计划的推广力度还不够大。

（一）乳品市场价格偏高

近年来，乳品市场价格上涨趋势明显，成为限制儿童消费增长的一个重要因素。据商务部监测数据显示，我国常温奶（以UHT奶计，下同）零售价格从2010年的7.8元增长至 2021 年 12.6 元，年均增长率为 4.4%，明显高于同期猪肉 0.9%、鸡蛋 0.59% 的年均增长。近些年我国乳品加工"高端高价"倾向明显，加工乳品与原料奶的比价是国际上评价乳品价格的一个重要指标，以常温奶计，2010—2021 年我国加工乳品与原料奶的比价由 2.7 增至 3.9，远高于目前国际上 2.5 左右的比价水平。如果按现有乳品价格计算，城镇、农村居民乳品消费要达到每日 300 克营养标准，乳品消费支出占食品支出的比重将分别达到 28.0%、46.7%。

（二）乳品营养认知不足

国人对乳品认知普遍不足，制约了我国儿童乳品消费水平提升。一是家长的乳品认知水平较低，部分家长认为乳品不是日常消费食品。《2019 中国奶商指数报告》显示，六成家长认为乳品不是每日膳食必需品。2020 年凯度家庭购买监测数据也表明，乳品仍具有很强的节日消费属性，福利礼赠渠道销售额占比为 14.2%。二是儿童营养健康素养偏低，乳品营养及食用知识比较欠缺，把口味当作首要考量因素，认为含糖乳饮料的营养价值与乳品相当，没有认识到乳品对其生长发育的必要性和重要性。

（三）健康饮奶习惯尚未形成

我国乳品消费历史不长，尚未形成以健康为导向的乳品消费习惯。在长达数千年的古代中国，养殖动物乳汁及其制品并不是人们普遍所接受和享用的食物，晚清以前，上海等大城市的饮食结构奶制品很少，市民并没有喝牛奶的习惯。牛奶在当时不仅不受热捧，反而因其本身含有细菌带来的饮用安全威胁，遭到人们的冷落。20 世纪 90 年代中后期，随着奶业快速发展，人均乳品消费水平逐步提高，但受消费习惯制约，乳品至今仍未成为城乡居民一日三餐的生活必需品。从消费水平上看，目前我国儿童乳品消费还处于"喝上奶"这个阶段，不仅消费数量严重偏低，而且低温鲜奶、奶酪等营养更丰富的产品消费刚刚起步，亟待培养建立以健康为导向的乳品消费习惯。

（四）学生饮用奶计划尚需提升

据 2020 年联合国粮食及农业组织、国际乳品联合会联合调研，全球已有 70 多个国家推广实施学生饮用奶计划，目标人群主要为学龄前儿童和中小学生，平均覆盖率超过 50%，覆盖 1.6 亿名儿童。我国自 2000 年实施国家"学生饮用奶"计划以来，参与人数不断增加，2020—2021 学年超过 3 000 万人，全国 31 个省（自治区、直辖市）共计 7 万余所学校参与。但据中国奶业协会统计，中国学生奶覆盖率只有 17%，覆盖比例与世界平均覆盖率超过 50% 相比仍有很大差距。我国"学生饮用奶计划"主要实施地区为城镇地区，农村地区尤其是经济发展水平相对较低的地区覆盖率仍然很低。另外，我国学生饮用奶主要是以常温奶作为主要产品，难以满足学生对乳品种类、口味、营养等更多样的需求，也是"学生饮用奶计划"推广和儿童乳品消费提升的一个障碍。

三、促进儿童乳品消费增长需要全方位发力

儿童的健康与发展是国之大者，对于目前面临低生育水平和人口老龄化的中国社会来说尤为重要。据国际食物政策研究所测算，对营养方面的投资，每一块钱的投资可以得到30块钱的回报，儿童早期的营养投入回报更大。目前我们正处于全面建设社会主义现代化国家开局起步的关键时期，也是推进健康中国建设的重要战略机遇期，提升全民营养健康素养，必须从儿童抓起，从供给侧和消费端统筹发力，着力破解儿童面临的乳品消费与健康需求不匹配的矛盾，打造儿童健康饮食模式，为中华民族伟大复兴奠定坚实的人力资源基础。

（一）供给侧

一是建立营养导向性乳品加工体系。企业要树立乳品是普惠食物的意识和建立营养导向性乳品加工体系，要避免过度加工、过度包装、过度添加、过度利润的所谓"高端"化倾向，让更多的儿童实现喝奶自由成为我国奶业发展的使命与担当。科技界与产业界应加大对儿童乳品营养基础研究，紧密结合儿童营养改善计划的目标与需求，以科学研究为基础，围绕精准营养理论与儿童营养现状加强产品研发力度，注重科研成果转化，丰富儿童乳品品类，为提高我国儿童乳品消费奠定坚实的产业基础。

二是优化乳品产销利益链接与区域布局。奶业发达国家的乳品加工企业通常由奶农合作社主导，共享全产业链收益。紧密的产销利益链接是一个国家奶业稳定发展的重要前提。建议着力促进养殖加工融合发展，支持具备条件的奶牛养殖场、合作社生产具有地方特色的乳制品，分享加工销售红利；引导乳品企业增加养殖环节投入，提高自有奶源比例。同时，积极优化奶业区域布局，巩固扩大北方优势区产能的同时，要发挥南方销区技术、资金、市场优势，建设特色优质奶源区，打造高品质南方牧场群，破解南北方乳业发展不平衡格局。

三是强化奶业振兴政策支持。自2018年实施奶业振兴战略以来，我国奶业发展成效显著，2022年上半年我国生鲜乳产量同比增长8.4%，是所有养殖业中增速最快的产业，但从长远可持续发展来看，还面临竞争优势缺乏、消费亟待培育、产业对外依存大等挑战，建议从以下三个方面强化奶业政策扶持：一是加大对高产优质苜蓿种植支持力度，优化推广苜蓿收储工艺，增加优质苜蓿供给；二是支持中小牧场升级改造，推广普及奶牛种料病管等关键实用技术，稳步提高饲料转化率和奶牛单产；三是鼓励金融机构开展奶牛活体、养殖场抵押贷款等信贷产品创新，引导农业信贷担保体系加大对中小牧场的支持力度。

（二）消费端

一是加强乳品科普宣传，科学引导儿童乳品消费。消费不足、结构不合理已成为儿童

乳品消费的主要制约。引导儿童乳品消费必须加强乳品科普宣传。在科普对象上，要重点提高家长对乳品的认知，引导家长食物消费行为向更健康、科学的方向转变，让家长正确认识到乳品的营养价值。在科普内容上，要针对消费者常见的认知误区，广泛科普"乳饮料与纯牛奶""乳饮料与酸奶"等不同产品之间的区别，普及灭菌乳、巴氏杀菌乳、奶酪等乳品营养知识，倡导科学选择乳品，促进儿童更加健康消费乳品。在科普形式上，需要全方位进行儿童乳品消费健康宣传及知识普及，通过多方式、多渠道的宣传，充分发挥网络媒体与社交平台的宣传作用，并与"《健康儿童行动提升计划（2021—2025 年）》""农村义务教育学生营养改善计划"等儿童营养改善行动深入衔接，创建促进儿童乳品消费的环境氛围。

二是通过政府补贴，扩大"学生饮用奶"计划覆盖范围。提高"学生饮用奶"的补贴标准。可将学生饮用奶作为学生营养餐的固定组成部分，并给予专项补贴政策，由中央财政和各级地方财政分担。同时，对"学生饮用奶计划"的推广管理、质量监管、奶源基地建设、效果评价等工作给予专项经费支持，提高学生饮用奶生产企业参与积极性。加强"学生饮用奶"计划推广的组织工作，加大工作推进力度，努力把农村低收入地区、幼儿园低龄儿童纳入"学生饮用奶计划"覆盖范围，争取到 2025 年，全国"学生饮用奶计划"覆盖率提高到 35%，至 2030 年提高到 50%。

三是推进由喝奶向吃奶转变，提高儿童乳品消费水平。引导企业积极进行产品研发和技术升级，优化乳品结构和加工工艺，增加儿童易于接受的奶酪、黄油等干乳制品生产，更好满足儿童乳品多样化需求，促进儿童乳品消费水平提升。增加学生饮用奶产品种类和开展试点工作。综合考虑学生营养改善实际需求，把干酪、功能性乳品、风味型乳品等增加到学生饮用奶采购名单中，提高干乳制品在学生奶当中的供应比例，不断满足学生群体多样化需求。

第二部分

国家政策和地方性法规

◎ 国家相关政策法规

《中国儿童发展纲要（2021—2030 年）》

依据宪法和未成年人保护法等有关法律法规，按照国家经济社会发展的总体目标和要求，结合我国儿童发展的实际情况，参照联合国《儿童权利公约》和 2030 年可持续发展议程等国际公约和文件宗旨，制定本纲要。

在第二部分发展领域、主要目标和策略措施，第一节儿童与健康中提到，改善儿童营养状况，加强食育教育，引导科学均衡饮食、吃动平衡，预防控制儿童超重和肥胖。加强学校、幼儿园、托育机构的营养健康教育和膳食指导。加大碘缺乏病防治知识宣传普及力度。完善食品标签体系。

第二节儿童与安全中提到，加强儿童食品安全监管，完善儿童食品安全标准体系。强化婴幼儿配方食品和婴幼儿辅助食品安全监管，加大婴幼儿配方乳粉产品抽检监测及不合格食品处罚力度。落实学校、幼儿园、托育机构食品安全管理主体责任，消除儿童集体用餐各环节食品安全隐患，加强校内及周边食品安全监管。严肃查处食品安全违法违规行为。

第四节儿童与福利中提出，推进实施儿童营养改善项目，巩固脱贫地区儿童营养改善项目实施成果。稳妥推进农村义务教育学生营养改善计划，完善膳食费用分摊机制。加强3~5 岁学龄前儿童营养改善工作，实施学龄前儿童营养改善计划，构建从婴儿期到学龄期连续完整的儿童营养改善项目支持体系[1]。

《"十四五"国民健康规划》

为全面推进健康中国建设，根据《中华人民共和国国民经济和社会发展第十四个五年规划和 2035 年远景目标纲要》《"健康中国 2030"规划纲要》，编制本规划。

其中第四部分全方位干预健康问题和影响因素中提到，推行健康生活方式。全面实施全民健康生活方式行动，推进"三减三健"（减盐、减油、减糖，健康口腔、健康体重、健康骨骼）等专项行动。实施国民营养计划和合理膳食行动，倡导树立珍惜食物的意识和养成平衡膳食的习惯，推进食品营养标准体系建设，健全居民营养监测制度，强化重点区域、重点人群营养干预。

第五部分维护环境健康与食品药品安全中提到，强化食品安全标准与风险监测评估。完善食品安全风险监测与评估工作体系和食品安全技术支持体系，提高食品安全标准和风险监测评估能力。实施风险评估和标准制定专项行动，加快制修订食品安全国家标准，基

---

① 国务院.国务院关于印发中国妇女发展纲要和中国儿童发展纲要的通知［EB/OL］.（2021-09-27）［2022-11-26］. http://www.gov.cn/zhengce/content/2021-09/27/content_5639412.htm.

本建成涵盖从农田到餐桌全过程的最严谨食品安全标准体系，提高食品污染物风险识别能力。全面提升食源性疾病调查溯源能力①。

国务院关于儿童健康促进工作情况的报告

——2022 年 6 月 21 日在第十三届全国人民代表大会常务委员会第三十五次会议上

党中央、国务院高度重视儿童健康促进工作。习近平总书记指出，儿童健康事关家庭幸福和民族未来，在全国卫生与健康工作大会上强调要重视少年儿童健康，主持中央全面深化改革领导小组会议审议《关于加强儿童医疗卫生服务改革与发展的意见》，对做好儿童青少年近视和肥胖防控、心理健康服务、缓解儿童医疗服务资源短缺问题、幼儿园和中小学卫生与健康工作等多次作出重要指示批示。李克强总理多次作出重要批示，强调要推进儿童健康服务的优先供给，完善儿童医疗卫生服务网络，深入实施健康儿童计划。国务院副总理孙春兰多次主持召开会议，研究重要政策措施，部署推进重点工作。各地各有关部门深入贯彻习近平总书记重要指示精神，认真落实党中央、国务院决策部署，不断完善政策，狠抓工作落实。

在第一部分主要工作和成效方面，提到完善儿童健康促进法规政策。我国在民法典、传染病防治法、疫苗管理法、食品安全法、家庭教育促进法、学前教育法、反家庭暴力法等法律制修订中，均强化儿童健康促进有关规定。

国务院及各有关部门认真贯彻落实党中央决策部署和相关法律要求，坚持依法行政，全力推进儿童健康促进工作。制定实施四个周期中国儿童发展纲要，针对儿童健康关键问题，明确主要目标和策略措施。在《"健康中国 2030"规划纲要》中，明确到 2030 年婴儿死亡率和 5 岁以下儿童死亡率控制在 5.0‰和 6.0‰，提出实施健康儿童计划。将儿童健康纳入《国务院关于实施健康中国行动的意见》等重要文件，建立健全工作推进机制。

推动形成促进儿童健康的协同支持体系。加强食品安全监管。严格落实"四个最严"要求，建立完善食品安全标准体系，连续 5 年将婴幼儿配方食品、辅助食品作为高风险品种列入食品安全监管重点，加大抽检和执法力度。印发《学校食品安全与营养健康管理规定》，推进中小学、幼儿园建立集中用餐陪餐制度，对校园食堂等集中供餐单位开展风险排查，大力推进学校食堂"明厨亮灶"工作，截至 2021 年底，全国学校食堂"明厨亮灶"覆盖率达 99.8%。

强化儿童健康全过程全方位服务。着力推进儿童营养改善。印发《国民营养计划（2017—2030 年）》，开展相关重大行动。2011 年以来实施农村义务教育学生营养改善计划，中央财政累计安排补助资金 1 968 亿元，每年惠及约 3 800 万学生。2012 年以来持续开展贫困地区儿童营养改善项目，中央和地方财政累计投入 52 亿元，受益儿童 1 365 万。

集中力量解决儿童健康重点问题。加强儿童青少年肥胖防控。印发《儿童青少年肥胖防控实施方案》，加大科学指导和科普宣教力度，加强监测和评价，持续开展重点地区

---

① 国务院.国务院办公厅关于印发"十四五"国民健康规划的通知［EB/OL］.（2022-04-27）［2022-11-26］.http://www.gov.cn/zhengce/content/2022-05/20/content_5691424.htm.

营养干预项目，推广合理膳食和科学运动等理念，家校联动、社会联手，推动儿童"管住嘴、迈开腿"。

党的十八大以来，在以习近平同志为核心的党中央坚强领导下，我国儿童健康工作投入力度持续加大，政策体系不断完善，儿童健康水平整体明显提高，《中国儿童发展纲要（2011—2020 年）》的儿童健康相关目标均如期实现。2021 年全国婴儿死亡率、5 岁以下儿童死亡率分别为 5.0‰和 7.1‰，较 2012 年下降 51.5%和 46.2%，总体优于中高收入国家平均水平。6 岁以下儿童生长迟缓率和低体重率等指标逐步改善，特别是农村儿童生长迟缓问题改善明显。

在第三部分存在的主要问题中，提出：从儿童健康服务需求看，科学养育方面问题仍较突出。家庭科学育儿知识总体不足，"隔代养育"现象普遍，城市中长辈过度溺爱儿童娇生惯养，农村留守儿童缺乏父母关爱。同时，群众对儿童健康提出更高要求，希望儿童得到更高水平的医疗保健服务，食品玩具更安全、体育运动更丰富、社会保障更健全。从儿童健康服务供给看，儿童健康促进支持政策有待加强，儿童食品用品安全执法需持续加强。

在下一步安排方面，提出强化儿童健康促进法治建设，积极争取将儿童健康促进工作急需的立法修法项目列入下一届全国人大常委会五年立法规划。尽快启动修订学校卫生工作条例，研究完善儿童健康促进工作相关法规和配套规定。健全儿童医疗卫生服务体系，加强不同层次儿科医学人才培养，重点培养儿童保健、营养、心理、康复等紧缺专业人才。加强儿童健康全程服务，把好养育关，主要围绕儿童营养喂养、交流玩耍、生活照护、伤害预防等，加强对养育人的健康指导，促进儿童早期发展。强化儿童健康促进工作协同，强化政策统筹。加强中国儿童发展纲要落实。结合推进公共服务补短板、强弱项、提质量，促进公共资源向儿童适度倾斜；完善社会关爱政策，加强儿童食品、玩具、用品等生产、销售全程监管，持续加大执法力度。充分发挥共青团、妇联、计生协等群团组织作用，加强国际交流合作，共同做好儿童健康政策宣教实施。充分调动社会组织和企业积极性，汇聚各方力量保障儿童健康[①]。

◎ 相关部委与行业协会管理办法

关于开展脱贫地区健康促进行动（2021—2025）的通知

为贯彻落实党中央、国务院关于巩固拓展脱贫攻坚成果同乡村振兴有效衔接的决策部署，提高脱贫地区居民健康素养，按照国家卫生健康委、国家乡村振兴局等 13 个部门《关于印发巩固拓展健康扶贫成果同乡村振兴有效衔接实施意见的通知》（国卫扶贫发〔2021〕6 号）要求，制定本方案。

---

① 全国人民代表大会. 国务院关于儿童健康促进工作情况的报告——2022 年 6 月 21 日在第十三届全国人民代表大会常务委员会第三十五次会议上 [EB/OL]. （2022-06-22）[2022-11-26].

一、总体目标

（一）主要思路。按照分类指导、分众施策、分级负责原则，将工作重心由"健康扶贫"转向"健康促进"。以农村低保对象、特困人员、易致贫返贫人口和脱贫人口为重点，在脱贫地区大力开展健康知识普及，推动健康教育进乡村、进家庭、进学校（中小学校和幼儿园），为群众提供更加精准规范的健康教育服务。

（二）主要目标。到"十四五"期末（2025 年），以省为单位，脱贫地区居民健康素养水平比"十三五"期末（2020 年）提高不少于 5 个百分点，无脱贫地区的省份农村居民健康素养水平不断提升。

二、重点工作

（一）发挥健康科普专家库和资源库积极作用，为脱贫地区健康促进提供支撑。完善国家级、省级健康科普专家库，发挥专家积极作用，开发、审核健康科普材料，支持脱贫地区健康科普工作。建设国家级健康科普资源库，结合实际建设省级资源库，规范发布健康科普知识，强化针对脱贫地区的优质健康知识供给。鼓励将新时代健康科普作品征集大赛和各省份举办的健康科普相关赛事的优秀成果免费提供给脱贫地区使用。

（二）继续抓好健康教育进乡村、进家庭、进学校，把健康知识送到群众身边。其中第三条为健康教育进学校。鼓励脱贫地区中小学校和幼儿园持续开展健康学校（幼儿园）建设。为各学校开设健康教育课程提供技术支持，向学生讲授合理膳食、食品安全、适量运动、科学洗手、用眼卫生、科学用耳、口腔健康、传染病防治、自救互救、青少年性与生殖健康等基本知识与技能①。

国家卫生健康委办公厅关于印发《托育机构婴幼儿喂养与营养指南（试行）》的通知

根据《国务院办公厅关于促进 3 岁以下婴幼儿照护服务发展的指导意见》（国办发〔2019〕15 号）、《托育机构设置标准（试行）》和《托育机构管理规范（试行）》《托儿所、幼儿园建筑设计规范（2019 年版）》《婴幼儿辅食添加营养指南》（WS/T 678—2020）《中国居民膳食指南（2016）》《婴幼儿喂养健康教育核心信息》，我委组织编写了《托育机构婴幼儿喂养与营养指南（试行）》。

本指南适用于经有关部门登记、卫生健康行政部门备案，为 3 岁以下婴幼儿提供全日托、半日托、计时托、临时托等托育服务的机构。

其中第二部分 24～36 月龄幼儿的喂养与营养要点提出以下要求。

1. 合理膳食。

（1）食物搭配均衡，每日膳食由谷薯类、肉类、蛋类、豆类、乳及乳制品、蔬菜水果等组成。同类食物可轮流选用，做到膳食多样化。

---

① 中国政府网．关于开展脱贫地区健康促进行动的通知［EB/OL］．（2021-12-06）［2022-11-26］．http://www.nhc.gov.cn/xcs/s7846/202112/a9c14594f70d4057b1f70541a7e241f1.shtml.

（2）每日三餐两点，主副食并重。加餐以奶类、水果为主，配以少量松软面点。分量适宜，不影响正餐进食量。晚间不宜安排甜食，以预防龋齿。

（3）保证幼儿按需饮水，根据季节酌情调整。提供安全饮用水，避免提供果汁饮料等。

（4）选择安全、营养丰富、新鲜的食材和清洁水制备食物。制作过程注意卫生，进食过程注意安全。

2. 培养良好的习惯。

（1）规律进餐，每次正餐控制在 30 分钟内。鼓励幼儿自主进食。

（2）安排适宜的进餐时间、地点和场景，根据幼儿特点选择和烹制食物，引导幼儿对健康食物的选择，培养不挑食不偏食的良好习惯，不限制也不强迫进食。进餐时避免分散注意力。开始培养进餐礼仪。

第四部分喂养和膳食管理中提出以下要求。

1. 规章制度建设。

按照《食品安全法》《食品安全法实施条例》等要求，严格落实各项食品安全工作，强化责任意识，制定食品安全应急处置预案，做好食源性疾病防控工作。

（1）托育机构应建立完善的母乳、配方食品和商品辅食喂养管理制度和操作规范，包括喂奶室管理制度，配方食品和商品辅食的接收、查验及储存、使用制度，及相关卫生消毒制度。

（2）托育机构从供餐单位订餐的，应当建立健全机构外供餐管理制度，选择取得食品经营许可、能承担食品安全责任、社会信誉良好的供餐单位。对供餐单位提供的食品随机进行外观查验和必要检验，并在供餐合同（或者协议）中明确约定不合格食品的处理方式。

（3）鼓励母乳喂养，为哺乳母亲设立喂奶室，配备流动水洗手等设施、设备。

（4）托育机构乳儿班和托小班设有配餐区，位置独立，备餐区域有流动水洗手设施、操作台、调配设施、奶瓶架，配备奶瓶清洗、消毒工具，配备奶瓶、奶嘴专用消毒设备，配备乳类储存、加热设备。

（5）托育机构应配备食品安全管理人员，并制订食堂管理人员、从业人员岗位工作职责，食品安全管理人员及从业人员上岗前应当参加食品安全法律法规和婴幼儿营养等专业知识培训。

（6）婴幼儿膳食应有专人负责，班级配餐由专人配制分发，工作人员与婴幼儿膳食要严格分开。

（7）做好乳类喂养、辅食添加、就餐等工作记录。

2. 膳食和营养要求。

食品应储存在阴凉、干燥的专用储存空间。标注配方食品的开封时间，每次使用后及时密闭，并在规定时间内食用。配方食品应按照产品使用说明按需、适量调配，调配好的配方奶 1 次使用，如有剩余，直接丢弃。配方食品在规定的配餐区完成。调配好的配方奶，喂养前需要试温，做好喂养记录。

（1）托育机构应根据不同月龄（年龄）婴幼儿的生理特点和营养需求，制定符合要求的食谱，并严格按照食谱供餐。

（2）食谱按照不同月龄段进行制定和实施，每 1 周或每 2 周循环 1 次。食谱要具体到每餐次食物品种、用量、烹制或加工方法及进食时间。

（3）主副食的选料、洗涤、切配、烹调方法要适合不同月龄（年龄）婴幼儿，减少营养素的损失，符合婴幼儿清淡口味，达到营养膳食的要求。烹调食物注意色、香、味、形，提高婴幼儿的进食兴趣。

（4）食谱中各种食物提供的能量和营养素水平，参照中国营养学会颁布的《中国居民膳食营养素参考摄入量（DRIs）（2013）》推荐的相应月龄（年龄）婴幼儿每日能量平均需要量（EER）和推荐摄入量（RNI）或适宜摄入量（AI）确定。

（5）食谱各餐次热量分配：早餐提供的能量约占一日的 30%（包括上午 10 点的点心），午餐提供的能量约占一日的 40%（含下午 3 点的午后点），晚餐提供的能量约占一日的 30%（含晚上 8 点的少量水果、牛奶等）。

（6）食谱中各种食物的选择原则以及食物用量，参照中国营养学会颁布的《7～24 月龄婴幼儿喂养指南（2016）》《学龄前儿童膳食指南（2016）》中膳食原则，以及《7～24 月龄婴幼儿平衡膳食宝塔》《学龄前儿童平衡膳食宝塔》中建议的食物推荐量范围。

（7）半日托及全日托的托育机构至少每季度进行一次膳食调查和营养评估。提供一餐的托育机构（含上、下午点）每日能量和蛋白质供给量应达到相应建议量的 50% 以上；提供两餐的托育机构，每日能量和蛋白质供给量应达到相应建议量的 70% 以上；提供三餐的托育机构，每日能量和蛋白质和其他营养素的供给量应达到相应建议量的 80% 以上。

（8）三大营养素热量占总热量的百分比是蛋白质 12%～15%，脂肪 30%～35%，碳水化合物 50%～65%。优质蛋白质占蛋白质总量的 50% 以上。

（9）有条件的托育机构可为贫血、营养不良、食物过敏等婴幼儿提供特殊膳食，有特殊喂养需求的，婴幼儿监护人应当提供书面说明。

（10）定期进行生长发育监测，保障婴幼儿健康生长。

建议每日食物量参照如下[①]：

年龄	7～8 月龄	9～12 月龄	12～24 月龄	24～36 月龄
餐次安排	母乳喂养 4～6 次，辅食喂养 2～3 次。	母乳喂养 3～4 次，辅食 2～3 次。	学习自主进食，逐渐适应家庭的日常饮食。幼儿在满 12 月龄后应与家人一起进餐，在继续提供辅食的同时，鼓励尝试家庭食物，类似家庭的饮食。	三餐两点。

① 国家卫生健康委办公厅. 国家卫生健康委办公厅关于印发托育机构婴幼儿喂养与营养指南（试行）的通知 [EB/OL]. （2022-01-10）[2022-11-26]. http://www.nhc.gov.cn/rkjcyjtfzs/s7786/202201/ab07090ff8ea49b9a2904a104380e35c. shtml.

（续表）

年龄	7~8 月龄	9~12 月龄	12~24 月龄	24~36 月龄
母乳喂养	先母乳喂养，婴儿半饱时再喂辅食，然后再根据需要哺乳。随着婴儿辅食量增加，满 7 月龄时，多数婴儿的辅食喂养可以成为单独一餐，随后过渡到辅食喂养与哺乳间隔的模式。	600 毫升。	1~2 岁幼儿在母乳喂养的同时，可以逐步引入鲜奶、酸奶、奶酪等乳制品。不能母乳喂养或母乳不足时，仍然建议以合适的幼儿配方奶作为补充，可引入少量鲜奶、酸奶、奶酪等，作为幼儿辅食的一部分奶量应维持约 500 毫升。	
奶及奶制品	>600 毫升。	600 毫升。	500 毫升。	300~500 毫升。
水				600~700 毫升。

全国中小学健康教育教学指导委员会发布《2022 年暑期中小学生和幼儿健康生活提示要诀》

在教育部指导下，全国中小学健康教育教学指导委员会在《2022 年寒假中小学生和幼儿健康生活提示要诀》基础上，修订形成《2022 年暑期中小学生和幼儿健康生活提示要诀》，引导中小学生和幼儿加强体育锻炼，合理安排假期生活、学习和防疫，均衡膳食营养，保持健康生活方式，做自己健康的第一责任人。

其中第四条要求：食品安全记心上，平衡膳食要做好。不吃过期和无生产日期、无质量合格证、无生产厂家的"三无"食品，不吃"高油""高盐""高糖"等"三高"食品。预防食物中毒，不采食不认识的野菜、野果和蘑菇等。注意营养均衡，荤素搭配、种类多样、不偏食、不挑食，吃好早餐，合理选择零食，培养健康饮食习惯。适量食用鱼、禽、蛋、瘦肉，多吃新鲜蔬菜、水果、大豆、奶类、谷类食物。足量饮水，少喝或不喝饮料①。

农业农村部关于印发《"十四五"奶业竞争力提升行动方案》的通知

第二部分总体要求中的第（九）条提出，加强消费宣传引导。加大奶业公益宣传，扩大乳品消费科普，倡导科学饮奶，引导健康消费。普及巴氏杀菌乳、灭菌乳、发酵乳、奶酪等乳制品营养知识，培育多样化、本土化的消费习惯。加大学生饮用奶宣传推广。支持

---

① 全国中小学健康教育教学指导委员会 . 2022 年暑期中小学生和幼儿健康生活提示要诀［EB/OL］.（2022-07-05）［2022-11-26］. http://jw.beijing.gov.cn/jyzx/jyxw/202207/t20220706_2764475.html.

奶牛休闲观光牧场发展，深化消费者对奶牛养殖的科学认识，推动一二三产业融合发展。

专栏4主题为乳品多样化、本土化消费升级，第一点提出要开展乳品消费公益宣传。发布《中国奶业质量报告》，开展奶香飘万家科普宣传，举办奶酪推广活动。支持学生饮用奶宣传引导①。

教育部等七部门关于印发《农村义务教育学生营养改善计划实施办法》的通知

党中央、国务院高度重视青少年的健康成长。自农村义务教育学生营养改善计划（以下简称营养改善计划）启动实施以来，特别是党的十八大以来，在以习近平同志为核心的党中央坚强领导下，各地扎实推进营养改善计划各项工作，农村学生营养状况明显改善、身体素质明显提升。同时也要看到，一些地方还存在食品安全管理不严格、资金使用管理不规范、供餐质量和水平不高等问题。

为持续巩固营养改善计划试点工作成果，从2022年秋季学期起，将国家试点地区更名为国家计划地区，地方试点地区更名为地方计划地区。为进一步加强和改进营养改善计划工作，持续提升农村学生营养状况和身体素质，不断促进农村教育事业发展和教育公平，现将《农村义务教育学生营养改善计划实施办法》印发给你们，请遵照执行。

第一章　总则

第一条　为进一步推进实施农村义务教育学生营养改善计划（以下简称营养改善计划），不断改善农村学生营养状况，提高农村学生健康水平，依照国家有关法律法规和标准规范，制定本办法。

第二条　本办法适用于实施营养改善计划的地区和学校。国家计划地区为原集中连片特困地区县（不含县城）；地方计划地区为原其他国家扶贫开发工作重点县、原省级扶贫开发工作重点县、民族县、边境县、革命老区县，具体实施步骤由各地结合实际确定。

第二章　管理体制

第三条　营养改善计划在国务院统一领导下，实行地方为主，分级负责，各部门、各方面协同推进的管理体制，政府起主导作用。

第四条　全国农村义务教育学生营养改善计划工作领导小组统一领导和部署营养改善计划的各项工作。成员单位由教育部、中央宣传部、国家发展改革委、财政部、农业农村部、国家卫生健康委、市场监管总局、国家疾控局等部门组成。领导小组办公室设在教育部，简称全国农村学生营养办，负责营养改善计划实施的日常工作。

第五条　营养改善计划实施主体为地方各级政府。地方各级政府要加强组织领导，建立健全营养改善计划议事协调工作机制，明确相关部门职责；要明确各级营养改善计划工作管理部门，安排专人从事日常管理工作，加强条件保障，确保工作落实到位。

（一）省级人民政府负责统筹组织。统筹制订和调整完善本地区实施工作方案和推进

① 农业农村部. 农业农村部关于印发《"十四五"奶业竞争力提升行动方案》的通知［EB/OL］.（2022-02-16）［2022-11-26］. http://www.moa.gov.cn/govpublic/xmsyj/202202/t20220222_6389242.htm.

计划，合理确定实施步骤和地区；统筹制定相关管理制度和规范；统筹安排资金，改善就餐条件；统筹监督检查。指导各地做好学校食堂建设规划，大力推进食堂供餐。督促有关部门加强食品安全工作，统一发布食品安全信息，组织制订食品安全事故应急预案，加大营养健康监测和膳食指导力度，加强营养健康教育。

（二）市级人民政府负责协调落实。督促指导本地区营养改善计划管理工作，制定审核本地区相关政策。督促县级人民政府落实主体责任，保障运转经费，抓好食品安全，加强资金监管。

（三）县级人民政府是营养改善计划工作的行动主体和责任主体。负责确定具体实施学校，制订实施方案和膳食指导方案，确定供餐模式和供餐内容，建设、改造学校食堂（伙房），制定工作管理制度，加强监督检查，对食品安全和资金安全负总责，主要负责人负直接责任。按照省级及以下财政事权和支出责任划分要求，落实支出责任，加强资金使用管理。指导县级相关部门开展营养改善计划采购工作，规范开展信息公开工作；责成有关食品安全监管部门加强日常食品安全检查，组织开展食品安全事故应急演练和学校食品安全事故调查等。将实施学校调整情况逐级上报，并由省级营养改善计划工作管理部门审核报送至全国农村学生营养办备案。

第六条 各有关部门共同参与营养改善计划的组织实施，各司其职，各负其责。

（一）教育部门牵头负责营养改善计划的组织实施。会同有关部门完善实施方案，建立健全管理机制和监督机制。会同财政、发展改革等部门加强学校食堂（伙房）建设，持续改善学校供餐条件。配合有关食品安全监管部门做好食品安全监管，开展食品安全检查，督促相关行为主体落实责任；配合卫生健康部门、疾控部门开展营养健康教育、膳食指导和学生营养健康监测评估。落实部门职责，指导和督促学校建立健全食品安全管理制度，加强食品安全日常管理和食品安全教育；统筹指导学校建立健全以全过程实时视频监控为基础的日常监管系统，逐步完善电子验货、公开公示、自动报账等功能。落实立德树人根本任务，指导学校将健康教育、劳动教育、感恩教育等融入营养改善计划实施的全过程。

（二）财政部门要充分发挥公共财政职能，制定和完善相关投入政策，会同教育部门加强资金监管，提高资金使用效益。

（三）发展改革部门要加大力度支持农村学校改善供餐条件。加强农副产品价格监测和预警，推进降低农副产品流通环节费用工作。会同教育部门指导实施营养膳食费用分担机制的地区和学校，合理确定伙食费收费标准，并纳入中小学服务性收费和代收费管理。

（四）农业农村部门负责对学校定点采购生产基地的食用农产品生产环节质量安全进行监管。指导农产品生产企业、农民专业合作经济组织向农村学校供应附带承诺达标合格证的安全优质食用农产品，鼓励实现可追溯。

（五）市场监管部门负责食品安全监督管理以及供餐单位主体资格的登记管理。依职责加强学校集中用餐食品安全监督管理，依法查处涉及学校的食品安全违法行为；建立学校食堂食品安全信用档案，及时向教育部门通报学校食品安全相关信息；对学校食堂食品安全管理人员进行抽查考核，指导学校做好食品安全管理和宣传教育；依法会同有关部门开展学校食品安全事故调查处理。

（六）卫生健康部门和疾控部门负责食品安全风险监测与评估，指导食品安全事故的病人救治、流行病学调查和卫生学处置；对学生营养改善提出膳食指导意见，制定营养知识宣传教育和营养健康监测评估方案；在教育部门配合下，开展营养知识宣传教育、膳食指导和营养健康监测评估。

（七）宣传部门要引导各级各类新闻媒体，全面客观反映营养改善计划实施情况，积极推广典型经验，努力营造全社会共同支持、共同监督、共同推进的良好氛围。

第七条　学校负责落实营养改善计划各项具体工作，实行校长负责制。按照县级实施方案研究制定校级具体操作方案，建立健全并落实食品安全、食材采购、资金管理等制度和工作要求。加强食堂管理，不断提高供餐质量。

第三章　供餐管理

第八条　营养改善计划实施地区和学校应大力推进学校食堂供餐。学校食堂由学校自主经营、统一管理，不得对外承包或委托经营。未建设食堂或暂时不具备食堂供餐条件的地区，应加快学校食堂建设与改造，明确实行食堂供餐的时间节点，在过渡期内可采取企业（单位）供餐。学校规模较小、交通便利的地区可根据实际情况，在满足必需的送餐条件和确保食品安全的前提下，以中心校或邻近学校食堂为依托，实行食堂配餐。偏远地区小规模学校（教学点）不具备食堂供餐和配餐条件的，在确保食品卫生和安全的前提下，可实行学校伙房供餐或家庭（个人）托餐。

第九条　营养改善计划实施地区和学校根据地方特点，按照安全、营养、卫生的标准，因地制宜确定供餐内容。

（一）供餐形式。原则上应提供完整的午餐（热食），暂时无法提供午餐的学校可选择加餐或课间餐。尚未提供完整午餐的地区和学校，应不断改善供餐条件，逐步实现供应完整午餐。

（二）供餐食品。必须符合食品安全和营养健康的标准要求，尊重少数民族饮食习惯。供餐食品应提供营养价值较高的畜禽肉蛋奶类食品、新鲜蔬菜水果和谷薯类食品等，不得提供保健食品、含乳饮料和火腿肠等深加工食品，避免提供高盐、高油及高糖的食品，确保食品新鲜卫生、品种多样、营养均衡。倡导学校食堂按需供餐，通过采取小份菜、半份菜、套餐、自助餐等方式，制止餐饮浪费。鼓励各地积极推进"农校对接"，建立学校蔬菜、水果等直供优质农产品基地，在保障产品质量安全和营养的前提下，减少食材采购和流通环节，降低原材料成本。有条件的学校可采取"一日一供"，确保食材新鲜、安全、营养。

（三）供餐食谱。县级卫生健康部门牵头，参照《学生餐营养指南》（WS/T 554—2017）等标准，结合当地学生营养健康状况，制定学生餐所需食物种类及日均数量指标，由学校根据当地市场食材供应等情况，运用学生电子营养师等膳食分析平台或软件，制定带量食谱并予以公示，确保膳食搭配合理、营养均衡。

第十条　营养改善计划供餐基本条件要求。

（一）学校食堂供餐的基本要求。

学校食堂必须在取得食品经营许可证后方可为学生供餐，应在食堂显著位置悬挂或摆放许可证。学校食堂应全面推行明厨亮灶，食堂建设与设施设备配备应当符合《食品经营许可管理办法》《食品安全国家标准 餐饮服务通用卫生规范》（GB 31654—2021）和《学校食品安全与营养健康管理规定》等相关要求。学校食堂供餐的基本条件如下：

1. 具有与所经营、制作供应的食品品种、数量、供餐人数相适应的食品原料处理和食品烹饪、贮存等场所，实行明厨亮灶，保持该场所环境整洁，并与有毒、有害场所以及其他污染源保持规定的距离；

2. 具有与所经营、制作供应的食品品种、数量、供餐人数相适应的设施设备，有相应的消毒、更衣、盥洗、采光、照明、通风、防腐、防尘、防蝇、防鼠、防虫、清洁以及处理废水、存放垃圾和废弃物的设施设备；

3. 具有合理的设备布局和工艺流程，防止待加工食品与直接入口食品、原料与成品或者半成品交叉污染，避免食品接触有毒物、不洁物；

4. 具有经食品安全培训、符合相关条件的食品安全管理人员，以及与本单位实际相适应的食品安全规章制度。

（二）供餐企业（单位）的基本条件。

1. 具备国家有关法律法规规定的相关条件；

2. 取得食品经营许可和集体用餐配送资质；实行"互联网+明厨亮灶"，具备独立的餐食加工场地、符合条件的食品处理区域及设施设备。配备封闭式食品专用运输车辆，一般应安装车辆行驶轨迹监控、装卸视频监控等设备；

3. 配备食品安全管理人员和至少 1 名具备资质的营养师。建立食品卫生、安全管理制度，投保食品安全责任险；

4. 建立食品加工全过程实时视频监控系统，并将相关视频信号接入属地教育部门和服务学校，配备的监控系统视频要保存 30 天以上；

5. 参与学校供餐项目政府采购活动前 3 年内未发生过食品安全事故，在经营活动中没有重大违法情况。

（三）学校伙房和托餐家庭（个人）的基本条件。

学校伙房和托餐家庭（个人）应具备必要的供餐设施和卫生条件，服务人员应于每学期开学前提供有效的健康证明，确保环境卫生和食品安全。具体要求由各地结合实际确定。

第十一条　改善学校食堂就餐条件。

各地要优先支持营养改善计划实施学校食堂建设及饮水、电力设施改造，严禁超标准建设。规模较小学校可结合实际，利用闲置校舍改造食堂。不断改善厨具餐具、餐桌餐椅以及清洗消毒、视频监控设备等基本条件。实行集中就餐的学校，应确保餐桌和餐位数量满足学生就座用餐实际需要。

学校食堂加工操作间应当符合下列要求：最小使用面积不得少于 8 平方米；墙壁应有1.5 米以上的瓷砖或其他防水、防潮、可清洗的材料制成的墙裙；地面应由防水、防滑、无毒、易清洗的材料建造，具有一定坡度，易于清洗与排水；配备有足够的照明、通风、排烟装置和有效的防尘、防鼠、防虫措施，污水排放和存放废弃物的设施设备符合卫生要求；食品加工区天花板保持干净整洁，无霉斑、无尘土；配备食品经营许可证所要求的其他设施设备。

第十二条　加强食品安全管理。

各地各学校应严格落实《中华人民共和国食品安全法》《中华人民共和国农产品质量安全法》《学校食品安全与营养健康管理规定》等有关要求，切实保障食品安全。

（一）加强食品安全制度建设。各地各校应建立健全食品安全管理制度，包括：食材采购验收、食品贮存加工、供餐管理制度，从业人员健康管理和培训制度、每日晨检制度，加工经营场所及设施设备清洁、消毒和维修保养制度，食品安全事故应急预案以及市场监管部门规定的其他制度。

（二）实施全过程监管。建立健全食品、食用农产品安全追溯体系，加大"互联网+监管"力度。督促学校食堂和供餐企业优先采购可溯源的食材，建立稳定的食材采购渠道。建立健全原材料采购配送、食材验收、入库出库、贮存保管、加工烹饪、餐食分发、学生就餐等全过程实时视频监控系统，视频要保存 30 天以上。严格实行食堂操作间、储存间封闭管理，非食堂管理人员、操作人员未经允许和登记严禁进入。

（三）落实学校负责人陪餐制度。每餐均应有学校相关负责人与学生共同用餐（餐费自理），做好陪餐记录，及时发现和解决集中用餐过程中存在的问题。建立健全以学生、家长、教师代表为主，营养专家、学校领导和具体管理人员等共同参与的膳食委员会，参与对学校食品安全、供餐质量的日常监管，开展供餐满意度调查等。

第十三条　加强食品贮存管理。

（一）合理设置食品贮存场所。食品贮存场所应根据贮存条件分别设置，加强温湿度监测，做到通风换气、分区分架分类、离墙离地 10 厘米以上存放，防尘防鼠防虫设施完好，不同区域应有明显标识。散装食品应盛装于容器内，在贮存位置标明食品的名称、生产日期、保质期、供货商及联系方式等内容。盛装食品的容器应符合安全要求。食品贮存场所内不得存放有毒、有害物品及其他任何私人用品。

（二）建立健全出入库管理制度。食堂物品的入库、出库必须由专人负责，签字确认。规模较大的学校，应由两个以上人员签字验收。入库、出库要严格核对数量、检验质量，出库食品先进先出，杜绝质次、变质、过期食品的入库与出库。

（三）建立健全库存盘点制度。食堂物品入库、验收、保管、出库应手续齐全，物、据、账、表相符，日清月结。盘点后相关人员均须在盘存单上签字。食堂应根据日常消耗确定合理库存。变质和过期的食品应按规定及时清理销毁，并办理监销手续。

第十四条　加强食品加工管理。

食品加工过程应严格执行《食品安全国家标准　餐饮服务通用卫生规范》（GB 31654—2021）《餐饮服务食品安全操作规范》等规定。

（一）必须采用新鲜安全的原料制作食品，不得加工或使用腐败变质和感官性状异常的食品及原料。不得制售冷荤类食品、生食类食品、裱花蛋糕，不得加工制作四季豆、鲜黄花菜、野生蘑菇、发芽土豆等高风险食品。

（二）需要熟制烹饪的食品应烧熟煮透，其烹饪时食品中心温度应达到 70℃以上。烹饪后的熟制品、半成品与食品原料应分开存放，防止交叉污染。食品不得接触有毒物、不洁物。

（三）建立食品留样制度。每餐次的食品成品必须留样，并按品种分别盛放于清洗消毒后的专用密闭容器内，在专用冷藏设备中冷藏存放 48 小时以上，并落实双人双锁管理。每个品种留样量应满足检验需要，不得少于 125 克，并记录留样食品名称、留样时间（月、日、时）、留样人员等信息。

（四）严格按照规定使用食品添加剂。严禁超范围、超剂量使用食品添加剂，不得采购、贮存、使用亚硝酸盐。严禁使用非食用物质加工制作食品。食品添加剂应专人专柜（位）保管，按照有关规定做到标识清晰、计量使用、专册记录。

（五）严格规范餐用具清洗与消毒。加工结束后应及时清理加工场所，做到地面无污物、残渣；按照要求对食品容器、餐用具进行清洗消毒，并存放在专用保洁设施内备用。提倡采用热力方法进行消毒。采用化学方法消毒的必须冲洗干净。不得使用未经清洗和消毒的餐用具。餐用具清洗与消毒应由专人做好记录。

第十五条　严格供餐配送管理。

（一）送餐车辆及工用具必须保持清洁卫生。每次运输食品前应进行清洗消毒并做好记录，在运输装卸过程中也应注意保持清洁，运输后进行清洗，防止食品在运输过程中受到污染。

（二）运送集体用餐的容器和车辆应安装食品保温和冷藏设备，确保食品不得在 8～60℃的温度条件下贮存和运输，从烧熟至食用的间隔时间（食用时限）应符合以下要求：

1. 烧熟后 2 小时，食品的中心温度保持在 60℃以上（热藏）的，其食用时限为烧熟后 4 小时；

2. 需要冷藏的熟制半成品或成品，应按有关食品安全操作规范在熟制后立即冷却，将食品的中心温度降至 8℃并冷藏保存，其食用时限为烧熟后 24 小时。供餐前应对食品进行再加热，且加热时食品中心温度应达到 70℃以上。

（三）盛装、分送集体用餐的容器应有封装标识，并在表面注明加工单位、加工制作时间和食用时限，必要时标注保存条件、食用方法和营养标识等信息。

（四）学校应安排专门人员负责供餐企业配送食品的查验接收工作。应重点检查配送食品包装是否完整，感官性状是否异常，食品的温度和配送时间是否符合食品安全要求等，并做好食品留样。

第十六条　加强食堂从业人员管理。

各地应按照与就餐学生人数之比不低于 1∶100 的比例足额配齐学校食堂从业人员。可采取设置公益性岗位、劳务派遣等方式，配备符合条件的学校食堂从业人员。

（一）从业人员（包括临聘人员）每学期开学前必须进行健康检查，取得健康证明后方可上岗，必要时应进行临时健康检查。从业人员健康证明应在食堂显著位置进行统一公示。患有国家卫生健康委规定的有碍食品安全疾病的人员，不得从事接触直接入口食品的工作。不得聘用有不良思想倾向及行为、精神异常或偏激等现象的人员。

（二）从业人员应落实有关培训学时要求，定期参加有关部门和单位组织的食品安全知识、营养配餐、消防知识、职业道德和法制教育培训，增强食品安全意识，提高食品安全操作技能。鼓励从业人员通过自主培训学习提高营养配餐能力。

（三）实行每日晨检制度。食堂管理人员应在每天早晨各项饭菜烹饪活动开始前，对每名从业人员的健康状况进行检查，并将检查情况记录在案。发现有发热、腹泻、皮肤伤口或感染、咽部炎症等有碍食品安全病症的，应立即离开工作岗位，待查明原因并将有碍食品安全的病症治愈后，方可重新上岗。

（四）从业人员应养成良好的个人卫生习惯。工作前、处理食品原料后、便后用肥皂（或洗手液）及流动清水洗手消毒；接触直接入口食品前，应洗手消毒并佩戴一次性食品手套；穿戴清洁的工作衣帽，并把头发置于帽内；不得留长指甲、涂指甲油、戴戒指加工食品；不得在食品加工和销售场所内吸烟。

第四章　资金使用与管理

第十七条　资金安排。

（一）国家计划地区营养膳食补助按照国家规定的基础标准，根据受益学生人数和实际在校天数核定，所需资金由中央财政全额承担。地方计划地区营养膳食补助资金由地方财政承担，中央财政在地方落实国家基础标准后，给予生均定额奖补。

（二）各地要强化省级统筹，结合经济发展水平、财力状况、支出成本等实际，建立健全省、市、县级财政分担机制，合理安排营养改善计划实施中所需的其他应由财政负担的资金。学校自主经营食堂（伙房）发生的水电煤气等日常运行经费纳入学校公用经费开支，对营养改善计划实施学校可适当提高学校公用经费补助水平。学校自主经营食堂（伙房）供餐增加的聘用人员待遇等开支，由地方财政统筹解决。

（三）各地可结合当地经济社会发展实际及物价水平，在落实国家基础标准上，进一步完善政府、家庭、社会力量共同承担膳食费用机制，科学确定伙食费收费标准。鼓励企业、基金会、慈善机构等捐资捐助，在地方政府统筹下，积极开展营养改善计划工作，并按规定享受税费减免优惠政策。

第十八条　资金使用。

（一）中央财政安排的营养膳食补助资金要设立专门台账，明细核算，确保全额用于为学生提供营养膳食，补助学生用餐。不得直接发放给学生个人和家长，严禁克扣、截留、挤占和挪用。

（二）加强学校食堂财务管理。各实施学校应严格执行《中小学校财务制度》有关规定，学校食堂应坚持公益性和非营利性原则，财务活动应纳入学校财务部门统一管理，实行分账核算，真实反映收支状况。食堂收入包括财政补助收入、收取的伙食费和陪餐费收入等。食堂支出包括食材采购成本、人工成本等，不得将应在学校事业经费列支的费用等计入食堂支出。采购配送、食堂从业人员工资等支出不得挤占营养膳食补助资金。

（三）收取伙食费的学校应严格执行中小学收费管理有关规定，所收取的伙食费应全部用于营养改善计划供餐成本开支。供应两餐及以上的学校，应加强食材采购成本核算管理，不得因提供早、晚餐挤占营养膳食补助资金。

第十九条　资金监管。

（一）各地应加强营养膳食补助资金使用管理情况的监管，开展定期审计。指导各实施学校建立健全内部控制制度，强化内部监管。学校应定期（每学期至少一次）公开食堂收支情况，自觉接受师生、家长和社会的监督。

（二）各地要高度重视全国农村义务教育学生营养改善计划管理信息系统的日常使用管理工作，指导各实施学校及时、准确填报受益学生、补助标准、就餐天数、供餐情况等信息，加强受益学生实名制管理，严防套取、冒领膳食补助资金。各级教育部门应加强数据信息审核，对数据的真实性、完整性、准确性负责。

第五章　采购管理

第二十条　营养改善计划采购工作必须严格执行《中华人民共和国政府采购法》等法律法规和财政部有关规定。各地应根据营养改善计划供餐实际情况，科学确定属于政府采购范围的具体项目内容；对于不属于政府采购范围的项目，应合理确定采购方式，并制定完善采购管理相关制度要求。

第二十一条　加强采购需求管理。

营养改善计划实施地区和学校应严格落实《政府采购需求管理办法》等有关要求。县级教育部门会同财政部门负责指导学校采购需求管理工作。采购人对采购需求管理负有主体责任，应以学生营养改善为目标，合理确定采购需求，科学编制采购实施计划。在确定采购需求前，可通过咨询、论证、问卷调查等方式开展需求调查。应建立健全采购需求管理制度，加强对采购需求的形成和实现过程的内部控制和风险管理。

第二十二条　及时公开采购意向。

采购意向公开由县级有关部门负责，至少在采购活动开始前 30 日，按采购项目在中国政府采购网地方分网公开，也可在省级以上财政部门指定的其他媒体同步公开。内容应当包括采购项目名称、采购需求概况、预算金额、预计采购时间等。

第二十三条　合理确定采购人和采购方式。

各地可结合实际，因地制宜合理确定采购人和采购方式。对于采购项目金额达到本地区政府采购限额标准的，原则上应依法采用公开招标、邀请招标、竞争性谈判、竞争性磋商、询价等竞争性采购方式进行采购。

（一）完善大宗食材统一采购制度。各实施学校食堂的大米、食用油、面粉、肉、蛋、奶等，均应纳入政府采购范围，由县级有关部门统一组织实施。鼓励探索采用框架协议采购方式实施。

（二）规范原辅材料采购。对于不属于政府采购范围的新鲜蔬菜、水果、干货、调味品等原辅材料，比照政府采购的相关采购方式，可由县级有关部门或学校作为采购人集中带量采购。鼓励各地对多频次、小额零星的原辅材料比照框架协议采购方式采购。偏远地区小规模学校（教学点）经县级教育部门批准，可采取适当的采购方式，并完善相应的采购管理制度，根据符合采购需求、质量和服务相等且报价最低的原则确定成交供应商。

（三）供餐企业（单位）由县级有关部门通过竞争性采购方式确定。纳入营养改善计划的供餐企业（单位）名单，应向社会公告。

第二十四条　严格规范采购程序。

（一）采取竞争性采购方式采购的，采购人应合理设置供应商资格条件，不得阻挠和限制供应商参与政府采购活动，不得差别对待供应商。应科学制定评审规则，细化编制评分指标，全面覆盖营养改善计划采购的核心内容。提供劳务服务方与食品原辅材料供货方不得为同一主体或相关利益人。

（二）鼓励各地通过竞争性采购方式采购食材。通过竞争性采购方式确定的采购标的单价，不得高于学校所在地同期市场公允价格。加强对营养改善计划采购项目的价格监测。对于采购价格明显偏高的，要深入查找原因，并责令整改。

（三）对于非竞争性采购方式的采购项目，各地要结合实际加强管理。大力推行原材料面向生产环节的统一采购，降低采购成本，确保采购质量，努力实现为学生提供"等值优质"食品的目标。

第二十五条　规范合同管理。

（一）对于属于政府采购范围的采购项目，采购人应按规定与中标、成交供应商签订政府采购合同，并严格执行合同约定事项。如供应商违反合同相关规定，采购人有权终止合同。财政部门应当履行政府采购监督管理职责，依法对供应商违法违规行为进行处理，并将相关违法违规供应商列入不良行为记录名单。

（二）对于不属于政府采购范围，由学校自行采购的项目，学校应及时与供应商签订合同，并报县级教育部门备案。合同内容应至少包括采购品目、数量质量、价格机制、服务时间、风险条款和其他保证食品安全事项等。学校应规范结算制度，及时与供应商结算货款。采购员与供应商之间原则上不得发生现金交易。

第二十六条　加强履约验收。

（一）依法组织履约验收。各地应结合实际，指导采购人细化编制验收方案。学校应成立由 2 人以上组成的验收小组，按照合同约定开展验收工作。验收时，应建立采购验收台账，列明到货品目、数量质量、生产日期等情况，由验收双方共同签署并留存验收证明。对于大宗食材等应严格落实复秤工作机制并如实记录。验收不合格的项目，采购人应当依法及时处理。供应商在履约过程中有违反政府采购法律法规情形的，采购人应当及时报告县级财政部门。

（二）完善食品采购索证索票制度。食品采购应严格执行《餐饮服务食品采购索证索票管理规定》有关要求，查验、索取并留存相关许可证、营业执照、食用农产品承诺达标合格证等产品合格证明文件、动物产品检疫合格证明等材料和由供货方盖章（或签字）的购物凭证。

（三）加强采购档案管理。采购人应严格执行采购档案管理相关规定，完整保存各项采购文件资料，自采购结束之日起至少保存 15 年。

第六章　营养健康监测与教育

第二十七条　卫生健康部门、疾控部门牵头负责营养改善计划实施地区和学校的营养健康监测，开展有针对性的膳食指导和营养宣传教育。营养改善计划实施地区原则上均应纳入常规监测范围。中国疾病预防控制中心根据需要，选择部分市县和学校，定期开展重点监测。常规监测县和重点监测县应按要求准确及时收集监测信息，按期开展监测评估现场调查。各级监测单位应通过营养改善计划营养健康状况监测评估系统按时报送并核查监测数据。各地应充分利用信息化手段加强对学校供餐质量、学生营养状况等日常监测、评估和指导。

第二十八条　各级疾病预防控制中心应定期综合分析当地监测数据，形成学生营养健康监测评估报告，及时报送同级卫生健康部门、教育部门、疾控主管部门和上级疾病预防控制中心。县级疾病预防控制中心要将主要监测结果反馈监测学校；学校应向学生家长反馈主要监测结果，督促存在健康风险的学生到专业医疗机构进行医学检查和评估。

第二十九条　各级疾病预防控制中心应注重学生营养健康监测结果的运用，加强膳食指导。针对监测发现的问题，指导学校通过食物强化、营养优化等方式，科学合理供餐。

第三十条　加强营养健康教育。各级疾病预防控制中心应会同教育部门，指导学校健全并落实健康教育制度，将食品安全与营养健康知识纳入健康教育教学内容。配备专（兼）职健康教育教师，明确课时安排并落实有关学时要求。学校应依托全民营养周、中国学生营养日、食品安全宣传周等重要时间节点，开展营养健康主题教育活动。鼓励各地各校充分利用信息化手段，面向学生和家长、师生员工开展营养健康知识宣传教育。

第三十一条 推动开展劳动教育。各地各校要以实施营养改善计划为载体，指导学生有序参与集体分餐、餐具回收、垃圾分类、清洁打扫和用餐秩序维护等劳动实践活动。有条件的学校还可以开设烹饪小课堂，开展种植养殖等活动，教育引导学生热爱劳动、珍惜劳动成果。

第三十二条 强化感恩教育。各地各校要结合实际，大力宣传营养改善计划有关政策和实施效果，让受益学生和家长充分感受到党和国家对农村学生健康成长的重视和关心；要利用多种渠道、采取多种方式有效开展感恩教育，引导学生懂得珍惜、学会感恩，不断厚植爱国情怀、培养奉献精神。

第七章 应急事件处置

第三十三条 各实施地区和学校应严格执行《中华人民共和国食品安全法》《学校食品安全与营养健康管理规定》中关于食品安全事故处置的有关规定。地方各级人民政府应建立应急事件处置协调机制，明确相关部门职责，逐级逐校制订应急预案，定期组织应急事件处置演练。

第三十四条 应急事件发生后，学校应及时向当地教育、卫生健康、市场监管部门报告，不得擅自发布事故信息。同时，学校应采取下列措施：立即停止供餐活动，封存餐品留样或可能导致食品安全事故的食品及原料、工用具、设施设备和现场；积极配合相关部门开展病人救治、事故调查等工作；在有关部门指导下，制定学生供餐安排预案，做好学生、家长思想工作。

第三十五条 教育部门接到学校食品安全事故报告后，应当立即赶往现场协助相关部门进行调查处理，督促学校采取有效措施，防止事故扩大，并向上级人民政府教育部门报告。学校发生食品安全事故需要启动应急预案的，教育部门应当立即向同级人民政府以及上一级教育部门报告，按照规定进行处置。市场监管部门会同卫生健康、教育等部门依法对食品安全事故进行调查处理。县级以上疾病预防控制中心接到报告后应当对事故现场进行卫生处理，并对与事故有关的因素开展流行病学调查，及时向同级卫生健康、疾控部门和有关食品安全监管部门提交流行病学调查报告。学校食品安全事故的性质、后果及其调查处理情况由市场监管部门会同卫生健康、教育等部门依法发布和解释。

第八章 绩效管理与监督检查

第三十六条 全面实施绩效管理。各地要结合营养改善计划实际特点，合理设定绩效目标，做好绩效运行监控，建立科学的绩效评价体系，强化绩效结果运用，提高营养膳食补助资金配置效率和使用效益。绩效评价内容应以营养膳食补助资金的管理和使用、学生营养状况改善情况、相关管理制度执行情况等为重点。

第三十七条 建立健全公开公示制度。各地应落实有关要求，将营养改善计划有关实施情况纳入政府信息公开工作范围。学校应定期将受益学生名单、人数（次），食堂财务收支情况、食品及原辅材料采购情况、带量带价食谱等予以公示，公示信息应注意保护个人隐私。各地各校应结合实际，借助信息化手段，多渠道接受师生、家长和社会的监督。

第三十八条 有关部门要建立健全监督检查机制，强化日常监管。教育督导部门要把营养改善计划实施情况作为责任督学日常督导的重要内容；财政部门要对资金管理使用情况进行监管；市场监管部门应定期对学校食堂和供餐单位等开展食品安全检查，会同教育部门督促指导学校落实食品安全责任；卫生健康部门要把食品安全风险监测评估、食源性疾病报告和学生营养膳食指导、宣传教育、监测评估作为重点。

第三十九条　各地应结合实际，定期或不定期开展专项监督检查。专项监督检查的重点是食品安全、供餐质量、资金安全、职责履行和餐饮浪费。

（一）食品安全。主要内容包括：供餐单位是否办理食品经营许可证；供餐单位餐饮服务从业人员是否具有健康证明，是否按要求接受相关培训；食材采购、贮存、加工、供应等环节是否符合食品安全有关标准；是否制定食品安全事故应急预案，是否发生食品安全事故，事故发生后是否及时有效处理，相关单位和人员责任是否追究到位。

（二）供餐质量。主要内容包括：学校选定的供餐模式是否科学，供餐内容是否合理；学校制定的带量食谱是否符合有关营养要求；是否按照有关要求开展膳食指导。

（三）资金安全。主要内容包括：营养膳食补助资金是否及时足额下达，是否明细核算，是否存在截留滞留、挤占挪用、违规套取、虚报冒领等问题；是否出现虚列支出、白条抵账、虚假会计凭证和大额现金支付等情况；大宗食材及原辅材料的供应商是否符合有关规定，程序是否合法合规，供应商是否依照国家法律制度和合同约定履约；食堂收支核算是否符合有关财务管理要求，收支状况是否真实，是否按学期公示。

（四）职责履行。主要内容包括：政府主导作用是否得到落实；相关职能部门是否严格履行工作职责，监督管理是否规范；是否建立营养改善计划议事协调工作机制，是否有专门人员负责日常工作，是否有必要的办公条件和工作经费；各项规章制度是否健全，是否有效执行；营养改善计划实施过程中出现的问题是否及时、有效整改，相关人员的责任是否追究到位。

（五）餐饮浪费。主要内容包括：是否开展反对餐饮浪费宣传教育，建立长效机制；是否采取有效措施，在食材采购、加工烹饪、分餐就餐等环节杜绝餐饮浪费。

第四十条　有关部门依法开展对学校食堂、供餐企业（单位）的监管和检查。有权采取下列措施：进入学生餐经营场所实施现场检查，调取有关监控视频；对学生餐进行抽样检验；查阅、复制有关合同、票据、账簿以及其他有关资料；查封、扣押不符合食品安全标准的食品、违法使用的食品和原料、食品添加剂、食品相关产品以及用于违法生产经营或者被污染的工具、设备；查封违法从事食品经营活动的场所。

第四十一条　教育部门应会同有关食品安全监管部门加强供餐监管，建立学校食堂、供餐企业（单位）信用档案。学校食堂、供餐企业（单位）出现下列情况之一者，应立即停止供餐：

（一）违反相关法律法规，被市场监管部门吊销食品经营许可证、营业执照；

（二）发生食品安全事故或在合同期内被行政处罚的；

（三）未持续保持食品经营许可条件，经整改仍不符合食品经营许可条件的；

（四）存在采购加工法律法规禁止生产经营的食品、使用非食用物质、滥用食品添加剂、降低食品安全保障条件等食品安全问题的；

（五）出现降低供餐质量和餐量标准，随意变更供餐食谱等情况，或在供餐质量评议中学生满意度较低，经约谈警告后，仍不改正的；

（六）擅自转包、分包供餐业务或存在擅自变更配餐生产地址、擅自更换履约人等违约行为；

（七）出现其他违反法律法规及有关规定的行为。

具体管理办法由省级教育部门会同有关食品安全监管部门制订。

第四十二条　建立健全食品安全责任追究制度。

对违反法律法规、玩忽职守、疏于管理，导致发生食品安全事故，或发生食品安全事故后迟报、漏报、瞒报造成严重不良后果的，追究相应责任人责任；构成犯罪的，依法依规追究其刑事责任。

（一）县级及以上地方政府在食品安全工作中未履行职责，本行政区域出现重大食品安全事故、造成严重社会影响的，依法对直接负责的主管人员和其他直接责任人员追究相应责任。

（二）县级及以上教育、卫生健康、农业农村、市场监管部门不履行食品安全监督管理法定职责、日常监督检查不到位或者滥用职权、玩忽职守、徇私舞弊的，依法对直接负责的主管人员和其他直接责任人员追究相应责任。

（三）学校、供餐企业（单位）和托餐家庭（个人）不履行或不正确履行食品安全职责，造成食品安全事故的，依法对学校负责人、供餐企业负责人、直接负责的主管人员和其他直接责任人员追究相应责任。

第四十三条　有下列情形之一的，一经查实，依法依规严肃处理：

（一）通过虚报、冒领、套取等手段，挤占、挪用、贪污营养膳食补助资金和学生伙食费的；

（二）设立"小金库"，在食堂经费中列支学校公共开支或教职工奖金福利、津补贴、招待费及其他非食堂经营服务支出等费用的；

（三）在食堂管理中为他人谋利、搞利益输送或以权谋私的；

（四）采购伪劣食材、损害学生身体健康的；

（五）食堂违规承包，大宗食品、食材采购程序不合规合法的；

（六）存在严重浪费现象，造成不良影响的。

第九章　附则

第四十四条　本办法由教育部、国家发展改革委、财政部、农业农村部、国家卫生健康委、市场监管总局、国家疾控局负责解释。各地可依据本办法制订具体实施细则。不属于国家计划地区和地方计划地区的其他地区和学校可参照实施。

第四十五条　本办法自印发之日起施行。教育部等十五部门 2012 年 5 月 23 日颁布的《农村义务教育学生营养改善计划实施细则》等五个配套文件同时废止。

教育部办公厅关于成立全国学校食品安全与营养健康工作专家组的通知

为贯彻落实《教育部办公厅 市场监管总局办公厅 国家卫生健康委办公厅关于加强学校食堂卫生安全与营养健康管理工作的通知》（教体艺厅函〔2021〕38 号），进一步加强学校食品安全与营养健康管理，发挥专家对学校食品安全与营养健康工作的咨询、研究、评估、指导、宣教等作用，我部决定组建全国学校食品安全与营养健康工作专家组（以下简称专家组）。

专家组是在教育部领导下，对全国学校食品安全与营养健康工作发挥咨询、研究、评估、指导、宣教等作用的专家组织。主要职责是指导全国学校开展食品安全与营养健康工作，组织开展学校食品安全与营养健康研究，就学校食品安全与营养健康相关问题向教育部提出专业、科学的咨询意见和建议。

专家组专家共 61 人（见附录 1），聘期 4 年，自 2021 年 11 月起至 2025 年 11 月止。

各地要积极支持专家组的工作，专家组成员所在单位应为专家提供参加专家组工作的必要保障①。

教育部 2022 年工作要点

2022 年是新时代新征程中具有特殊重要意义的一年，我们党将召开二十大。这是我们党在进入全面建设社会主义现代化国家、向第二个百年奋斗目标进军新征程的重要时刻召开的一次十分重要的代表大会。迎接学习贯彻党的二十大，是贯穿今年党和国家全局工作的主线，教育工作要聚焦这条主线，作出实质性的贡献。2022 年教育工作的总体要求是：以习近平新时代中国特色社会主义思想为指导，深入学习贯彻党的十九大和十九届历次全会精神，认真贯彻落实习近平总书记关于教育的重要论述，深刻认识"两个确立"的决定性意义，增强"四个意识"、坚定"四个自信"、做到"两个维护"，弘扬伟大建党精神，坚持稳中求进工作总基调，完整、准确、全面贯彻新发展理念，服务构建新发展格局，坚持和加强党对教育工作的全面领导，全面贯彻党的教育方针，落实立德树人根本任务，着力转变观念、守正创新、攻坚克难、守住底线，加快教育高质量发展，推进教育现代化、建设教育强国、办好人民满意的教育，培养德智体美劳全面发展的社会主义建设者和接班人，以实际行动迎接党的二十大胜利召开。

其中第三部分积极回应群众关切，不断促进教育发展成果更多更公平惠及全体人民中的第十六条提出，统筹推进乡村教育振兴和教育振兴乡村工作。做好农村义务教育学生营养改善计划实施工作，落实县级政府主体责任，大力推进食堂供餐②。

教育部办公厅关于实施全国健康学校建设计划的通知

为贯彻落实《中国教育现代化 2035》《国务院关于实施健康中国行动的意见》（国发〔2019〕13 号）精神，根据《教育部等五部门关于全面加强和改进新时代学校卫生与健康教育工作的意见》（教体艺〔2021〕7 号）和健康中国行动中小学健康促进专项行动要求，我部决定实施全国健康学校建设计划。现就有关事项通知如下。

---

① 教育部. 教育部办公厅关于成立全国学校食品安全与营养健康工作专家组的通知［EB/OL］.（2021－11－25）［2022－11－26］. http://www.moe.gov.cn/srcsite/A17/moe_943/s3283/202112/t20211210_586361.html.

② 教育部. 教育部 2022 年工作要点［EB/OL］.（2022－02－16）［2022－11－26］. http://www.moe.gov.cn/jyb_xwfb/gzdt_gzdt/202202/t20220208_597666.html.

一、总体要求

（一）指导思想

以习近平新时代中国特色社会主义思想为指导，全面贯彻党的教育方针，落实立德树人根本任务，践行健康第一的教育理念，聚焦教育强国和健康中国建设，将健康素养融入德智体美劳各方面，将健康促进贯穿学校教育教学、管理服务全过程，将健康教育渗透学生学习实践生活诸环节，把新冠肺炎疫情防控成果转化为健康治理政策、学校健康管理制度和师生健康行为规范。以儿童青少年健康成长为目标，主动适应健康中国建设关于以人民健康为中心、把健康融入所有政策的基本要求，推进健康教育更加注重面向人人、服务全面发展、奠基终身健康、做到知行合一、实现共建共享，以健康促进为主线改进学校治理体系，深化学校教育改革，加快学校健康促进能力建设，逐步形成中国特色健康学校建设模式和青少年健康促进机制，系统提升学生综合素质、健康素养和健康水平。

（二）工作目标

"十四五"期间，重点支持一批有条件的学校建成全国健康学校，大幅提高学校立德树人质量和健康促进水平，德智体美劳全面培养的教育体系更加完善，学校健康教育体系和卫生健康服务体系更加高效，学生身心健康水平和健康素养明显提高，学校卫生健康工作规范化、制度化、信息化和现代化水平明显提升。

二、建设目标任务

其中第七部分营造学生健康成长环境中提到，生活服务设施设备齐全，按实际需要设置符合标准的食堂、卫生厕所、开水房、浴室等用房，促进学校食堂"明厨亮灶"全覆盖。

三、建设基本条件

其中第一部分基础条件中第二条要求，办学条件良好，教育教学、体育锻炼、管理服务场地场所、设施设备和仪器等符合国家规定标准，达标适用、数量够用、质量好用，特别是食堂、卫生厕所、浴室、开水房、手机保管装置等生活服务设施，符合安全、清洁、无风险要求。

第四部分健康促进中第十一条要求，践行健康第一的教育理念，将健康纳入学校发展总体规划，健康促进工作有人管、有经费、有制度、有成效。落实作业、考试、读物、手机、营养、睡眠、体质、心理健康，预防沉迷网络游戏等专项管理规定，确保学生学习、生活和身心健康。第十三条要求有效开展疫情防控、食品安全、负面舆情等突发事件应急处置和保障机制建设。与社区协作开展健康促进工作①。

教育部办公厅关于加强学校校外供餐管理工作的通知

为进一步贯彻落实《中华人民共和国食品安全法》《学校食品安全与营养健康管理规定》《餐饮服务食品安全操作规范》，规范中小学、幼儿园（以下统称学校）校外供餐管

---

① 教育部. 教育部办公厅关于实施全国健康学校建设计划的通知［EB/OL］.（2022-04-14）［2022-11-26］. http://www.moe.gov.cn/srcsite/A17/s7059/202204/t20220424_621280.html.

理，保障学生和教职工在校集中用餐食品安全和营养健康，现就加强学校校外供餐管理工作通知如下。

（1）履行行业责任。各地教育行政部门对本行政区域内的学校校外供餐管理应按职能分工履行行业责任，加强管理。教育行政部门要全面摸清本行政区域内学校校外供餐情况，包括采用校外供餐方式供餐的学校和校外供餐单位的具体情况。配合市场监管部门督促指导本行政区域内校外供餐单位落实主体责任，按照《餐饮服务食品安全操作规范》等文件要求，进行全面自查和整改，开展本行政区域校外供餐单位食品安全风险隐患排查治理，对发现的食品安全风险隐患要督促限期整改到位。

（2）完善管理体制。各地教育行政部门按职能分工负责对本行政区域内的学校校外供餐管理工作进行指导和监督。县级教育行政部门是本行政区域学校校外供餐管理工作的主管部门，负责组织学校校外供餐单位公开招标，指导监督本行政区域内的学校校外供餐管理工作，会同市场监管、卫生健康、公安等相关部门建立健全学校校外供餐管理制度，配合市场监管、卫生健康、公安等相关部门开展对学校校外供餐单位的监督检查和学校食品安全事故应对工作。学校应当完善本校校外供餐管理措施，配备专（兼）职校外供餐管理人员，严格落实学校食品安全校长（园长）负责制。

（3）明确招标程序。县级教育行政部门应当遵循公开、公平、公正原则，严格按照招投标程序统一组织招标，选定中标校外供餐单位，邀请学校校外供餐管理人员代表和家长代表对招标过程进行监督，委托公证机构对招标过程进行公证，向社会公布中标的校外供餐单位名单。中标的校外供餐单位须取得食品经营许可和集体用餐配送资质，社会信誉良好、能承担食品安全责任。学校应当组织本校校外供餐管理人员和家长代表，从县级教育行政部门公开招标选定的校外供餐单位名单中，投票选定本校的校外供餐单位，并对校外供餐单位进行实地考察。考察合格后，学校应当与供餐单位签订合同（或者协议），明确双方的权利和义务，合同期原则上不超过 1 年。实施农村义务教育学生营养改善计划的地区和学校，要推行学校食堂供餐。目前采取校外供餐单位配餐的，还应遵守农村义务教育学生营养改善计划关于供餐企业（单位）准入、退出管理和招投标采购、合同履约等相关规定。

（4）细化管理措施。学校应当安排专人负责配餐食品的查验和分发，对配餐食品按规定量留样 48 小时以上，做好各项记录。学校应当落实集中用餐陪餐制度，每餐均应当有相关负责人与学生共同用餐，做好陪餐记录，及时反馈和解决陪餐过程中发现的问题。学校应当建立健全分餐管理制度，在教室分餐的，应当保障就餐环境整洁卫生，提醒学生做好餐前手部清洁。学校应当建立校外供餐单位评价和退出机制，对落实食品安全主体责任不到位、多次发生食品安全事故的校外供餐单位，要及时终止合同（或协议），报告属地市场监管、教育等部门。学校应当建立集中用餐食品安全应急管理和突发事故报告制度，制定食品安全事故处置方案。发生集中用餐食品安全事故或者疑似食品安全事故时，应当立即采取相应措施。

（5）加强监督检查。各地教育行政部门应当配合市场监管、卫生健康、公安等相关部门，加大对校外供餐单位监督检查的力度和频次。各地教育行政部门每学期应当联合市场监管等相关部门，对本行政区域内的学校开展校外供餐管理工作专项检查，督促指导学校落实食品安全主体责任。各地教育行政部门应当会同市场监管、卫生健康和公安等相关部门，建立健全校外供餐管理沟通协调机制，形成监管合力，严防发生重大食品安全事故。

（6）健全共治体系。学校应当利用公共信息平台等方式及时向师生、家长、社会公开供餐单位信息，组织家长代表对供餐单位进行抽查走访，鼓励师生、家长、社会共同参与学校校外供餐的监督和管理。学校应当建立家长陪餐制度，对陪餐家长提出的食品安全与营养健康等方面的意见和建议，及时研究反馈。

（7）严格责任追究。学校校外供餐单位存在违反食品安全相关法律法规情形，学校未履行校外供餐管理责任，由教育行政部门配合市场监管部门对学校校外供餐管理主要负责人进行约谈，视情节轻重对学校相关负责人给予相应的处分。教育行政部门应当配合市场监管、公安等相关部门，对检查发现校外供餐单位存在违法违规行为的，一律列入严重违法失信名单，取消其供餐资质①。

教育部办公厅 市场监管总局办公厅 国家卫生健康委办公厅关于加强学校食堂卫生安全与营养健康管理工作的通知

学校食品安全关系学生身体健康和生命安全，关系家庭幸福和社会稳定。为保障各级各类学校和幼儿园（以下统称学校）食品安全和营养健康，落实《中华人民共和国反食品浪费法》《学校食品安全与营养健康管理规定》《营养与健康学校建设指南》，促进学生健康成长，现就加强学校食堂卫生安全与营养健康管理工作通知如下。

（1）规范食堂建设。各地和学校规划、新建、改建、扩建学校食堂，要按有关部门要求具有相应场所、设施设备，具有合理的布局和工艺流程，利用互联网等手段实现"明厨亮灶"。学校食堂与有毒有害场所及其他污染源保持规定的距离。食品处理区、就餐区或附近配备足够的洗手设施和用品。学校食堂用水应符合国家规定的生活饮用水卫生标准，防蝇防鼠防虫等设施完好。

（2）加强食堂管理。学校食堂原则上自主经营，应取得食品经营许可证。各地和学校要建立健全食堂食品安全和营养健康管理制度，明确学校食品安全和营养健康主体责任和校方管理人员。落实学校食品安全校长（园长）负责制，中小学校和幼儿园落实集中用餐陪餐制度，充分发挥膳食委员会、师生和家长监督作用。对外承包或委托经营食堂的学校，要按当地相关部门管理规定，充分听取家长委员会或学生代表大会、教职工代表大会意见，公开选择社会信誉良好的餐饮服务单位或餐饮管理公司，依法签订合同。建立承包或委托经营的评价和退出机制，对落实食品安全主体责任不到位、多次发生食品安全事故等的承包或委托经营者，学校要及时终止合同，并通报属地教育、市场监管等部门。鼓励学校食堂应用信息技术加强精细化管理。

（3）保障食材安全。各地和学校要严格管控食品、原材料和餐具采购渠道，落实进货查验记录制度，大宗食品原则上公开招标、集中定点采购，统一配送。禁止采购、使用国家明令禁止或不符合食品安全标准的产品，中小学校和幼儿园不得制售冷荤类、生食

---

① 教育部. 教育部办公厅关于加强学校校外供餐管理工作的通知［EB/OL］.（2022－05－25）［2022－11－26］. http://www.gov.cn/zhengce/zhengceku/2022－06/02/content_5693661.htm.

类、裱花蛋糕以及四季豆、鲜黄花菜、野生蘑菇、发芽土豆等高风险食品。各地和学校要加强冷链食品安全管理，保证食品可追溯。学校食堂的食品、原材料应做到分区分架分类、离墙离地存放，遵循先进、先出、先用原则。加工制作食品的容器和工具按标识区分使用，确保生熟分开。

（4）确保营养健康。学校要配备有资质的专职或聘任食品安全和营养健康管理人员，依据《营养健康食堂建设指南》《学生餐营养指南》等技术指南和标准，鼓励使用膳食分析平台或软件，编制并公布每周带量食谱。学生餐应做到品种多样、营养均衡，搭配多种新鲜蔬菜和适量鱼禽肉蛋奶。学校食堂应定期听取用餐人员意见，保证菜品、主食质量，丰富不同规格。合理加工、烹饪学生餐，减盐、减油、减糖，少用煎、炸等可能产生有毒有害物质的烹调方式。学生餐从烧熟至食用间隔时间不得超过两小时，食品成品按规定量留样 48 小时以上。

（5）制止餐饮浪费。各地和学校要学习贯彻落实习近平总书记关于厉行节约、反对浪费的重要指示批示精神和《中华人民共和国反食品浪费法》，引导广大师生牢固树立节粮爱粮意识，切实养成勤俭节约良好习惯。学校食堂按需供餐，改进供餐方式，鼓励推行小份菜、半份菜、套餐等措施，遏制餐饮浪费。

（6）强化健康教育。各地教育、市场监管和卫生健康部门要通过多种形式，拓展多种渠道，发挥专业人员作用，定期对辖区内学校管理人员、食堂从业人员和教师开展食品安全与营养健康知识和传染病防控技能的培训与指导，并做到全覆盖。学校要将食品安全与营养健康作为健康教育教学重要内容，鼓励地方逐步建立教研体系，为学生传递科学的食品安全和营养健康知识，培养学生均衡膳食理念和健康饮食习惯。

（7）落实卫生要求。学校食堂应保持内外环境整洁，地面保持干燥，定期进行清洁消毒，每餐后通风换气 30 分钟以上，及时清除餐厨废弃物，垃圾分类处理。食堂从业人员每学期开学前或开学初进行健康检查，取得健康证明。保持良好的个人卫生和职业素养，工作期间佩戴口罩和清洁的工作衣帽。落实晨午检制度，不得带病上岗，出现咳嗽、腹泻、发热、呕吐等症状时，应及时脱离工作岗位并主动报告学校，避免造成疾病扩散。

（8）防控疾病传播。学校要做好诸如病毒感染性腹泻等常见传染病防控工作，科学处置消毒呕吐物、排泄物等污染物及污染场所，排查消除污染源。建立健全并落实食物中毒或其他食源性疾病应急预案和报告制度。

（9）严格校外供餐管理。选择校外供餐单位的学校，应当建立健全引进和退出机制，择优选择。校外供餐单位应参照执行本通知要求，确保学生餐食品安全和营养健康①。

教育部办公厅关于开展 2022 年"师生健康 中国健康"主题健康教育活动的通知

为深入贯彻落实《"健康中国 2030"规划纲要》《教育部等五部门关于全面加强和改

---

① 教育部. 教育部办公厅 市场监管总局办公厅 国家卫生健康委办公厅关于加强学校食堂卫生安全与营养健康管理工作的通知［EB/OL］.（2021-08-13）［2022-11-26］. http://www.moe.gov.cn/srcsite/A17/moe_943/s3283/202108/t20210824_553926.html.

进新时代学校卫生与健康教育工作的意见》（教体艺〔2021〕7 号）要求，牢固树立健康第一的教育理念，深入实施健康中国行动中小学健康促进专项行动，培养师生健康意识、观念和生活方式，提高师生健康素养，为推进健康中国建设、教育强国建设提供有力支撑，我部决定 2022 年继续深入开展"师生健康 中国健康"主题健康教育活动（以下简称主题健康教育活动）。现就有关事项通知如下。

一、活动宗旨

以习近平新时代中国特色社会主义思想为指导，贯彻落实党的十九大和十九届历次全会精神，全面贯彻党的教育方针，落实习近平总书记关于教育、关于卫生健康的重要论述和全国教育大会精神，构建新时代、现代化、高质量学校健康教育体系，把健康教育融入学校教育教学各环节，深入开展新时代校园爱国卫生运动，引导师生树立正确健康观、提升健康素养和养成健康生活方式，让健康知识、行为和能力成为师生普遍具备的素质，全方位全周期保障师生健康，培养德智体美劳全面发展的社会主义建设者和接班人。

二、时间安排

主题健康教育活动贯穿 2022 年全年。

三、主要内容

其中第一条提出，加强常态防控。巩固深化拓展教育系统新冠肺炎疫情防控成果与经验，健全学校突发公共卫生事件信息报告制度，全面提升应对突发公共卫生事件能力。教育引导师生落实常态化疫情防控措施，保持勤洗手、常通风、不扎堆、不聚集、分餐制、使用公勺公筷、不滥食野生动物、科学就医用药等健康行为和习惯，在日常生活中持续做好自我防护，增强体质和免疫力，均衡饮食、适量运动、规律作息。

第六条提出，合理营养膳食。落实《学校食品安全与营养健康管理规定》（教育部令第 45 号）、《关于统筹做好 2022 年春季学校新冠肺炎疫情防控和食品安全工作的通知》（市监食经发〔2022〕12 号）要求，强化食品安全管理，保障校园饮用水安全，开展健康食堂建设，普及膳食营养知识，改善学生膳食营养结构，倡导营养均衡和膳食平衡。加强饮食教育，引领学生践行"光盘"行动，反对食物浪费，积极引导家长科学安排家庭膳食，培养学生科学的膳食习惯，建设健康饮食文化。

四、工作要求

其中第三条提出，加强宣传引导。各地教育部门要采用线上线下结合、多地多校联动等形式，及时启动本地区 2022 年度主题健康教育活动，充分利用传统媒体和新媒体，加强科学引导和典型报道，积极扩大活动社会影响力和关注度，营造良好社会氛围。学校要通过新媒体传播、文艺作品创作等方式加强宣传引导，动员广大师生以文字、图片、视频、动漫、微电影等方式宣传主题健康教育活动，利用"世界防治结核病日"（3 月 24 日）、"世界防治肥胖日"（5 月 11 日）、"世界脊柱健康日"（5 月 21 日）、"全国爱眼日"（6 月 6 日）、"世界艾滋病日"（12 月 1 日）等重要时间节点，开展寓教于学、寓教于乐的健康教育活动，以有效方式引导师生了解和掌握必备健康知识，践行健康生活方式①。

---

① 教育部. 教育部办公厅关于开展 2022 年"师生健康 中国健康"主题健康教育活动的通知 [EB/OL]. （2022-04-19）[2022-11-27]. http://www.bzuu.edu.cn/tyx/2022/0419/c471a60524/page.htm.

财政部 教育部印发《关于深入实施农村义务教育学生营养改善计划的通知》

农村义务教育学生营养改善计划（以下简称营养改善计划）实施以来，欠发达地区农村学生营养健康状况明显改善，得到学生、家长和社会各界的广泛认可。但受物价上涨因素影响，现行膳食补助标准购买力下降，同时一些地方在学校供餐、学生信息采集、资金使用管理等方面还存在薄弱环节。为进一步巩固营养改善计划成果，持续改善学生营养健康状况、增强学生体质，现就深入实施营养改善计划有关事宜通知如下：

一、提高营养膳食补助国家基础标准

经国务院批准，从 2021 年秋季学期起农村义务教育学生营养膳食补助国家基础标准由每生每天 4 元提高至 5 元。其中，国家试点地区（原集中连片特困地区县，不含县城）所需资金继续由中央财政承担；地方试点地区（原国家扶贫开发工作重点县、原省级扶贫开发工作重点县、民族自治县、边境县、革命老区县）所需资金由地方财政承担，中央财政在地方落实国家基础标准后按照每生每天 4 元给予定额奖补。

二、持续加强学校供餐管理

各级教育部门要因地制宜统筹推进学校食堂供餐，指导学校落实常态化疫情防控措施，进一步健全食品安全管理制度，加强食堂卫生管理，规范食材采购行为和食品加工制作过程；加强食堂精细化管理，根据不同年龄学生特点，科学营养配餐，提高供餐质量；加强"厉行节约、反对浪费"教育，持续开展"光盘行动"，坚决制止餐饮浪费行为。对于尚不具备食堂供餐条件的学校，要完善供餐准入和退出机制，加强对供餐企业的监管，确保食品安全。要进一步强化营养改善计划实名制学生信息管理，及时更新学生基本信息变动情况，实现受益学生人数等情况动态监管，确保学生信息准确无误。

三、切实落实地方支出责任

各省级财政部门要切实强化省级统筹，落实地方支出责任，确保营养膳食补助提标资金及时足额到位。中央财政提前预拨 2021 年秋季学期地方试点提标所需的部分资金，2022 年对预拨的提标资金进行清算。从 2022 年起，各级财政部门要将地方试点地区所需资金足额列入地方财政预算。对于因学生流动或实际在校天数减少等原因导致中央补助资金出现的结转结余，应按照《财政部关于推进地方盘活存量资金有关事项的通知》（财预〔2015〕15 号）要求执行，各级财政部门收回的结余资金，以及未分配到部门和地方的结转资金，应继续用于营养改善计划。

四、严格规范资金使用管理

各级财政、教育部门要进一步强化营养膳食补助资金使用管理。营养膳食补助资金应全部用于为学生提供等值优质食品，不得以现金形式发放给学生或家长，不得用于补贴教职工和城市学生伙食、弥补学校公用经费和开支聘用人员费用等方面。因供餐增加的运营成本、食堂聘用人员费用等支出应纳入地方财政预算。学校可统筹改善办学条件相关资金，推进食堂（伙房）建设和条件改善。食堂（伙房）的水、电、煤、气等日常运行经费纳入公用经费开支范畴。各级财政、教育部门及其工作人员、申报使用营养膳食补助资金的单位及个人存在违法违规行为的，依法依规责令改正并追究相应责任。

提高农村义务教育学生营养膳食补助标准，体现了党中央、国务院对农村学生的深切关怀。各地要提高政治站位，落实地方主体责任，进一步强化组织领导，扎实做好相关工作。坚持尽力而为、量力而行，在现有试点范围内组织实施，不再扩大试点范围。要健全责权一致的工作机制，组织协调相关部门及时解决实施过程中遇到的问题和困难，确保此项惠民政策落实到位①。

财政部 教育部关于印发《中小学校财务制度》的通知

为进一步规范中小学校财务行为，加强财务管理和监督，提高资金使用效益，促进中小学校事业健康发展，根据《事业单位财务规则》（财政部令第 108 号）和国家有关法律法规，财政部会同教育部对《中小学校财务制度》进行了修订。

其中第二章财务管理体制的第十条提出，中小学校食堂应当坚持公益性和非营利性原则。

学校自主经营食堂为学生提供就餐服务的，财务活动纳入学校财务部门统一管理，可在学校现有账户下分账核算，真实反映收支状况，并定期公开账务。如有结余，应当转入下一会计年度继续使用。

学校采用委托方式经营食堂为学生提供就餐服务的，应当加强监督管理，不得向被委托方转嫁建设、修缮等费用。

学校采用配餐或托餐方式为学生提供就餐服务的，餐费可由学校统一收取并按照代收费管理②。

市场监管总局办公厅 教育部办公厅 国家卫生健康委办公厅 公安部办公厅关于做好 2022 年秋季学校食品安全工作的通知

学校食品安全关系学生身体健康和生命安全，关系家庭幸福和社会稳定。为加强2022 年秋季学校和幼儿园（以下统称学校）食品安全监管，有序推进秋季学校食品安全相关工作，现就有关事项通知如下：

一、进一步健全管理机制，压紧压实主体责任

各地有关部门要按照食品安全法律法规和《校园食品安全守护行动方案（2020—2022 年）》，依职责强化学校食品安全管理，制定完善工作措施，压紧压实校外供餐单位和学校食堂主体责任和属地监管责任，完善末端发力、终端见效的制度机制，形成一级抓一级、层层抓落实的良好局面。各地市场监管、教育部门要督促学校加强对食堂及承包者或委托经营者的日常管理，进一步健全管理制度，明确学校食品安全主体责任和校方管理

---

① 教育部. 关于深入实施农村义务教育学生营养改善计划的通知［EB/OL］.（2021-09-26）［2022-11-26］. http://www.moe.gov.cn/jyb_xxgk/moe_1777/moe_1779/202112/t20211223_589718.html.

② 中华人民共和国中央人民政府. 关于印发《中小学校财务制度》的通知［EB/OL］.（2022-07-14）［2022-11-27］. http://www.gov.cn/zhengce/zhengceku/202208/11/content_5705015.htm.

人员，严格落实食品安全校长（园长）负责制和学校相关负责人陪餐制度。各地市场监管部门要督促校外供餐单位全面落实食品安全主体责任。

二、进一步突出工作重点，强化风险隐患排查

各地市场监管、教育部门要监督校外供餐单位和学校食堂落实《食品安全国家标准 餐饮服务通用卫生规范》（GB 31654—2021）、《学校食品安全与营养健康管理规定》等要求。督促校外供餐单位和学校食堂严格落实餐饮服务活动中食品采购、贮存、加工、供应、配送和餐（饮）具、食品容器及工具清洗、消毒等各环节有关场所、设施、设备、人员要求，健全学校食品安全风险防控体系，重点强化复用餐（饮）具监管，保障食品安全。指导校外供餐单位和学校食堂对采购的食品和食用农产品严格落实进货查验要求，督促查验食用农产品的可溯源凭证和产品质量合格凭证，推动采购的食用农产品源头可追溯。禁止采购无法提供可溯源凭证的食用农产品。对无法提供产品质量合格凭证的食用农产品进行抽样检验或者快速检测，检测结果合格方可采购。严格进口冷链食品等重点食品原料的管理，完善食品追溯体系，查验留存检疫合格证明、核酸检测合格证明及消毒单位出具的消毒证明等。

各地市场监管部门要会同教育等部门对学校食堂、校外供餐单位和学校周边食品经营者开展全覆盖监督检查，加强对中小城市和县、乡学校的食品监督抽检，对监督抽检和检查中发现的食品安全问题、隐患督促限期整改到位。严格执行《未成年人保护法》对学校周边不得设置售酒网点及禁止向未成年人售酒的规定，督促指导学校食堂和供餐单位在开学前全面开展自查，消除校园食品安全隐患。各地公安机关要依法及时受理并立案侦查涉嫌犯罪的食品安全案件，严厉打击学校及学校周边食品安全犯罪行为。各地有关部门要不断完善学校及学校周边食品安全协管协作机制，强化联动执法，形成监管合力，严防发生重大食品安全事件。

三、进一步强化宣传教育，推进校园食安社会共治

各地教育部门要会同卫生健康、市场监管部门加大学校食品安全与营养健康知识宣传力度，帮助学生养成良好个人卫生习惯，提升学生食品安全意识和健康素养。根据年龄和生长发育特点，为学生提供均衡营养膳食，倡导减油、减盐、减糖，引导学生珍惜粮食、反对浪费，践行"光盘行动"。

各地教育、市场监管部门要持续推进校外供餐单位和学校食堂"互联网+明厨亮灶"等智慧管理模式提质扩面，应用信息技术加强精细化管理，提升学校食品安全管理水平。各地教育部门和学校按照《教育部办公厅关于加强学校校外供餐管理工作的通知》等文件要求，进一步规范学校校外供餐招标管理，严格招标程序，实现招标过程透明规范，在"阳光下"接受监督①。

---

① 中华人民共和国中央人民政府．市场监管总局办公厅 教育部办公厅 国家卫生健康委办公厅 公安部办公厅 关于做好2022年秋季学校食品安全工作的通知［EB/OL］．（2022-08-24）［2022-11-27］．http://www.gov.cn/zhengce/zhengceku/2022-08/31/content_5707626.htm.

中国居民膳食指南（2022）平衡膳食八准则（文字版）

准则一　食物多样，合理搭配

核心推荐：

- 坚持谷类为主的平衡膳食模式。
- 每天的膳食应包括谷薯类、蔬菜水果、畜禽鱼蛋奶和豆类食物。
- 平均每天摄入 12 种以上食物，每周 25 种以上，合理搭配。
- 每天摄入谷类食物 200～300 g，其中包含全谷物和杂豆类 50～150 g；薯类 50～100 g。

准则二　吃动平衡，健康体重

核心推荐：

- 各年龄段人群都应天天进行身体活动，保持健康体重。
- 食不过量，保持能量平衡。
- 坚持日常身体活动，每周至少进行 5 天中等强度身体活动，累计 150 分钟以上；主动身体活动最好每天 6 000 步。
- 鼓励适当进行高强度有氧运动，加强抗阻运动，每周 2～3 天。
- 减少久坐时间，每小时起来动一动。

准则三　多吃蔬果、奶类、全谷、大豆

核心推荐：

- 蔬菜水果、全谷物和奶制品是平衡膳食的重要组成部分。
- 餐餐有蔬菜，保证每天摄入不少于 300 g 的新鲜蔬菜，深色蔬菜应占 1/2。
- 天天吃水果，保证每天摄入 200～350 g 的新鲜水果，果汁不能代替鲜果。
- 吃各种各样的奶制品，摄入量相当于每天 300 mL 以上液态奶。
- 经常吃全谷物、大豆制品，适量吃坚果。

准则四　适量吃鱼、禽、蛋、瘦肉

核心推荐：

- 鱼、禽、蛋类和瘦肉摄入要适量，平均每天 120～200 g。
- 每周最好吃鱼 2 次或 300～500 g，蛋类 300～350 g，畜禽肉 300～500 g。
- 少吃深加工肉制品。
- 鸡蛋营养丰富，吃鸡蛋不弃蛋黄。
- 优先选择鱼，少吃肥肉、烟熏和腌制肉制品。

准则五　少盐少油，控糖限酒

核心推荐：

- 培养清淡饮食习惯，少吃高盐和油炸食品。成年人每天摄入食盐不超过 5 g，烹调油 25～30 g。
- 控制添加糖的摄入量，每天不超过 50 g，最好控制在 25 g 以下。

- 反式脂肪酸每天摄入量不超过 2 g。
- 不喝或少喝含糖饮料。
- 儿童青少年、孕妇、乳母以及慢性病患者不应饮酒。成年人如饮酒，一天饮用的酒精量不超过 15 g。

准则六 规律进餐，足量饮水

核心推荐：

- 合理安排一日三餐，定时定量，不漏餐，每天吃早餐。
- 规律进餐、饮食适度，不暴饮暴食、不偏食挑食、不过度节食。
- 足量饮水，少量多次。在温和气候条件下，低身体活动水平成年男性每天喝水 1 700 mL，成年女性每天喝水 1 500 mL。
- 推荐喝白水或茶水，少喝或不喝含糖饮料，不用饮料代替白水。

准则七 会烹会选，会看标签

核心推荐：

- 在生命的各个阶段都应做好健康膳食规划。
- 认识食物，选择新鲜的、营养素密度高的食物。
- 学会阅读食品标签，合理选择预包装食品。
- 学习烹饪、传承传统饮食，享受食物天然美味。
- 在外就餐，不忘适量与平衡。

准则八 公筷分餐，杜绝浪费

核心推荐：

- 选择新鲜卫生的食物，不食用野生动物。
- 食物制备生熟分开，熟食二次加热要热透。
- 讲究卫生，从分餐公筷做起。
- 珍惜食物，按需备餐，提倡分餐不浪费。
- 做可持续食物系统发展的践行者①。

中国学龄儿童平衡膳食宝塔（2022）

学龄儿童膳食宝塔是根据《学龄儿童膳食指南（2022）》的内容，结合中国儿童膳食的实际情况，把平衡膳食的原则转化为各类食物的数量和 所占比例的图形化表示。

学龄儿童膳食宝塔形象化的组合，遵循了平衡膳食的原则，体现了在营养上比较理想的基本食物构成。宝塔共分为 5 层，各层面积大小不同，体现了 5 类食物和食物量的多少。

5 类食物包括谷薯类、蔬菜水果、畜禽鱼蛋类、奶类、大豆和坚果类以及烹调用油盐。

食物量是根据不同能量需求量水平设计。按照不同年龄阶段学龄儿童的能量需求，制

---

① 光明网．平衡膳食八准则 助你吃出健康［EB/OL］．（2022-05-20）［2022-11-27］．https://m.gmw.cn/baijia/2022-05-20/1302956186.html.

定了 6~10 岁学龄儿童平衡膳食宝塔，11~13 岁学龄儿童平衡膳食宝塔和 14~17 岁学龄儿童平衡膳食宝塔。

宝塔旁边的文字注释，表明了不同年龄阶段儿童在不同能量需要水平时，一段时间内每人每天各类食物摄入量的建议值范围①。

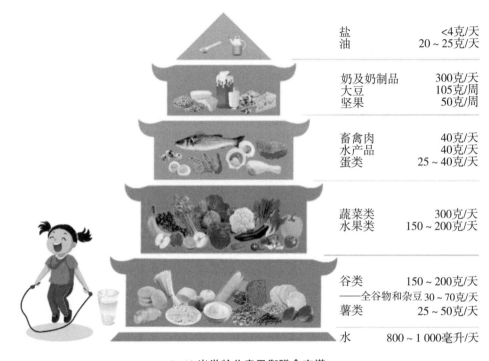

盐	<4克/天
油	20~25克/天
奶及奶制品	300克/天
大豆	105克/周
坚果	50克/周
畜禽肉	40克/天
水产品	40克/天
蛋类	25~40克/天
蔬菜类	300克/天
水果类	150~200克/天
谷类	150~200克/天
——全谷物和杂豆	30~70克/天
薯类	25~50克/天
水	800~1 000毫升/天

6~10 岁学龄儿童平衡膳食宝塔

6~10 岁学龄儿童能量需要水平：1 400~1 600 kcal/d。

第一层：谷薯类食物

每天摄入谷类 150~200 g，其中包含全谷物和杂豆类 30~70 g；每天摄入薯类 25~50 g。

第二层：蔬菜、水果类食物

每天蔬菜摄入量至少达到 300 g，水果 150~200 g。

第三层：鱼、禽、肉、蛋等动物性食物

每天摄入畜禽肉 40 g，水产品 40 g，蛋类 25~40 g。

第四层：奶类、大豆和坚果

每天应至少摄入相当于鲜奶 300 g 的奶及奶制品。每周摄入大豆 105 g，其他豆制品摄入量需按蛋白质含量与大豆进行折算。每周摄入坚果 50 g。

第五层：烹调油和盐

每天食盐摄入量不要超过 4 g，烹调油摄入量为 20~25 g。

---

① 中国居民膳食指南 . 中国学龄儿童平衡膳食宝塔（2022）图示解析 ［EB/OL］. （2022-05-21）［2022-11-27］. http://dg. cnsoc. org/article/04/xcIUgHazTFS3Rl8ZsPxOQA. html.

身体活动和饮水

推荐低身体活动水平的 6 岁学龄儿童每天至少饮水 800 mL，一天中饮水和整体膳食（包括食物中的水、汤、粥、奶等）水摄入量共计为 1 600 mL。推荐 7~10 岁学龄儿童每天至少饮水 1 000 mL，一天中饮水和整体膳食水摄入量共计为 1 800 mL。在高温或高身体活动水平的条件下，应适当增加饮水量。

推荐 6~10 岁学龄儿童每天累计进行至少 60 分钟的中高强度身体活动，以全身有氧活动为主，其中每周至少 3 天的高强度身体活动。身体活动要多样，其中包括每周 3 天增强肌肉力量和/或骨健康的运动，至少掌握一项运动技能。

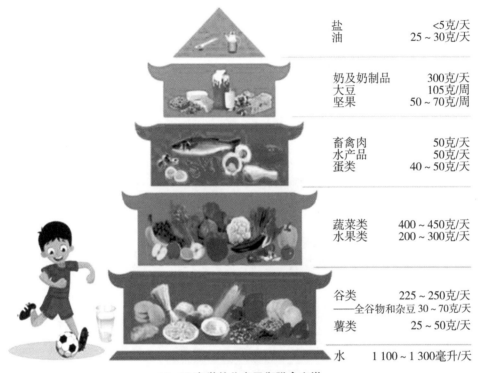

盐	<5克/天
油	25~30克/天
奶及奶制品	300克/天
大豆	105克/周
坚果	50~70克/周
畜禽肉	50克/天
水产品	50克/天
蛋类	40~50克/天
蔬菜类	400~450克/天
水果类	200~300克/天
谷类	225~250克/天
——全谷物和杂豆	30~70克/天
薯类	25~50克/天
水	1 100~1 300毫升/天

11~13 岁学龄儿童平衡膳食宝塔

11~13 岁学龄儿童能量需要水平：1 800~2 000 kcal/d。

第一层：谷薯类食物

每天摄入谷类 225~250 g，其中包含全谷物和杂豆类 30~70 g；每天摄入薯类 25~50 g。

第二层：蔬菜、水果类食物

每天蔬菜摄入量 400~450 g，水果 200~300 g。

第三层：鱼、禽、肉、蛋等动物性食物

每天摄入畜禽肉 50 g，水产品 50 g，蛋类 40~50 g。

第四层：奶类、大豆和坚果

每天应至少摄入相当于鲜奶 300 g 的奶及奶制品。每天摄入大豆 105 g，其他豆制品

摄入量需按蛋白质含量与大豆进行折算。每周摄入坚果 50~70 g。

第五层：烹调油和盐

每天食盐摄入量不要超过 5 g，烹调油摄入量为 25~30 g。

身体活动和饮水

推荐 11~13 岁男童每天至少饮水 1 300 mL，女童 1 100 mL；11~13 岁男童一天中饮水和整体膳食水摄入量共计为 2 300 mL，女童为 2 000 mL。在高温或高身体活动水平的条件下，应适当增加饮水量。

推荐 11~13 岁学龄儿童每天累计进行至少 60 分钟的中高强度身体活动，以全身有氧活动为主，其中每周至少 3 天的高强度身体活动。身体活动要多样，其中包括每周 3 天增强肌肉力量和/或骨健康的运动，至少掌握一项运动技能。

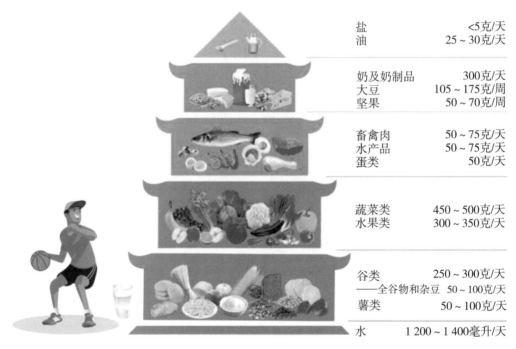

盐	<5克/天
油	25~30克/天
奶及奶制品	300克/天
大豆	105~175克/周
坚果	50~70克/周
畜禽肉	50~75克/天
水产品	50~75克/天
蛋类	50克/天
蔬菜类	450~500克/天
水果类	300~350克/天
谷类	250~300克/天
——全谷物和杂豆	50~100克/天
薯类	50~100克/天
水	1 200~1 400毫升/天

14~17 岁学龄儿童平衡膳食宝塔

《国家"学生饮用奶计划"推广管理办法》

第一章　总则

第一条　为加强国家"学生饮用奶计划"推广管理，根据《国务院关于实施健康中国行动的意见》《国务院办公厅关于推动奶业振兴保障乳品质量安全的意见》《农业部 国家发展和改革委员会 教育部 财政部 国家卫生和计划生育委员会 国家质量监督检验检疫总局 国家食品药品监督管理总局关于调整学生饮用奶计划推广工作方式的通知》等，制定本办法。

第二条　国家"学生饮用奶计划"是由原农业部、原国家发展计划委员会、教育部、财政部、原卫生部、原国家质量技术监督局、原国家轻工业部等七部门联合启动实施，通过向在校学生提供学生饮用奶，以改善学生营养状况、提高学生健康水平为宗旨的专项营养改善计划。

第三条　"学生饮用奶"系指经中国奶业协会许可使用中国学生饮用奶标志的专供学生在校饮用的奶制品。学生饮用奶产品应符合"安全、营养、方便、价廉"的基本要求。

第四条　中国学生饮用奶标志是经原国家学生饮用奶计划部际协调小组审定、原农业部公布，用以标识在学校推广的学生饮用奶的专用标志。中国奶业协会是中国学生饮用奶标志的所有者，依法拥有标志的许可使用权。

第五条　国家"学生饮用奶计划"推广的学生饮用奶产品种类包括纯牛奶、灭菌调制乳、巴氏杀菌乳和发酵乳。推广学生饮用奶遵循"安全第一、质量至上、严格准入、有序竞争、规范管理、稳妥推进"的原则。

第六条　本办法适用范围包括国家"学生饮用奶计划"组织管理，中国学生饮用奶标志许可使用管理，学生饮用奶奶源基地认证管理，学生饮用奶生产、配送、入校、宣传的监督管理等推广有关工作。

第二章　组织管理

第七条　中国奶业协会负责国家"学生饮用奶计划"在全国的推广管理；成立国家"学生饮用奶计划"领导小组，负责国家"学生饮用奶计划"推广工作的管理、规划、组织、协调和指导等；下设国家"学生饮用奶计划"领导小组办公室，负责日常工作。

第八条　国家学生饮用奶计划网（网址：https://www.schoolmilk.cn）是由中国奶业协会主办的国家"学生饮用奶计划"门户网站，是发布国家"学生饮用奶计划"推广公共信息和提供在线推广管理服务的综合平台。

第九条　经中国奶业协会确认的各省（自治区、直辖市）承担国家"学生饮用奶计划"推广工作的机构，负责在其辖区的推广协调，争取本辖区政府及有关部门的政策、资金等支持。各地方工作机构不再另行制定有关管理办法，统一推进国家"学生饮用奶计划"实施，统一推广中国学生饮用奶标志使用。

第十条　中国奶业协会各专业委员会为国家"学生饮用奶计划"推广工作提供专业技术支撑和政策咨询意见。

第十一条　实施国家"学生饮用奶计划"的学校负责本校学生饮奶组织工作和学生饮奶营养健康知识教育工作。

第十二条　乳制品生产企业自愿申请使用中国学生饮用奶标志，生产供应学生饮用奶产品，配合教育主管部门及实施学校做好学生饮用奶征订、入校等有关工作。

第十三条　充分发挥新闻媒体作用，宣传国家"学生饮用奶计划"，营造良好的社会舆论氛围。

第十四条　国家"学生饮用奶计划"的推广应与农村义务教育学生营养改善计划或其他涉及乳制品进校的公益项目相衔接。

第十五条　国家"学生饮用奶计划"根据国家有关政策指引和学生营养改善需要，适时调整供应对象、学生饮用奶产品种类和标准。

第十六条　中国奶业协会对在国家"学生饮用奶计划"推广工作中做出突出成绩的单位和个人予以表彰。

第三章　标志许可使用管理

第十七条　申请中国学生饮用奶标志许可使用，应当先行取得营业执照和相应食品类别的食品生产许可证，以营业执照载明的主体作为申请人，按照以下学生饮用奶产品种类提出：纯牛奶、灭菌调制乳、巴氏杀菌乳和发酵乳。

第十八条　申请中国学生饮用奶标志许可使用，应当符合下列条件：

（一）具有学生饮用奶生产的场所和设施设备，日处理（两班）生乳能力 200 吨以上；

（二）具有完善的质量管理和质量保证体系，符合乳制品良好生产规范要求，通过危害分析与关键控制点（HACCP）体系、ISO 9001 质量管理体系认证；

（三）有专职或者兼职的学生饮用奶工作管理人员，建立保证学生饮用奶质量安全的管理制度，包括生乳收购、原料和包材采购、生产加工、包装、出厂检验、留样、仓储物流、产品追溯、食品质量安全事故应急处理等；

（四）具备生产学生饮用奶产品的加工技术与工艺条件；

（五）建立学生饮用奶配送和供应体系，包括物流配送车辆设备和信息系统、配送服务管理制度、市场调研与推广方案、入校操作规范制度等；

（六）具有认证的学生饮用奶奶源基地，应符合本办法第四章有关规定。

（七）申请前 3 年内国家质量监督抽检合格、未发生食品安全事故且无不良信用记录。

第十九条　申请使用中国学生饮用奶标志，应当向中国奶业协会提交下列材料：

（一）标志许可使用申请书；

（二）申请人主体资质证明文件；

（三）生产能力证明材料，学生饮用奶生产设施设备有关材料；

（四）质量安全管理体系认证证书；

（五）专职或者兼职的学生饮用奶管理人员信息和学生饮用奶质量安全管理制度；

（六）学生饮用奶产品生产工艺、关键工艺控制点技术参数说明和试制产品检验报告；

（七）学生饮用奶配送和供应体系材料；

（八）学生饮用奶产品备案材料；

（九）奶源基地证明材料；

（十）申请前 3 年内国家质量监督抽检合格、未发生食品安全事故和无不良信用记录承诺书；

（十一）所在省（自治区、直辖市）学生饮用奶工作机构出具的推荐函，无地方工作机构的出具自荐函。申请人应当如实提交有关材料，对申请材料的真实性、合法性负责，并在申请书等材料上签名和盖章。申请材料齐全、规范或申请人按照要求提交全部补正材料的，中国奶业协会对申请人提出的申请决定予以受理；决定不予受理的，通知申请人并告知理由。

第二十条　中国奶业协会组织进行中国学生饮用奶标志许可使用审查，包括申请材料审查、现场核查和综合评定，具体参照中国学生饮用奶标志许可使用审查细则执行。国家"学生饮用奶计划"领导小组办公室负责对申请材料进行形式审查，应当以申请材料的完整性、规范性、合规性为审查内容。申请材料符合要求的，组织专家进行现场核查，应当以申请材料与实际情况的一致性、标志许可使用的合规性为主要核查内容。如遇不可抗力因素，现场核查可作相应调整。国家"学生饮用奶计划"领导小组根据申请材料审查和现场核查等情况进行综合评定，对符合条件的申请人公示 5 个工作日，公示无异议的，作出准予许可使用中国学生饮用奶标志的决定，中国奶业协会与申请人签订中国学生饮用奶标志使用合同，颁发标志许可使用证书；对不符合条件的，通知申请人并说明理由。

第二十一条　中国学生饮用奶标志许可使用证书发证日期为许可决定作出的日期，有效期为 3 年。

第二十二条　中国学生饮用奶标志许可使用证书应当载明下列事项：生产者名称、统一社会信用代码、生产地址、产品种类、许可证编号、有效期、发证日期和奶源基地查询二维码等。

第二十三条　中国学生饮用奶标志许可使用证书编号格式为 SMC+省（自治区、直辖市）行政区划代码前两位数字+首次许可使用年度后两位数字+两位许可使用顺序号。

SMC 为 SCHOOL MILK OF CHINA（中国学生饮用奶）英文缩写。

第二十四条　中国学生饮用奶标志许可使用证书有效期内，需要变更证书载明的企业名称、生产地址、学生饮用奶产品种类、奶源基地等事项的，应当向中国奶业协会提出证书变更申请，并提交下列材料：

（一）证书变更申请书；

（二）与变更事项有关的证明材料。增加学生饮用奶产品种类应提供本办法第十九条规定的有关材料。生产场所迁址的，应当重新申请中国学生饮用奶标志许可使用。

第二十五条　中国学生饮用奶标志许可使用证书有效届满需要延续的，应当在证书有效期届满 3 个月前提出延续使用申请，并提交下列材料：

（一）延续使用申请书；

（二）申请人主体资质证明文件；

（三）申请人质量安全管理情况自查报告；

（四）持证期间学生饮用奶产品生产供应数据；

（五）所在省（自治区、直辖市）学生饮用奶推广机构延续使用意见函，无地方工作机构的出具自荐函；

（六）本办法第十九条规定中有变化的其他材料。

第二十六条　有下列情形之一的，不予延续许可使用：

（一）未在规定时限内提出延续使用申请的；

（二）申请人在持证期间未生产供应学生饮用奶产品的；

（三）企业未能保持申请首次申请时生产供应条件和能力的；

（四）其他不符合本办法第十八条规定的情形。

第二十七条　国家"学生饮用奶计划"领导小组根据实际需要对中国学生饮用奶标志许可使用证书变更或延续申请按照本办法第二十条组织开展审查，申请人声明生产供应条件未发生重大变化的，可以不再进行现场核查。申请人的生产供应条件及周边环境发生重大变化，应当视具体变化情况决定进行现场核查与否。

第二十八条　中国奶业协会决定准予变更的，应当向申请人颁发新的中国学生饮用奶标志许可使用证书，发证日期为作出变更许可决定的日期，有效期与原证书一致。不符合变更条件的，通知申请人并告知理由。

第二十九条　中国奶业协会决定准予延续的，应当向申请人颁发新的中国学生饮用奶标志许可使用证书，证书编号不变，有效期自作出延续许可决定之日起计算。不符合延续使用条件的，通知申请人并告知理由。

第三十条　中国学生饮用奶标志许可使用证书有效期内，申请人终止使用中国学生饮用奶标志，应当向中国奶业协会提交标志许可使用证书注销申请书。中国学生饮用奶标志许可使用证书被注销的，许可证编号不得再次使用。

第三十一条　中国学生饮用奶标志使用人在许可使用有效期内享有下列权利：在获证学生饮用奶产品种类的备案产品的包装、标签、说明书上以及相关广告宣传、展览展销等市场营销活动中使用中国学生饮用奶标志。标志印制按《学生饮用奶 中国学生饮用奶标志》团体标准执行。

第三十二条　未经中国奶业协会许可，任何单位和个人不得使用中国学生饮用奶标志。禁止将中国学生饮用奶标志用于非许可产品及其经营性活动。非生产单位将中国学生饮用奶标志用于宣传、教育、培训和展示等活动的，应向中国奶业协会提出申请，经准予后方可使用。

第四章　奶源基地认证管理

第三十三条　生产供应学生饮用奶生牛乳的奶牛场应向中国奶业协会申请学生饮用奶奶源基地认证，申请人应符合下列条件：

（一）符合《乳品质量安全监督管理条例》《生鲜乳生产收购管理办法》等相关法律法规规定；

（二）符合《学生饮用奶 奶源基地管理规范》团体标准；

（三）生产的生牛乳符合《学生饮用奶 生牛乳》团体标准；

（四）与学生饮用奶生产企业签订有效期1年以上的生乳购销合同；

（五）申请前3年内生乳质量安全抽检合格且无不良信用记录。

第三十四条　申请学生饮用奶奶源基地认证，应当向中国奶业协会提交下列材料：

（一）学生饮用奶奶源基地申请书；

（二）申请人主体资质证明文件；

（三）生乳收购及准运资质证明材料；

（四）养殖规模与生产水平证明材料；

（五）生产管理制度；

（六）疫病防控材料；

（七）生乳检验报告；

（八）生乳购销合同；

（九）申请前3年内生乳质量安全抽检合格且无不良信用记录承诺书。申请人应当如实提交有关材料，对申请材料的真实性、合法性负责，并在申请书等材料上签名和盖章。申请材料齐全、规范或申请人按照要求提交全部补正材料的，中国奶业协会对申请人提出的申请决定予以受理；决定不予受理的，通知申请人并告知理由。

第三十五条　中国奶业协会组织进行学生饮用奶奶源基地认证审查，包括申请材料审查、现场核查和综合评定，具体参照学生饮用奶奶源基地认证审查细则执行。申请材料形式审查以材料的完整性、规范性、合规性为审查内容，申请材料符合要求的，组织专家进行现场核查，现场核查以申请材料与实际情况的一致性为主要核查内容。如遇不可抗力因素，现场核查可作相应调整。国家"学生饮用奶计划"领导小组根据申请材料审查和现场核查等情况进行综合评定，对符合条件的申请人，颁发学生饮用奶奶源基地证书；对不符合条件的，通知申请人并告知理由。

第三十六条　学生饮用奶奶源基地证书应当载明下列信息：奶牛场名称、生产地址、证书编号、有效期限、发证日期和学生饮用奶生牛乳收购企业查询二维码等。学生饮用奶奶源基地证书发证日期为准予决定作出的日期，有效期为 3 年。

第三十七条　学生饮用奶奶源基地证书编号格式为 SMF+省（自治区、直辖市）行政区划代码前两位数字+首次发证年度后两位数字+三位顺序号。SMF 为 SCHOOL MILK FARM（学生饮用奶奶源基地）英文缩写。

第三十八条　学生饮用奶奶源基地在证书有效期内需要变更证书载明的奶牛场名称、生产地址、学生饮用奶生牛乳收购企业等事项的，应当向中国奶业协会提出证书变更申请，并提交下列材料：

（一）证书变更申请书；

（二）与变更事项有关的证明材料。生产场所迁址的，应当重新进行学生饮用奶奶源基地申请。

第三十九条　学生饮用奶奶源基地证书有效期届满需要延续的，应当在证书有效期届满 3 个月前提出延续申请，并提交下列材料：

（一）学生饮用奶奶源基地延续申请书；

（二）申请人主体资质证明文件；

（三）申请人质量安全管理情况自查报告；

（四）持证期间学生饮用奶生牛乳生产供应数据；

（五）本办法第三十四条规定中有变化的其他材料。

第四十条　国家"学生饮用奶计划"领导小组根据实际情况对学生饮用奶奶源基地证书变更或延续申请按照本办法第三十五条所述程序组织开展审查。申请人声明生产条件未发生重大变化的，可不再进行现场核查。申请人的生产条件及周边环境发生重大变化的，应当视具体变化情况决定进行现场核查与否。

第四十一条　中国奶业协会决定准予变更的，应当向申请人颁发新的学生饮用奶奶源基地证书，发证日期为作出变更许可决定的日期，有效期与原证书一致。不符合变更条件的，通知申请人并告知理由。

第四十二条　中国奶业协会决定准予延续的，应当向申请人颁发新的学生饮用奶奶源基地证书，证书编号不变，有效期自作出延续许可决定之日起计算。不符合延续认证条件的，通知申请人并告知理由。

第四十三条　证书有效期内申请终止学生饮用奶奶源基地资质的，应当向中国奶业协会提交注销申请书。学生饮用奶奶源基地证书被注销的，证书编号不得再次使用。

第五章　监督管理

第四十四条　学生饮用奶作为一般乳制品，统一纳入国家相关职能部门的生产和质量监管。

第四十五条　学生饮用奶生乳应符合《学生饮用奶 生牛乳》团体标准。学生饮用奶生产禁止使用非认证学生饮用奶奶源基地供应的生乳。

第四十六条 学生饮用奶产品应符合下列相应团体标准：《学生饮用奶 纯牛奶》《学生饮用奶 灭菌调制乳》《学生饮用奶 巴氏杀菌乳》《学生饮用奶 发酵乳》。

第四十七条 学生饮用奶生产前，学生饮用奶生产企业应当进行产品备案，提交备案资料，中国奶业协会对备案资料存档备查。

第四十八条 学生饮用奶生产企业应固定学生饮用奶生产线，对学生饮用奶每批产品进行质量检测、保温观察（冷藏产品除外）、留样保存，并建立产品质量档案，以备查验。

第四十九条 学生饮用奶生产企业应在每学期对每个学生饮用奶产品种类和学生饮用奶生牛乳至少进行 1 次随机抽样送第三方检测机构检验，应涵盖团体标准中所有检验项目，并向中国奶业协会提交检验报告。

第五十条 学生饮用奶生产企业应按时统计每学期的学生饮用奶生产供应等数据，并向中国奶业协会提交统计数据。

第五十一条 学生饮用奶生产供应企业应通过参加教育部门或实施学校组织的招标等形式供应学生饮用奶产品，应秉持合法、诚信、公开、平等的原则签订学生饮用奶供应合同。

第五十二条 学生饮用奶入校的宣传与培训、配送、仓储管理、领取与分发、饮用、回收、应急等，应符合《学生饮用奶 入校操作规范》团体标准。

第五十三条 学生饮用奶冷藏产品的物流包装、标志、运输、储存、追溯应符合《冷藏、冷冻食品物流包装、标志、运输和储存》（GB/T 24616）规定，应按照《冷链物流信息管理要求》（GB/T 36088）建立冷链物流信息系统，数据、记录和有关凭证至少保存至产品保质期满后 6 个月。

第五十四条 学生饮用奶生产企业应根据食品安全事故处置预案，定期检查安全防范措施的落实情况、开展应急预案演练及评估工作。

第五十五条 学生饮用奶生产企业应建立学生饮用奶产品追溯体系，对生乳供应、原辅料采购、生产加工、检验检测、包装包材、仓储物流、入校操作等环节实施追踪管理，实现产品从源头到校园的全过程信息可记录、可查询、可追溯。

第五十六条 学生饮用奶产品原则上专供学生在校饮用。若遇不可抗力因素影响学生饮用奶正常生产供应，在保障学生饮奶安全的前提下，学生饮用奶生产企业、实施学校应制定特殊情况应对方案报备中国奶业协会，经准予后可适时调整供应方式。

第五十七条 学生饮用奶生产企业应参加中国奶业协会组织的学生饮用奶培训交流活动。

第五十八条 学生饮用奶生产企业应面向学校和社会开展有关饮奶与健康的活动，普及营养健康知识，宣贯国家"学生饮用奶计划"。

第六章 罚则

第五十九条 《中华人民共和国食品安全法》《乳品质量安全监督管理条例》《中华人民共和国民法典》等法律法规对本办法中所涉及的违法违规行为已有规定的，依照其规定执行。

第六十条 未经中国奶业协会许可，擅自使用中国学生饮用奶标志，中国奶业协会有权依据《中华人民共和国著作权法》有关规定追究其法律责任。

第六十一条 有下列情形之一的，责令其改正；拒不改正的给予警告并记入其考核档案；情节严重的撤销其标志使用许可并予以公告。

（一）不规范使用中国学生饮用奶标志；

（二）不按时提供生产供应数据及相关检验报告；

（三）不配合相关抽查工作；

（四）不参加中国奶业协会组织的学生饮用奶培训交流活动；

（五）使用非学生饮用奶奶源基地生牛乳生产学生饮用奶产品；

（六）学生饮用奶产品未作备案或与备案信息不符；

（七）许可证书事项变更未提出变更申请；

（八）其他不符合本办法有关要求的情形。

第六十二条　有下列情形的，责令其停止生产、销售学生饮用奶并进行整改；拒不执行的，撤销其标志使用许可并予以公告：

（一）学生饮用奶生牛乳或产品不符合相关学生饮用奶团体标准；

（二）学生饮用奶生牛乳或产品质量监督抽检不合格；

（三）以委托加工方式生产学生饮用奶产品；

（四）无认证学生饮用奶奶源基地；

（五）入校操作不规范；

（六）擅自篡改许可证书信息；

（七）其他应当停止生产进行整顿的情形。

第七章　附则

第六十三条　本办法由中国奶业协会负责解释。

第六十四条　本办法自发布之日起实施。2017 年 6 月 1 日公布的《国家"学生饮用奶计划"推广管理办法》同时废止。

中国奶业协会发布 2022 年《学生饮用奶　巴氏杀菌乳》标准

团体标准：T/DACS 003—2022

学生饮用奶　巴氏杀菌乳

2022-05-06 发布　　2022-09-01 实施

前言

本文件按照 GB/T 1.1—2020《标准化工作导则 第 1 部分：标准化文件的结构和起草规则》的规定起草。

本文件起草单位：中国奶业协会、中国农业大学、中国农业科学院农产品加工研究所、中国疾病预防控制中心营养与健康所、内蒙古蒙牛乳业（集团）股份有限公司、光明乳业股份有限公司、新希望乳业股份有限公司、南京卫岗乳业有限公司。

本文件主要起草人：刘亚清、张智山、李栋、周振峰、邵明君、陈绍祐、杨秀文、邢海云、赵伟、姚远、罗俊、毛学英、吕加平、张倩、康晓斌、刘振民、夏忠悦、郭旬。

本文件首次发布。

1　范围

本文件规定了学生饮用奶巴氏杀菌乳的术语和定义、技术要求、包装、标签和标识要求。

本文件适用于学生饮用奶巴氏杀菌乳。

2 术语和定义

下列术语和定义适用于本文件。

2.1 学生饮用奶

经中国奶业协会许可使用中国学生饮用奶标志的专供学生在校饮用的奶制品。

（来源：国家"学生饮用奶计划"推广管理办法）

2.2 学生饮用奶巴氏杀菌乳

仅以生牛乳为原料加工，采用巴氏杀菌工艺，经冷却、灌装等工序制成的液体学生饮用奶产品。巴氏杀菌工艺系采用至少 72 ℃、15 s/63 ℃、30 min，或可获得相同效果的其他温度和时间组合的热处理方式有效杀灭病原性微生物，同时产生最低程度的化学、物理以及感官变化。

3 技术要求

3.1 原料要求：生牛乳应符合《学生饮用奶 生牛乳》团体标准的规定，且巴氏杀菌前生乳菌落总数≤3×10⁵ CFU/mL。

3.2 热处理评价指标：应符合表 1 的规定。

表 1 学生饮用奶巴氏杀菌乳热处理评价指标

项目	指标	检验方法
碱性磷酸酶活性/（mU/L）	≤350	NY/T 3799

注：应在加工完成后立即采样并测定。碱性磷酸酶活性不超过 350 mU/L，测试结果为阴性。

3.3 感官指标：应符合 GB 19645 表 1 的规定。

3.4 理化指标：应符合表 2 的规定，其他指标应符合 GB 19645 表 2 的规定。

表 2 理化指标

项目	指标	检验方法
脂肪/（g/100 g）	≥3.6	GB 5009.6
蛋白质/（g/100 g）	≥3.0	GB 5009.5

3.5 污染物限量：应符合 GB 2762 对巴氏杀菌乳的规定。

3.6 真菌毒素限量：应符合 GB 2761 对巴氏杀菌乳的规定。

3.7 微生物限量

3.7.1 致病菌限量应符合 GB 29921 的规定。

3.7.2 微生物限量还应符合 GB 19645 表 3 的规定。

4 包装、标签和标识要求

4.1 产品单件净规格为 125 mL、200 mL、250 mL。

4.2 学生饮用奶巴氏杀菌乳包装上标注"鲜牛奶"或"鲜牛乳"时，应符合 GB 19645

的规定。

4.3　产品标签除执行 GB 7718 和 GB 28050 的规定外，同时应标注巴氏杀菌的温度和时间。

4.4　中国学生饮用奶标志的印制应符合《学生饮用奶　中国学生饮用奶标志》团体标准的有关规定，中国学生饮用奶标志许可使用注册文号的标注应符合《学生饮用奶 纯牛奶》团体标准的有关规定①。

中国奶业协会发布 2022 年《学生饮用奶　发酵乳》标准

团体标准：T/DACS 004—2022

学生饮用奶　发酵乳

2022-05-06 发布　2022-09-01 实施

前言

本文件按照 GBXT 1.1—2020《标准化工作导则 第 1 部分：标准化文件的结构和起草规则》的规定起草。

本文件起草单位：中国奶业协会、中国农业大学、中国农业科学院农产品加工研究所、中国疾病预防控制中心营养与健康所、内蒙古伊利实业集团股份有限公司、内蒙古蒙牛乳业（集团）股份有限公司、君乐宝乳业集团有限公司、新希望乳业股份有限公司。

本文件主要起草人：刘亚清、张智山、李栋、周振峰、邵明君、陈绍祜、杨秀文、邢海云、赵伟、姚远、罗俊、毛学英、吕加平、张倩、巴根纳、张海斌、温永平、李洪亮、张凤霞、夏忠悦。

本文件首次发布。

1　范围

本文件规定了学生饮用奶发酵乳的术语和定义、技术要求、包装、标签和标识要求等。

本文件适用于学生饮用奶发酵乳。

2　术语和定义

下列术语和定义适用于本文件。

2.1　学生饮用奶

经中国奶业协会许可使用中国学生饮用奶标志的专供学生在校饮用的奶制品。

（来源：国家"学生饮用奶计划"推广管理办法）

2.1.1　学生饮用奶发酵乳

以生牛乳为原料，经杀菌、发酵后制成的 pH 值降低的学生饮用奶产品。

---

① 中国奶业协会．中国奶业协会关于发布《学生饮用奶　巴氏杀菌乳》等 3 项团体标准的通知 ［EB/OL］．（2022 - 05 - 11）［2022 - 11 - 27］．https://www.dac.org.cn/read/newxhdt - 2205111627401 1611256.jhtm.

2.1.1.1　学生饮用奶酸乳

以生牛乳为原料，经杀菌、接种嗜热链球菌和保加利亚乳杆菌（德氏乳杆菌保加利亚亚种）发酵制成的学生饮用奶产品。

2.1.2　学生饮用奶风味发酵乳

以 90% 以上生牛乳为原料，添加其他原料，经杀菌、发酵后 pH 值降低，发酵前或后添加或不添加果蔬、谷物等制成的学生饮用奶产品。

2.1.2.1　学生饮用奶风味酸乳

以 90% 以上生和牛乳为原料，添加其他原料，经杀菌、接种嗜热链球菌和保加利亚乳杆菌（德氏乳杆菌保加利亚亚种）发酵前或后添加或不添加果蔬、谷物等制成的学生饮用奶产品。

3　技术要求

3.1　原料要求

3.1.1　生牛乳：应符合《学生饮用奶 生牛乳》团体标准的规定。

3.1.2　其他原料：产品中所使用的原料应符合相应的安全标准和/或相关规定。添加糖仅限使用白砂糖，且添加量不高于 6%，不应使用其他添加的单糖和双糖以及天然存在于蜂蜜、糖浆、果汁和浓缩果汁中的糖分。

3.1.3　发酵菌种：保加利亚乳杆菌（德氏乳杆菌保加利亚亚种）、嗜热链球菌或其他由国务院卫生行政部门批准使用的菌种。

3.2　感官要求：应符合 GB 19302 表 1 的规定。

3.3　理化指标：应符合表 1 的规定，其他理化指标及检验方法应符合 GB 19302 表 2 的规定。

表 1　理化指标

项目	指标		检验方法
	学生饮用奶发酵乳	学生饮用奶风味发酵乳	
脂肪 */（g/100 g）	≥3.6	≥3.2	GB 5009.6
蛋白质/（g/100 g）	≥3.0	≥2.7	GB 5009.5
甘蔗/（g/100 g）	—	≤6.0	GB 5413.5

*仅适用于全脂产品。

3.4　污染物限量：应符合 GB 2762 的规定。

3.5　真菌毒素限量：应符合 GB 2761 的规定。

3.6　微生物限量

3.6.1　致病菌限量应符合 GB 29921 的规定。

3.6.2　微生物限量还应符合 GB 19302 表 3 的规定。发酵后经热处理的产品微生物限量应符合表 2 的规定。

表2　发酵后经热处理的产品微生物限量

项目	采样方案 * 及限量（若非指定，均以 CFU/g 或 CFU/mL）表示				检验方法
	n	c	m	M	
菌落总数	5	2	10	30	GB 4789.2
大肠杆菌	5	0	1	—	GB 4789.3 平板计数法
酵母	≤10				GB 4789.15
霉菌	≤10				

　　* 样品的分析及处理按 GB 4789.1 和 GB 4789.18 执行。

3.7　乳酸菌数：应符合表3的规定。产品标签上强调含有某种特定微生物，该微生物在产品中的活菌数应 $\geqslant 10^6$ CFU/g（mL）；有国家相关规定的，按相关规定执行。

表3　乳酸菌数

项目	限量（CFU/g 或 CFU/mL）	检验方法
乳酸菌数 a	$\geqslant 1 \times 10^7$	GB 4789.35

　　a 发酵后经热处理的产品对乳酸菌数不作要求。

3.8　食品添加剂：发酵后经热处理的产品可使用除甜味剂、防腐剂、食品用香料和香精之外的其他食品添加剂，应符合 GB 2760 的规定。其他学生饮用奶发酵乳产品不可使用食品添加剂。

4　包装、标签和标识要求

4.1　产品单件净规格为 100 g、150 g、200 g、250 g。

4.2　产品标签除执行 GB 7718 和 GB 28050 的规定外，应标注白砂糖添加量。

4.3　发酵后经热处理的产品应标识"XX 热处理发酵乳""XX 热处理风味发酵乳""XX 热处理酸乳/奶"或"XX 热处理风味酸乳/奶"。

4.4　中国学生饮用奶标志的印制应符合《学生饮用奶 中国学生饮用奶标志》团体标准的有关规定，中国学生饮用奶标志许可使用注册文号的标注应符合《学生饮用奶 纯牛奶》团体标准的有关规定。

中国奶业协会发布 2022 年《学生饮用奶　入校操作规范》标准

　　团体标准：T/DACS 005—2022
　　学生饮用奶　入校操作规范
　　2022-05-06 发布　2022-09-01 实施

前言

　　本文件按照 GB/T 1.1—2020《标准化工作导则　第1部分：标准化文件的结构和起

草规则》的规定起草。

本文件起草单位：中国奶业协会、中国农业大学、中国农业科学院农产品加工研究所、中国疾病预防控制中心营养与健康所。

本文件主要起草人：刘亚清、张智山、李栋、周振峰、邵明君、陈绍祜、杨秀文、邢海云、赵伟、姚远、罗俊、毛学英、吕加平、张倩。

本文件首次发布。

1 范围

本文件规定了学生饮用奶在校内推广的宣传与培训、配送、仓储管理、领取与分发、饮用、回收、应急等要求。

本文件适用于学生饮用奶生产供应企业及实施学校。

2 术语和定义

下列术语和定义适用于本文件。

2.1 学生饮用奶

经中国奶业协会许可使用中国学生饮用奶标志的专供学生在校饮用的奶制品。

（来源：国家"学生饮用奶计划"推广管理办法）

3 宣传与培训

入校前，学生饮用奶生产企业应配合学校，面向学生老师及相关人员宣贯国家"学生饮用奶计划"普及科学饮奶知识、开展食品安全培训，及时处理反馈意见，保障学生饮奶安全。

4 配送

4.1 应配备专用运输车辆配送学生饮用奶，保持车厢清洁、车况良好。低温产品运输车辆应配备冷藏设备，并按照 GB 31605 要求全程冷链配送。

4.2 送货人员送货前，要对车辆做例行检查，并定期对运输工具进行消毒与清洁。

4.3 送货人员要有健康证明并统一佩戴工作胸卡。

4.4 在学生饮用奶搬运过程中要轻拿轻放，杜绝野蛮操作。

4.5 配送到校后，学校学生饮用奶收货人应查验学生饮用奶产品的外包装、包装标识、产品规格等是否与征订合同一致，若发现过期、外包装污染、损坏、不合格的产品，应及时检出并退换。

4.6 查验无误后，方可办理入库，登记学生饮用奶的品牌、产品名称、规格、数量、生产批号、保质期、供应单位名称、联系方式、采购日期等信息。

5 仓储管理

5.1 库房要求

学校应配备学生饮用奶存放库房或固定区域，便于运输车送货，并配备温湿度监测装置，定期记录、校验。

5.2 环境要求

常温学生饮用奶存放区域要室温适宜，阴凉干燥，通风干净，避免阳光直照，防止虫害侵入及草生；低温学生饮用奶存放区域要配备冷藏设备，保证满足低温产品的贮藏调度要求。

5.3　置放要求

常温产品堆放时，底层要用垫板，离地 10 厘米以上，产品四周离墙 50 厘米以上，或者放置隔墙板隔湿：低温产品在冷藏设备中要整齐码放，保持温度稳定：零包、留样及其他相关物料分区单独置放。

5.4　叠放要求

根据产品包装，合理码放，不倒置，不侧放。

5.5　产品状态

纸箱无挤压变形、破损、渗漏、受潮等不合格现象；产品无变味、胀包、变色等不合格现象。

6　领取与分发

6.1　学校应安排专管员负责领取与分发工作，登记发放日期、品种、发放班级、发放数量等信息。

6.2　领取分发前，专管员应检查生产日期及外包装，确保产品在保质期内，且无破包、胀包、脏包。

6.3　专管员应对当天饮用的产品进行留样，记录生产工厂、品种、批次及生产日期等信息，留样时间不少于 3 天。

6.4　班级在课间到指定地点领取，有序分发，避免错发、漏发。

7　饮用

7.1　学生应在校"定时、定点、集中"饮用，并有专人照看。

7.2　饮用前应洗净双手，保持手部清洁。

7.3　拿到产品后，再次检查外包装，如有破损应及时更换。

7.4　先品尝，如果口味异常，应立即停止饮用，报告老师并要求更换。

7.5　一次性饮用完毕，不应交叉饮用。

7.6　身体不适的学生，及时报告老师，酌情饮用。

8　回收

8.1　饮用完毕后，包装统一回收，做到"收发同数"。

8.2　统一把废包送到指定回收地点，避免污染环境。

9　应急

9.1　出现饮奶异常情况后，学校和供奶企业应立即启动应急处置预案，妥善应对。

9.2　学校应做好学生抚慰工作，配合有关部门调查取证。

9.3　学校和供奶企业应及时通报相关情况，消除学生、家长的疑虑，尽快恢复正常秩序。

市场监管总局 教育部 公安部关于开展面向未成年人无底线营销食品专项治理工作的通知

近期，一些包装或内容含有色情暗示、宣传违背社会风尚的食品，面向未成年人销售，有些甚至成为"网红零食"，引发社会各界高度关注。为深入贯彻落实《未成年人保护法》和《国务院未成年人保护工作领导小组关于加强未成年人保护工作的意见》有关要求，保护未成年人身心健康，全面治理校园及周边、网络平台等面向未成年人无底线营销色情低俗食品现象，现就有关工作通知如下：

其中第一部分全面落实主体责任中的第一条提出，压实食品生产经营者食品安全主体责任。食品生产经营者要严格执行相关规范要求，加强生产经营过程控制和标签标识管理，主动监测上市产品质量安全状况，对存在的隐患及时采取风险控制措施。校园及周边的食品经营者要进行全面自查，严格落实进货查验责任和义务，严禁采购、贮存和销售包装或标签标识具有色情、暴力、不良诱导形式或内容危害未成年人身心健康的食品。凡发现存在宣传违反公序良俗、损害未成年人身心健康的食品，经营者要立刻下架。

第三部分提出加强对青少年的宣传教育和思想引导。各地教育部门和学校要认真贯彻落实《学校食品安全与营养健康管理规定》《校园食品安全守护行动方案（2020—2022年）》《教育部等五部门关于全面加强和改进新时代学校卫生与健康教育工作的意见》《教育部办公厅市场监管总局办公厅国家卫生健康委办公厅关于加强学校食堂卫生安全与营养健康管理工作的通知》等文件对学校食品安全与营养健康相关部署，面向全体学生加强教育引导，自觉抵制无底线营销对青少年健康成长的不良影响，养成文明健康、绿色环保生活方式。

市场监管部门和公安部门要积极配合教育部门做好学生教育引导，持续加大对学生食品安全与营养健康知识的宣传教育力度，倡导学生养成健康的饮食习惯和消费理念，增强未成年人自觉识别、抵制"无底线营销"食品的能力，形成社会共治良好局面，彻底杜绝以食品名义宣传软色情、低俗信息等有违公序良俗的擦边球行为①。

健康中国行动 2022 年工作要点

为贯彻落实《国务院关于实施健康中国行动的意见》《国务院办公厅关于印发健康中国行动组织实施和考核方案的通知》《健康中国行动（2019—2030 年）》等文件精神，进一步推动健康中国行动有关工作落实落地，研究制定了《健康中国行动 2022 年工作要点》。

2022 年健康中国行动总体要求是：以习近平新时代中国特色社会主义思想为指导，全面贯彻党的十九大和十九届历次全会精神，认真落实《国务院关于实施健康中国行动的意见》，深入推进各项行动有效实施，确保目标任务如期实现。

一、健全完善工作机制

（一）召开健康中国行动推进委员会办公室会议。定期召开工作调度会议。（健康中

---

① 中华人民共和国中央人民政府．市场监管总局 教育部 公安部关于开展面向未成年人无底线营销食品专项治理工作的通知［EB/OL］．（2022－01－19）［2022－11－27］．http：//www.gov.cn/zhengce/zhengceku/2022－01/24/content_5670227.htm.

国行动推进办负责)

（二）组织开展健康中国行动 2021 年监测评估和考核工作。（健康中国行动推进办负责）

（三）组织开展健康中国行动 2021 年专项行动工作组年度工作评价。（健康中国行动推进办负责）

（四）继续推动健康科普专家库和资源库建设，推进全媒体健康科普信息发布和传播机制、医疗机构和医务人员开展健康教育和健康促进绩效考核机制建设。（国家卫生健康委负责）

二、制订印发系列政策文件

其中第一条提出，印发《国民营养计划 2022 年重点工作》，修订营养标签通则、食品标识监督管理办法等政策标准。（国家卫生健康委牵头，市场监管总局参与）

第十条提出，制订印发《健康中国行动 2021—2022 年考核实施方案》。（健康中国行动推进办负责）

第十一条提出，印发《"十四五"托育服务发展规划》。（国家卫生健康委牵头，国家发展改革委等部门单位参与）

三、扎实推进重点工作

其中第一条提出，举办并鼓励地方开展健康科普作品征集大赛、儿童青少年预防近视健康教育、健康中国行等品牌活动，完成"健康知识进万家"试点工作。举办鼓励群众参与的健康科普活动。加大无偿献血宣传动员力度，开展"世界献血者日"主题宣传活动。（中央宣传部、科技部、教育部、国家卫生健康委、中国科协、中国计生协按职责分工负责）

第二条提出，推动营养健康食堂、餐厅、学校、区域性营养创新平台建设。（教育部、国家卫生健康委按职责分工负责）

四、组织开展特色活动

其中第一条提出，组建健康中国行动"万名宣讲员"队伍，深入社区、企业、农村，广泛宣传健康理念。（健康中国行动推进办牵头，有关部门单位参与）

第四条提出，组织开展"好家风健康行"主题推进活动，倡导文明健康绿色环保生活方式，推动健康成为新时代的家风。（中国计生协牵头，健康中国行动推进办、农业农村部、国家乡村振兴局、全国妇联等部门单位参与）

第五条提出，在全国举办健康中国行动知行大赛，向全民普及健康知识，推行健康生活方式。（健康中国行动推进办负责）①

---

① 中国政府网. 健康中国行动推进委员会办公室关于印发健康中国行动 2022 年工作要点的通知 [EB/OL]. （2022－04－02）［2022－11－27］. http://www.nhc.gov.cn/guihuaxxs/s7788/202204/67cb879e0afd44ba916912367de56170.shtml.

中国疾病预防控制中心与全国农村义务教育学生营养改善计划领导小组办公室联合印发《农村义务教育学生营养改善计划膳食指导与营养教育工作方案》和《农村义务教育学生营养改善计划营养干预试点方案》

为贯彻落实《基本医疗卫生与健康促进法》《国务院办公厅关于实施农村义务教育学生营养改善计划的意见》（国办发〔2011〕54 号）、《国民营养计划（2017—2030 年）》（国办发〔2017〕60 号）、《健康中国行动（2019—2030 年）》要求，结合中小学生营养健康监测评估结果，开展有针对性的膳食指导和营养宣传教育，并探索可推广的学生营养健康改善模式，促进经济欠发达地区学生健康成长，制定《农村义务教育学生营养改善计划膳食指导与营养教育工作方案》和《农村义务教育学生营养改善计划营养干预试点方案》，现印发你们，请各地落实工作经费，按时保质保量贯彻落实。

《农村义务教育学生营养改善计划膳食指导与营养教育工作方案》和《农村义务教育学生营养改善计划营养干预试点方案》内容见附件。

◎ 地方政府相关规定

北京市卫生健康委员会、北京市教育委员会关于开展中小学营养教育试点建设的通知

各区卫生健康委、区教委：

为贯彻《"健康北京 2030"规划纲要》《健康北京行动（2020—2030 年）》《北京市国民营养计划（2018—2030 年）实施方案》要求，扎实推进市卫生健康委等六部门《儿童青少年肥胖防控实施方案》等文件的落实，进一步加强北京市儿童青少年营养健康工作，决定于 2021—2025 年开展中小学营养教育试点建设。现将有关事宜通知如下：

一、项目目标

通过开展营养教育相关系列工作，促进学校营造营养健康环境、建立保障机制，提升学生和家长营养健康知识水平和理念，养成健康饮食行为习惯。同时，通过试点建设，探索制定营养教育相关技术要求，为推广经验提供基础。

二、时间及安排

2021—2025 年。2021 年启动申报，2025 年进行经验总结。

三、项目内容

（一）开设营养教育课堂

2021—2023 年，市级组织专业力量，面向试点学校学生开展营养教育课堂，每月为

学生讲授营养健康及食品安全知识、饮食文化及饮食礼仪、健康饮食行为等，并带动试点学校营养健康相关师资力量，编写开发适合本校各年龄段学生的营养教育教案和课程课件；2024—2025 年，由试点学校营养健康相关师资力量独立开展营养教育课堂工作，市区两级专业力量协助指导。

（二）进行供餐管理

市级围绕落实中小学生健康膳食指引，面向食堂工作人员、校医、后勤主管领导及供餐企业营养管理人员等，开展食物营养、合理配餐以及食品安全等相关知识和操作技能培训，每学期培训时间不少于 2 小时。鼓励食堂开设套餐窗口，对需要进行体重管理的学生给予个性化供餐指导，市区两级专业力量给予技术支持和指导。

（三）建设校园营养环境

鼓励、指导学校根据《营养健康食堂建设指南》建设营养健康食堂，完善食堂设施，每周设计、公布营养配餐食谱，并按《餐饮食品营养标识指南》进行营养标示。通过使用调查表、设立营养健康小屋（专区）和宣传栏等形式营造营养知识氛围，打造校园营养环境。市区两级专业力量给予技术支持和指导，并与试点学校共同在实践中探索梳理适合北京市中小学校的营养健康学校标准。

（四）开展家校联动健康宣传活动

以全民营养周、中国学生营养日、传统节日等时间节点为契机，通过向学生及家长发放营养宣教材料、举办家长会和学生家长互动活动、开展营养志愿宣传活动，利用家校官网等平台定期向家长发送营养健康讯息、交流学生在校饮食运动情况等多种途径，开展家校联动活动，宣传营养健康相关知识，强化家长责任，提升其营养健康技能。每学期不少于 1 次，累计时间不少于 1 小时。

（五）学生营养监测和干预指导

实施学生营养素养与健康状况监测，掌握学生营养素养与健康状况的变化趋势。市级专家团队在试点建设开始前对部分学生、家长、教师、食堂工作人员等开展问卷调查，收集学生当年体检数据（身高、体重、视力、龋齿）作为基线资料。以后依据学校每年常规体检时间，收集该学年学生体检数据并进行问卷调查。同时，自 2021 年起在申报校中抽取 4 所学校进一步开展营养综合干预工作。

四、职责与工作要求

市卫生健康委、市教委负责全市营养教育试点建设的统筹协调和管理，协调专业力量组建市级专家团队，对试点建设进行支持指导和督促评估。市疾控中心等市级专业机构和专家团队负责制定市级试点建设实施方案，编制适合学生、家长等不同对象的营养健康核心信息和宣传材料，组织市级培训，并为各区提供技术支持指导。

各区卫生健康委、区教委负责本辖区营养教育试点建设工作统筹协调和管理，明确各方负责人，制定辖区试点建设实施方案，组建包括卫生、教育、体育方面的区级专家团队，并给予必要的经费保障，定期对试点建设实施情况进行评估指导。区疾控中心、中小学保健所等专业机构和专家团队负责与试点学校共同研究制定学校营养健康和干预计划，开发具有区级特色的营养教育教案和宣教材料，并给予技术支持和指导，推进工作顺利开展。

各试点学校负责具体实施，制定本校营养教育实施方案，建立工作团队，明确分管校领导、相关工作人员及职责，保障所需的人员、时间和场地，并按要求组织督导各项活动开展，收集记录执行情况和典型案例，参加经验交流，定期提交工作总结。

五、项目申报

（一）申报时间

2021 年 9 月—10 月，10 月底前完成申报。

（二）申报要求

1. 申报学校应有食堂供餐，可提供就餐场所，有参加过培训的营养健康管理人员；应积极参与过 2014—2020 年"营"在校园主题活动，具备举办学生活动、学生帮厨、运动兴趣小组等的设施及场地，配置必要的体育场地、设施和器材，能够合理安排营养教育课程。

2. 申报学校需按照《营养与健康学校建设指南》各项要求，积极与专家团队合作，开展试点建设各项工作，将各项宣传和干预活动落到实处，并对实施中存在的问题和困难，研提解决措施并积极推进解决。

3. 市级专家团队于每学年结束时，在项目的执行、目标人群互动、实施中存在的问题和困难等方面，对学校进行访谈和专题小组讨论，申报学校应积极配合。

（三）申报方式

各区卫生健康委、区教委充分协调沟通，统筹属地中小学校情况，严格按照申报要求条件，选择并推荐 1 所小学或中学作为试点学校，并于 2021 年 10 月 29 日前将推荐的学校申报表（见附件，本书略）反馈至市卫生健康委疾控处。联系人：喻颖杰、余晓辉；联系电话：64407171、64407170；邮箱：syjj2021@ 126. com①。

北京市教育委员会北京市市场监督管理局北京市卫生健康委员会关于切实做好 2022 年学校（幼儿园）食品安全与营养健康工作的通知

各区教委、市场监管局、卫生健康委，燕山教委、经开区社会事业局，各普通高等学校、中等职业学校：

学校食品安全与营养健康关乎广大师生身体健康和生命安全，事关首都教育安全稳定大局。为扎实做好 2022 年学校（幼儿园）食品安全与营养健康工作，严防校园食品安全事故，切实提高在校就餐质量，现就有关工作提出以下要求。

一、指导思想

2022 年是党的二十大召开之年，也是教育改革发展的关键之年。要以习近平新时代中国特色社会主义思想为指导，深入学习贯彻党的十九大和十九届历次全会精神，认真贯彻落实教育部和市委市政府的部署要求，始终把广大师生的健康安全放在第一位，胸怀"国之大者"，扎实推进学校（幼儿园）食品安全与营养健康工作落实，切实做到安全、

---

① 北京市卫生健康委员会. 关于开展中小学营养教育试点建设的通知［EB/OL］.（2021－09－28）［2022－11－23］. http://wjw. beijing. gov. cn/zwgk_20040/zxgk/202109/t20210928_2503907. html.

可控，为广大师生的学习生活提供坚强有力保障。

二、工作目标

按照习近平总书记关于食品安全"四个最严"指示要求，提高政治站位，坚持首善标准。健全完善学校（幼儿园）食品安全与营养健康管理制度，提高风险应急处置能力，坚决防范食品安全责任事故。注重膳食营养均衡，提高在校就餐质量，不断提升广大师生的获得感、幸福感、安全感和满意度。

三、重点工作

（一）认真落实职责要求

各级教育、市场监管和卫生健康部门要按照《中华人民共和国食品安全法》《学校食品安全与营养健康管理规定》等法律法规，在各自的职责范围内做好学校食品安全与营养健康工作。各学校（幼儿园）要严格履行食品安全与营养健康的主体责任，认真落实食品安全校长（园长）负责制，将食品安全与营养健康作为学校（幼儿园）管理工作的重要内容，纳入平安校园建设，列入学校（幼儿园）重要议事日程，每学期进行专题研究部署。

（二）严守食品安全底线

严格贯彻《北京高等学校学生食堂管理办法（试行）》《北京市中小学校食堂管理办法（试行）》《北京市中小学校外供餐管理办法（试行）》《校园食品安全守护行动方案（2020—2022年）》，扎实开展校园食品安全守护行动。各区教育、市场监管和卫生健康部门要建立完善工作联动机制，指导督促学校（幼儿园）食堂、学生餐配送企业和校园周边食品经营单位加强自身管理，强化对学校（幼儿园）食品安全工作的目标考核。各学校（幼儿园）要建立健全食品安全事件应急管理处置机制，完善应急预案并开展演练。各区要强化科技赋能，指导中小学校将食堂视频信息接入各区教育部门网页、App以及第三方平台，实现"互联网+明厨亮灶"全覆盖；各区落实情况将纳入2022年度食品安全工作考核评价。

（三）提高在校就餐质量

严格落实在校就餐工作的属地管理责任和学校（幼儿园）主体责任，将在校就餐工作纳入教育"十四五"发展规划和2022年全年重点工作计划。坚持学校（幼儿园）食堂公益性原则，巩固在校午餐保障全覆盖成果，认真落实学校相关负责人陪餐制度，充分发挥学校膳食委员会作用，每学期要组织在校就餐工作满意度测评。各区要加强承包或委托经营准入、退出和大宗原材料集中采购管理，指导学校做好食堂、外供餐企业信息公开工作；从2022年春季学期开始，所有新签订合同的校外供餐企业需要通过HACCP或ISO等质量体系认证。落实《"营"在校园——北京市平衡膳食校园健康促进行动工作方案（2021—2025年）》，用好《北京市中小学生健康膳食指引》，科学营养配餐。组织开展营养健康知识普及、身体健康营养监测和专（兼）职营养健康管理人员培训。

（四）加强督促检查指导

各学校（幼儿园）要在春秋季开学前，组织开展自查自评自改。全面检查食堂后厨环境卫生、库存食品清理、设施设备运行、从业人员健康、原材料进货查验等情况；认真落实每日、每月、每周、每学期例行检查制度。各区市场监管、教育、卫生健康部门要按照各自职责，主动协同联动，在春秋季开学前后，对辖区所有的学校（幼儿园）食堂和送餐企业开展联合检查，实行销账管理，做到全覆盖；结合日常管理和重大活动、重要节点，定期、不定期组织开展专项检查。市级将采取"四不两直"方式进行抽查检查。

（五）防范各类风险隐患

各学校（幼儿园）要严密防范食堂运行管理风险，严格执行食品加工制作操作规范，确保食品的采购、贮存、加工、留样等环节安全可控。要严密防范学生餐配送企业制餐送餐风险，规范校内分餐操作流程。严格落实北京市冷链食品管理要求，使用进口冷链食品要做到专人操作、专柜存放、上线流转，冷链从业人员按要求的频次进行核酸检测。要严密防范食堂从业人员健康风险，必须100%持健康体检证明上岗，定期组织核酸检测，严格落实晨午检和症状监测制度；直接接触冷链食品的从业人员，必须按要求做好个人防护。要严密防范食品原材料风险，严格落实食品采购索证索票、进货查验和采购记录制度，建立全链条闭环追溯管理体系。

中小学校（幼儿园）食堂原则上不得制售冷食类、生食类、裱花糕点以及四季豆等高风险食品。

（六）落实疫情防控要求

各区教育、卫生健康、市场监管部门要全面检查学校（幼儿园）的各项疫情防控措施落实情况。各学校（幼儿园）要按照北京市疫情防控要求落实"四方责任"和学校（幼儿园）主体责任，制定和完善疫情防控措施；掌握教职员工和学生及其家庭成员假期外出出行情况；境外、京外中高风险返京师生按照要求进行居家或集中隔离医学观察情况；每日监测和记录师生健康状况；食堂操作人员健康管控情况和智能体温计佩戴和使用情况等。

（七）开展宣传教育引导

各学校（幼儿园）要广泛开展食品安全与营养健康和"食育"教育，将食品安全、健康饮食、膳食营养平衡纳入教育教学内容，定期向师生、从业员工发布食品安全与营养健康信息。要加强对从业人员的业务培训，提升业务技能和职业素养。要落实《关于开展面向未成年人无底线营销食品专项治理工作的通知》要求，加强对学生健康安全用餐的教育引导，倡导学生养成文明健康的饮食习惯、消费理念和绿色环保的生活方式。要深入开展"制止餐饮浪费、践行光盘行动"，加强对就餐师生的教育管理，做到按需取餐，避免浪费。要完善家长参与在校就餐管理工作机制，认真落实"民有所呼，我有所应"和"接诉即办"要求，及时核查处理问题诉求，回应师生和家长关切①。

天津市教委关于印发《天津市中小学校校外配餐管理办法》的通知

各区教育局：

为进一步规范我市中小学校校外配餐管理工作，加强校园食品安全管理，明晰职责压

---

① 北京市教育委员会. 关于切实做好 2022 年学校（幼儿园）食品安全与营养健康工作的通知 [EB/OL]. （2022 - 02 - 14）［2022 - 11 - 24］. http://jw.beijing.gov.cn/xxgk/zfxxgkml/zfgkzcwj/zwgzdt/202202/t20220214_2609373.html.

实责任，严格招标采购程序，公开公平公正遴选，细化配餐服务标准，健全考核退出机制，主动接受家长和社会监督，严肃追责问责，提高中小学校校外配餐管理法制化、规范化、标准化、程序化水平，切实维护学生、家长权益，特制定《天津市中小学校校外配餐管理办法》，现印发给你们，请遵照执行。总则如下：

第一条　为落实习近平总书记"四个最严"的重要要求，牢固树立以人民为中心的发展思想，根据《中华人民共和国食品安全法》《学校食品安全与营养健康管理规定》《餐饮服务食品安全操作规范》等法律法规规章以及其他有关文件规定，就加强中小学校校外配餐管理，维护学生、家长和学校的合法权益，保证校园食品安全，结合我市实际，制定本办法。

第二条　本市行政区域内小学、初中、普通高中（以下简称"学校"）采用校外配餐方式进行供餐，适用本办法。

本办法所称采用校外配餐方式进行供餐（以下简称"校外配餐"）是指学校接受中小学生监护人委托，通过从配餐企业订餐的形式，集中向学生提供餐食的行为。

配餐企业，是指依据集体服务对象订购要求，集中加工、分送食品但不提供就餐场所的集体用餐配送企业。

第三条　市教育行政部门是本市行政区域内学校校外配餐管理工作的主管部门，负责对各区教育行政部门和学校校外配餐管理工作进行指导和监督检查。

第四条　学校校外配餐实行属地管理。

区教育行政部门是本区学校校外配餐管理工作的主管部门，重点负责以下工作：

（一）组织配餐企业的招标入围；

（二）制定本区校外配餐工作的规章制度；

（三）对本区学校校外配餐管理工作进行指导和监督检查；

（四）会同市场监管、卫生健康、公安等部门，健全学校校外配餐管理制度，建立信息沟通机制；

（五）配合市场监管、卫生健康、公安等部门，加强对配餐企业加工制售环节的食品安全管理，及时应对食品安全问题。

第五条　学校是本校校外配餐管理工作的责任主体。

学校书记、校长是本校校外配餐管理工作的第一责任人。学校应当建立健全本校校外配餐工作管理措施办法，落实学校食品安全主体责任。

第六条　校外配餐的订购应当坚持自愿的原则，任何学校和个人不得强迫学生和家长订购配餐，同一学校原则上采用一种餐费标准。

学生和家长要求回家就餐或送餐、带饭到校就餐的，学校不得拒绝①。

---

① 天津市教育委员会.市教委关于印发天津市中小学校校外配餐管理办法的通知［EB/OL］.（2022 - 03 - 14）［2022 - 11 - 23］. https://jy.tj.gov.cn/ZWGK＿52172/zcwj/sjwwj/202203/t20220314＿5828203.html.

河北省教育厅《关于进一步加强"学生饮用奶计划"管理工作的通知》

各市（含定州、辛集市）教育局、雄安新区公共服务局：

为贯彻落实全省企业家座谈会精神，结合国家实施"学生饮用奶计划"有关要求，现就进一步加强我省"学生饮用奶计划"管理工作通知如下：

一、提高思想认识。国家"学生饮用奶计划"旨在改善中小学生营养状况、培养健康意识、提高中小学生体质。计划的实施体现了党中央、国务院对儿童青少年营养健康状况的重视和关心，对改善中小学生的营养状况，促进健康发育，提高身体素质具有长远的意义。各地中小学校要以逐步改善中小学生营养和体质状况、促进健康成长为目标，进一步实施好"学生饮用奶计划"。

二、加强宣传引导。各地中小学校要认真落实"政府引导、学生自愿"的原则，积极宣传学生饮用奶的重要性，不断强化饮用优质奶、提高免疫力的作用。要组织开展适合学生年龄的有关饮奶与健康的活动，普及饮奶知识；以知识大讲堂、家长开放日等形式广泛开展营养健康教育，积极正面引导，争取学生和家长的支持认同和广泛参与，共同培养学生养成科学的饮奶习惯。

三、有序拓展推进。推广学生饮用奶要更好地发挥政府政策引导、监督管理等方面的作用，要继续拓展实施范围，进一步扩大学校覆盖面。要严把学生饮用奶进校关，严格准入机制，选用经奶业协会审核认证、许可使用中国学生饮用奶标志的企业产品，征订选用产品优质可靠、美誉度高的品牌，确保质量和安全。要遵循学生和家长自愿原则，不得强制和变相强制征订。对推广使用过程中家长及学生反映的学生饮用奶问题，及时进行调查处理；对在推广过程中违规的单位和个人，要严格责任追究。

四、建立安全机制。各级教育行政部门、各学校要积极配合当地市场监管等部门，按照"统一部署、规范管理、严格把关、确保质量"的要求，共同严把安全关，加强对供奶企业提供的学生饮用奶的质量监管。各学校要强化食品安全意识，树立安全第一的指导思想，制定学生饮用奶管理制度，明确专人负责，规范贮藏、领取、分发、饮用、回收等环节的管理，建立学生饮用奶台账，做好分发明细和生产批次登记，认真核实每批次学生饮用奶检验报告，分发过程中严格检查产品包装和生产日期，做好分批规范留样，保证安全可追溯。

河北省人民政府办公厅关于进一步强化奶业振兴支持政策的通知

为深入贯彻落实《河北省奶业振兴规划纲要（2019—2025 年）》和《河北省人民政府关于加快推进奶业振兴的实施意见》，加快奶业振兴步伐，进一步强化奶业扶持政策，经省政府同意，现就有关事项通知如下。

其中，"一、加快奶牛种业发展"中提到，支持"学生饮用奶计划"实施范围拓展。

按照"政府引导、学生自愿、统一组织、自费订购"的原则，拓展"学生饮用奶计划"实施范围，让更多的中小学生喝上优质奶。(责任单位：省教育厅、省市场监管局、省农业农村厅)①。

河北省关于做好当前农村义务教育学生营养改善计划供餐工作的通知

各市（含定州、辛集市）教育局、农业农村局，雄安新区公共服务局：

目前，我省的疫情防控形势较为严峻复杂，各地按照省委省政府制定的防控措施和工作部署，"动态清零"总方针，采取有效措施，确保教育教学平稳有序进行。现阶段我省部分地区因疫情采取居家线上教学的模式，为提高学生居家学习期间营养健康水平，实施好全省农村义务教育学生营养改善计划，现就做好疫情期间农村义务教育学生营养改善计划供餐工作通知如下：

一、统一思想认识。农村义务教育学生营养改善计划事关全省中小学生的营养健康状况，事关省委省政府的政策能否落实落细，各级教育、农业农村部门要切实提高政治站位，将实施好疫情防控期间农村义务教育学生营养改善计划作为一项政治任务，精心组织、周密安排，有力有序有效扎实推进。

二、实施居家供餐。县级教育行政部门协调当地供餐企业，参照 2020 年疫情防控期间的工作方法，实施由供餐企业配送到家的居家供餐模式。按照招标合同，由供餐企业将学生饮用奶配送到家，学生居家食用，每次配送每名学生不超过 30 天用量。每月供应量按正常教学天数计算。各地根据疫情居家情况，据实补齐人饮奶天数。其他营养餐品种按照补助标准由各市、县（区）教育行政部门自行决定。从学校开学起，恢复学生营养改善计划原有供餐模式。

三、明确责任分工。供餐企业对食品安全负全责，要做好营养餐调配和分装等工作，将学生饮用奶定期配送给学校，各地教育部门组织学校做好营养餐分发、签收等工作。配送完成后，供餐企业将营养餐配送明细及时反馈给教育行政部门。教育行政部门指导学校认真与家长进行核对，确认领取人数，据实向财政部门申请资金拨付。

四、加强学生奶监管。农业农村部门负责指导学生奶安全、有序配送，确保学生奶质量安全。

五、落实文件要求。各相关单位要执行河北省奶业振兴工作领导小组办公室印发的《河北省疫情期间学生饮用奶质量安全风险管控指导方案》（冀奶领办〔2020〕4 号），严密监管并落实相关职责，保障疫情期间学生营养改善计划顺利实施。

六、加强舆情管控。疫情防控期间实施学生营养改善计划，涉及学生、家庭、企业等方面的利益，社会关注度高，容易引发舆情。各地各有关部门要从疫情防控工作和营养餐供应配送实际出发，加强组织领导，与宣传、网信、公安等部门密切配

---

① 河北省人民政府.河北省人民政府办公厅关于进一步强化奶业振兴支持政策的通知［EB/OL］.（2022−06−28）［2022−11−24］.http://info.hebei.gov.cn//hbszfxxgk/6806024/6807473/6806589/7024667/index.html.

合，制定切实可行的舆情处置预案，加强分析研判，及时回应社会关切，避免负面炒作。

黑龙江省人民政府办公厅关于同意建立黑龙江省农村义务教育学生营养改善计划联席会议制度的函

省教育厅：

为深入贯彻落实《国务院办公厅关于实施农村义务教育学生营养改善计划的意见》（国办发〔2011〕54号）精神，进一步加强对我省农村义务教育学生营养改善计划工作的组织领导，强化部门间协调配合，进一步提升农村义务教育学生营养改善计划管理能力和水平，经省政府同意，建立黑龙江省农村义务教育学生营养改善计划联席会议（以下简称联席会议）制度。

一、主要职责

贯彻落实省委、省政府决策部署，统筹协调全省农村义务教育学生营养改善计划工作，研究审议相关工作方案和拟出台的重要政策；协调解决我省农村义务教育学生营养改善计划中遇到的重大问题；指导督促市、县及有关部门按照任务分工抓好责任落实；指导市、县建立联席会议制度；协调解决重大问题；组织协调监管、督察工作。

二、成员单位

联席会议由省发改委、省教育厅、省财政厅、省卫生健康委、省市场监管局、省政府采购中心等部门组成，省教育厅为牵头单位。

三、部门职责

省教育厅牵头负责营养改善计划的组织实施，会同有关部门推动工作落实。指导市（地）教育局会同财政和审计等部门加强资金监管和营养餐招标等工作。

省财政厅按规定落实省级补助资金，会同省教育厅制定完善全省城乡义务教育补助资金管理办法（含农村义务教育学生营养改善计划补助资金），将农村义务教育学生营养餐作为特殊商品纳入政府集中采购目录。

省市场监管局负责指导各地市场监管部门落实属地监管责任，强化食品生产经营监管，依法查处违法生产经营行为。加强对学校食品原料采购、贮存、加工、餐用具清洗消毒、设施设备维护等环节的业务指导和监督管理。

省卫生健康委负责制定农村义务教育学生营养健康状况监测评估方案，对学生营养改善提出指导性意见。

省发改委负责加大力度支持符合中央预算内投资政策的农村义务教育学校改善供餐条件。加强营养餐食品价格监测、预警，会同教育、财政部门推进降低学生营养餐食品流通环节行政事业性标准。

四、工作要求

各成员单位要按照职责分工，深入推动全省农村义务教育学生营养改善计划工作，制定相关配套政策措施，按要求参加联席会议，认真落实联席会议议定事项。要加强沟通，互通信息，互相支持，密切配合，形成合力，形成高效运行的工作机制①。

哈尔滨市阿城区教育局关于"学生饮用奶计划"试点和推广工作的通知

各学校、幼儿园：

为进一步贯彻落实《国务院办公厅关于推进奶业振兴保障乳品质量安全的意见》（国办发〔2018〕43号）"大力推广国家'学生饮用奶计划'，扩大覆盖面，强化正面引导，普及营养知识，倡导科学饮奶，培育食用乳制品习惯"。落实《黑龙江省教育厅、财政厅和卫生厅等六厅局下发关于继续开展黑龙江省学生饮用奶工作的通知》文件精神，参照哈尔滨市其他区县好的做法，结合我区实际，现就做好国家"学生饮用奶计划"的试点和推广工作有关事项通知如下。

一、提高思想认识

学生营养和健康状况直接关系到一个国家的人口素质、发展水平和国际竞争力。国家"学生饮用奶计划"是以改善中小学生营养状况、培养健康意识、提高中学生体质为目的，在中小学校实施的学生营养改善专项计划。各校要以党的十九大精神和全国教育大会精神为指导，依据国家相关法律法规和《国家"学生饮用奶计划"推广管理办法》，大力宣传，正确引导学生科学饮奶，养成良好的饮奶习惯，增强我区广大中小学生的体质。

二、加强宣传引导，营造舆论氛围

各学校要做好国家"学生饮用奶计划"的正面宣传，加大推广力度，通过校会、主题班会、黑板报、手抄报、营养健康讲座、家长开放日、食品周、致家长公开信等形式，强化学生营养知识的宣传和安全饮奶知识的推广、教育和引导，积极宣传学生饮奶的重要性，不断强化饮用优质饮用奶、提高儿童青少年身体免疫力的作用。

三、先期试点分布推进

经研究确定我区第六中学、回民小学、解放小学、双丰中心校、舍利中心校六家单位为"学生饮用奶计划"先期试点单位，摸索当前形势下适合学校和学生的"学生饮用奶计划"运作办法，待条件成熟后再向全区中小学校、幼儿园推广，逐步提升国家"学生饮用奶计划"覆盖率，让更多的中小学生营养与健康状况明显改善。

四、工作原则

（一）坚持安全第一原则。试点学校（幼儿园）要强化安全意识，建立健全机制，完善管理措施，加大检查力度，确保学生饮用到"安全、营养、方便、价廉"的优质"学生奶"。

（二）坚持学生自愿原则。实施国家"学生饮用奶计划"，应坚持学生饮奶自愿的原则。企业应通过邀请有关部门、学校和学生家长代表实地参观生产过程及举办学生饮用奶

---

① 黑龙江省人民政府. 黑龙江省人民政府办公厅关于同意建立黑龙江省农村义务教育学生营养改善计划联席会议制度的函［EB/OL］. （2021-09-17）［2022-11-23］. https://zwgk.hlj.gov.cn/zwgk/publicInfo/detail?id=449812.

知识讲座等形式，加强科学引导，争取家长和学生的认可与支持，引导学生自愿饮奶。任何单位和个人不得强迫学生订购学生饮用奶。

（三）坚持质量保证原则。学生奶供应企业应到符合《国家"学生饮用奶计划"推广管理办法》（中国奶业协会公告第 15 号）中的要求，保证学生饮用奶的质量和安全。

（四）坚持规范操作程序。试点学校要确定一名有责任心的工作人员，专人负责接发工作。学生饮用奶在学校储存、保管、发放中发生的费用由企业承担、为方便家长、服务学生，由学生家长自愿在"学生饮用奶交费系统平台"交费订购。学校不得代替企业向学生收费。学校负责组织、宣传、引导工作，负责学生饮用奶在学校的储藏、保管、分发、废弃包装物的统一收集处理工作。

五、分层监管、明确责任

学校（幼儿园）是实施国家"学生饮用奶计划"的组织者和具体承办者，要按照上级文件规定，周密安排、精心组织、密切配合、各司其职、各负其责，保障中小学生（幼儿）喝到"安全、营养、方便、价廉"的学生饮用奶。在具体实施过程中，要严格管理，规范操作，不得任意加价或收取任何费用，对因工作疏忽造成集体食品安全事故的单位和个人，严肃追究有关人员的责任。

教育局体卫科和保健所将进行不定期检查，对学生饮用奶的配送、储藏、发放、引用、等级、质量标准证明、留样、包装物处理等各个环节进行监督，发现问题及时整改，保证学生饮用奶安全，保障学生健康成长。

关于印发江苏省学生餐营养指南的通知

为进一步做好学生餐供应保障工作，提升学生餐科学营养管理水平，不断改善全省中小学生营养健康状况，根据中华人民共和国卫生行业标准《学生餐营养指南》（WS/T 554—2017），结合我省实际，省卫生健康委会同省教育厅研究制定了《江苏省学生餐营养指南》，现印发给你们，请结合实际认真贯彻执行，指导推动学校食堂和校外供餐单位规范操作、科学搭配，确保学生餐营养均衡，满足不同年龄段中小学生营养健康需求。

其中，"一、基本原则"提到以下方面。

学校食堂或校外供餐单位制作供应学生餐应遵循"安全卫生、营养均衡、美味节俭"的原则。

（一）安全卫生原则。学校食堂或校外供餐单位应按照《中华人民共和国食品安全法》及其实施条例、《餐饮服务食品安全操作规范》和《学校食品安全与营养健康管理规定》等法律法规要求，严把学生餐卫生质量关，牢牢守住食品安全底线。

（二）营养均衡原则。参照《中国居民膳食指南（2022）》《中国学龄儿童膳食指南（2022）》《中国居民膳食营养素参考摄入量》（2013 版）和《学生餐营养指南》（WS/T 554—2017）等要求，并结合本地区的饮食习惯和突出营养问题，学生餐应合理搭配，均衡营养，满足各年龄段学生的生长发育需求。

（三）美味节俭原则。学校食堂或校外供餐单位应采取合适的供餐形式，将食材选择、烹饪方式和学生就餐时间相结合，制作供应色香味俱全的学生餐。学校应依据《营养与健康学校建设指南》要求，开展营养与健康宣传教育、合理膳食指导，培养学生珍惜食物的意识，养成勤俭节约的良好习惯，不偏食不挑食。

其中，"二、主要内容"提到以下方面。

（一）食品安全

1. 管理要求

供应学生餐的学校食堂和校外供餐单位应当依法取得食品经营许可证，严格按照食品经营许可证载明的经营项目进行经营。

（二）营养健康

1. 合理膳食

学生餐一日三餐应提供谷薯类、新鲜蔬菜水果类、鱼禽肉蛋类、奶及大豆类等四类食物中的 3 类及以上，尤其是早餐，应保证食物种类多样。不同年龄段学生每天食物种类及数量详见附件 2（本书略）。

早餐应提供谷薯类、奶类及大豆类、蛋类，可提供新鲜蔬菜水果类、鱼禽肉类。中餐及晚餐应提供谷薯类、新鲜蔬菜水果类、鱼禽肉蛋类，可提供奶类及大豆类。不同年龄段学生每日能量和营养素供给量详见附件 3（本书略）。

2. 食物互换

在满足中小学生生长发育所需能量和营养素需要的基础上，参考《主要食物交换表》（见附件 4，本书略）进行食物互换，做到食物多样，适时调配，注重营养与口味相结合。

奶类及大豆类：平均每人每天提供 300 g 以上牛奶或相当量的奶制品，如酸奶等。奶及奶制品可分一日三餐提供，也可集中于某一餐提供。奶及奶制品不能用含乳饮料代替，可在早餐或课间餐提供，如为走读生奶制品摄入不足的量可在家补充。每天提供各种大豆或大豆制品，如黄豆、豆腐、豆腐干、腐竹、豆腐脑等。可每天提供 10 g 坚果，在课间餐与奶类一起供应，如走读生坚果摄入不足的量可在家补充。

其中，"三、管理要求"提到以下方面。

（一）学校食堂或校外供餐单位除编制日常情况下一周带量食谱并定期更换外，还应结合季节变化或者学生实际情况，及时调整编制食谱。军训、运动会和考试期间学生饮食注意事项详见附件 6（本书略）。

（二）学校食堂或校外供餐单位应配备 1 名以上专（兼）职营养师，协助制定学生餐食谱并指导落实。同时应配备适量有资质的营养指导人员，开展营养健康宣传教育等相关活动。

（三）学生餐相关从业人员每年应定期接受食品安全与营养健康等方面知识、技能培训，不断提高科学营养配餐能力。厨师还应接受低盐、低油、低糖菜品制作技能培训，做到合理搭配并熟练烹饪菜肴。

（四）学校应提前一周将学生餐带量食谱（示例见附件 7，本书略）向全校师生和家长公示，并广泛征求师生和家长的意见。同时，充分发挥学校相关负责人和家长陪餐制度作用，注意吸收采纳关于学生餐营养制作方面好的建议和意见，不断完善相关供应保障措施，努力提高师生和家长的满意度。

（五）卫生健康部门要指导学校开展营养健康教育，解读《指南》相关业务内容，同时加强学校营养健康专业人员培训，组织开展校园食品与营养健康专项监测。教育部门要加强对学生餐工作的监督管理，指导、督促学校建立健全营养与健康相关规章制度，开展营养与健康学校和营养健康食堂建设。卫生健康、教育部门和学校要充分利用全民营养周、中国学生营养日等活动契机，广泛开展营养与健康宣传活动，培育中小学生健康饮食、合理膳食理念。学校还应将营养与健康教育、食育活动纳入学校日常教育内容，宣贯《中国居民膳食指南（2022）》《中国学龄儿童膳食指南（2022）》，开展"吃动平衡，保持健康体重"等活动，培养学生健康生活方式①。

《南京市中小学生营养午餐指南》（2021 版）

《南京市中小学生营养午餐指南》（2021 版）以《学生餐营养指南》（WS/T 554—2017）为蓝本，结合《中国居民膳食指南 2016》和《中国居民膳食营养素参考摄入量》（2013 版），对南京市 6～17 岁中小学生午餐食物种类及参考数量、配餐原则、烹调要求、学生午餐管理等，提出符合中小学生营养健康状况和基本需求的膳食指导建议，科学性和可操作性强，适用于南京市为中小学生供餐的学校食堂或集体用餐配送单位。

安徽省教育厅关于印发《安徽省学校食堂食品安全管理工作指南（试行）》的通知

为进一步加强学校食堂食品安全的监督与管理，保障师生身体健康和生命安全，在广泛征求意见的基础上，依据相关法律法规，制定了《安徽省学校食堂食品安全管理工作指南（试行）》，现印发给你们。本指南适用于实施学历教育的各级各类学校、幼儿园（以下统称学校）集中用餐的食品安全管理。对提供用餐服务的教育培训机构的食堂，参照本指南。

其中，"二、学校食堂管理"提到以下方面。

（八）食品加工

1. 学校食堂应因地制宜制定营养健康的食谱，并每周公布。配餐时应品种多样、营养均衡，搭配多种新鲜蔬菜和适量鱼禽肉蛋奶；制餐时应合理烹调，少用煎、炸等可能产生有毒有害物质的烹调方式。

安徽省农业农村厅关于实施奶业倍增计划提升奶业竞争力的意见

为贯彻落实《国务院办公厅关于推进奶业振兴保障乳品质量安全的意见》《安徽省人民政府办公厅关于推进奶业振兴保障乳品质量安全的实施意见》和《农业农村部关于印发〈"十四五"奶业竞争力提升行动方案〉的通知》精神实施我省奶业倍增计划，提升奶业竞争力，提出如下意见。

---

① 江苏省卫生健康委员会. 关于印发江苏省学生餐营养指南的通知（苏卫疾控〔2022〕39号）[EB/OL]. （2022 - 07 - 28）[2022 - 11 - 24]. https://wjw. jiangsu. gov. cn/art/2022/7/28/art_7312_10555081. html.

其中，"二、实施内容"提到，加大乳制品消费引导。加大奶业公益宣传，强化乳制品消费正面引导，倡导科学饮奶，引导健康消费。普及巴氏杀菌乳、灭菌乳、发酵乳、奶酪等乳制品营养知识，培育多样化、本土化的食用乳品消费习惯。支持国家"学生饮用奶计划"宣传引导，扩大覆盖范围，培养健康的饮奶习惯。开展奶牛休闲观光牧场建设与推介，引导奶牛养殖与加工、消费、文旅、科普相结合，展示奶业发展成效。力争建成1家以上部级奶牛休闲观光牧场。

蚌埠市人民政府办公室关于做好全市中小学校饮用奶、营养餐及校服规范服务工作的通知

各县、区人民政府，市政府各有关部门、单位：

为进一步做好我市中小学校饮用奶、营养餐及校服规范服务工作，保证服务质量，现就有关工作通知如下：

一、提高认识，统一思想

做好全市中小学校饮用奶、营养餐及校服规范服务工作对提高中小学生营养健康水平、促进青少年儿童健康成长具有十分重要的意义。各县、区及各有关部门要高度重视，充分认识做好相关工作的重要性和紧迫性，明确目标，压实责任，细化任务，积极稳妥推进。

二、严格标准，保证质量

各县、区人民政府要严格按照有关饮用奶、营养餐及校服规范服务工作标准及要求，出台规范性文件，全面规范采购和使用管理，把好入口关、服务关、质量关。饮用奶要坚持乳制品国家标准，倡导依规推广"学生饮用奶计划"，不得选用乳饮品，学校要加强宣传教育，引导学生自愿饮奶。供奶企业需统一学校奶屋建设，安排校内专管员负责奶屋运行保障，严格日常管理，做到从出厂到学生饮用全链条、各环节均按照国家最新标准规范配送和存储保鲜。义务教育阶段中小学食堂一般应由学校自办自管。已经承包的，要按规定逐步收回，按照"非营利性"的要求，自主经营。不具备自营条件的，由各县、区统一招标进行配餐。学校食堂及配餐公司要规范各环节操作流程，严格按照中小学生营养餐标准科学供餐。校服规范服务要严格贯彻《教育部 工商总局 质检总局 国家标准委关于进一步加强中小学生校服管理工作的意见》（教基一〔2015〕3号）文件精神，落实《纤维制品监督管理办法》（国家质量监督检验检疫总局令第178号）相关规定，实施校服"双送检"制度，履行检查验收和记录义务，验明并留存产品出厂检验报告，确认产品标识符合国家规定要求，全面保障校服质量。

三、规范流程，依法推进

各县、区人民政府要牵头组织有关部门，对辖区学校饮用奶、营养餐及校服规范服务等情况进行深入调研，结合实际分别制定招标方案，依照有关招标规定，以县、区为单位依法依规招标，严格规范招标采购流程，充分发挥教育、农业农村、市场监管、卫生健康部门及学校、有关专家和家长等各方面的积极作用，加强对招标过程的监督，严格审核饮用奶、营养餐及校服等招标企业资质、供货能力及服务质量等，阳光操作，保障产品和服

务质量，确保安全。

各县、区根据辖区学校体量、学校实际需求等，分别制定饮用奶、营养餐及校服统一招标工作时间安排表和工作进度表，依法依规稳步推进，确保今年9月份秋季开学前完成各项招标采购工作。各县、区根据各学校家长委员会的授权委托，通过招标分别合规选择不超过3家饮用奶和校服服务企业以及不超过5家营养餐服务企业，服务年限一般不超过3年。学校可以从中标企业中自主选择服务本校的饮用奶、营养餐及校服服务企业，分别与之签订服务合同，明确双方权责，保证服务质量和安全。

四、强化监管，落实责任

市直有关部门要密切配合，强化监管，建立联合督查机制，加强对各县、区招标工作的督查指导，定期召开工作推进会，确保县、区各项工作按时规范推进。各县、区人民政府要按照属地管理原则，细化工作措施，确保按时规范完成各项招标工作。教育、市场监管及卫生健康等部门要按照职能分工，加强对入校服务企业的日常监管，定期对学校饮用奶、营养餐的价格、质量、流通管理、食品安全等各环节及校服规范服务等进行常规检查，农业农村部门要加强对奶源的监管，全面杜绝安全隐患。学校要成立饮用奶、营养餐及校服规范服务工作领导小组，指定专人负责，依规建立健全各项管理制度，加强各项工作的日常管理和自查工作，确保师生健康及校园安全。

各县、区教育部门每学期末组织辖区学校分别对提供饮用奶、营养餐及校服规范服务的企业进行满意度调查，对满意率明显偏低的服务企业进行约谈，出现两次及两次以上满意率明显偏低的服务企业，县、区及学校可依法终止合同①。

九江市教育局关于进一步做好国家"学生饮用奶计划"推广管理工作的通知

各县（市、区）教育局，市直各学校（幼儿园）：

为进一步贯彻落实《国务院办公厅关于推进奶业振兴保障乳品质量安全的意见》（国办发〔2018〕43号）"大力推广国家'学生饮用奶计划'，扩大覆盖面，强化正面引导，普及营养知识，倡导科学饮奶，培育食用乳制品习惯"，以及中国奶业协会2022年5月颁布施行的《国家"学生饮用奶计划"推广管理办法》（修订版）和九江市教育局《关于积极推进"学生饮用奶计划"的通知》（九教发〔2020〕23号）文件精神，现结合我市实际，就进一步做好国家"学生饮用奶计划"推广管理工作通知如下。

一、提高思想认识。国家"学生饮用奶计划"是在全国中小学校（幼儿园）实施的学生营养改善专项计划，充分体现了党中央。国务院对儿童青少年营养健康的高度重视和关怀，是落实"健康中国"战略和国民营养计划的重要举措，对改善中小学生营养状况、促进健康发育、提高身体素质具有长远战略意义。各县（市、区）教育局和各学校（幼儿园）要进一步强化思想认识切实增强推进中小学生营养健康工作的责

---

① 蚌埠市人民政府. 蚌埠市人民政府办公室关于做好全市中小学校饮用奶、营养餐及校服规范服务工作的通知［EB/OL］.（2022－07－15）［2022－11－24］. https://www.bengbu.gov.cn/public/21981/49929805. html.

任感和使命感，巩固提升国家"学生饮用奶计划"覆盖率；在加大幼儿园、义务教育阶段国家"学生饮用奶计划"推广力度的基础上，逐步向高中阶段学校延伸，让更多的学生受益此项计划。

二、加强宣传引导。各县（市、区）教育局和各学校（幼儿园）要结合常态化疫情防控工作，多渠道、多形式加大学生营养知识的宣传教育和引导，积极宣传学生饮奶的重要性，不断强化优质饮用奶、提高免疫力的作用，整体提高全市学生"营养抗疫"意识和免疫力，切实增强学生每日科学饮奶的自觉性。各学校（幼儿园）要将学生饮用奶工作纳入健康教育工作计划，通过举办饮奶知识讲座、主题班会、家长开放日等形式开展宣传教育活动，大力宣传国家"学生饮用奶计划"的意义和作用，争取家长和学生的认可与支持。充分尊重家长及学生的意愿和选择，积极引导学生自愿饮奶，培养学生正确的饮奶方式，养成大课间"定时、定点、集中"饮奶的良好膳食习惯。

三、确保质量安全。做好国家"学生饮用奶计划"推广工作必须遵循"安全第一、质量至上、严格准入、有序竞争、规范管理、稳妥推进"的原则。按照中国奶业协会2022年5月颁布施行的62号公告《国家"学生饮用奶计划"推广管理办法》（修订版）等有关要求，在我市实施推广学生饮用奶的企业应为经国家有关部门审批认定的"中国学生饮用奶生产企业"，所推广的产品应当为包装上印制有中国学生饮用奶标志或明确专供学生在校饮用的常温、低温奶制品。为确保质量安全，学生饮用奶推广要严格准入机制，优先选用产品优质、美誉度高的行业龙头、国家一线乳业品牌，防止定点企业的不合格产品和非定点企业的乳品利用各种名目进入学校。学生饮用奶直供各校（园），不得在校内设置自动售奶机。学生饮用奶在学校储藏、保管、分发中产生的费用由企业承担。同时，妥善解决家庭经济困难学生的饮用问题。要切实提高食品卫生安全意识，树立安全第一的思想，强化过程管理，建立健全学生饮用奶追溯制度和安全防范、事故处理机制，定期开展应急培训演练。

四、夯实管理职责。推广实施国家"学生饮用奶计划"是一项系统工程，政策性强、关注度高，责任重大。各县（市、区）教育行政部门要加强对"学生饮用奶计划"的管理，督促各校（幼儿园）严格按照《国务院办公厅关于推进奶业振兴保障乳品质量安全的意见》和《国家"学生饮用奶计划"推广管理办法》（修订版）中的有关精神和要求组织实施"学生饮用奶计划"。实施国家"学生饮用奶计划"的学校负责本校学生饮奶组织工作和学生饮奶营养健康知识教育工作。中小学校（幼儿园）是国家"学生饮用奶计划"推广工作的具体实施单位，要将学生饮用奶纳入本校健康教育工作计划，因地制宜提供人员、场所等保障，要明确一名校领导和指定专门部门、专门人员具体负责组织实施，确保工作规范有序；各校（园）应当落实"五个一"的保障要求，即："一个工作机构、一间储藏室、一套规范制度、一本台账、一个留样柜"。规范做好奶品接收、储存、发放、留样、回收等环节管理，按要求处理好废弃包装盒，做到"发收同数"。

五、严肃工作纪律。各县（市、区）教育局和各学校（幼儿园）要严格落实廉政纪律要求，切实防范廉政风险，主动接受社会监督，对学生和家长反映的问题要及时调查处理，主动回应社会关切。要严把学生饮用奶准入关口，对有令不行、有禁不止、失职渎职、擅自订购和组织学生饮用非准入企业产品的违规行为，要严格依法依规追究相关单位和个人的责任；对造成学生严重食物中毒事故构成犯罪的，依法追究法律责任。

山东省畜牧兽医局关于印发《山东省"十四五"奶业高质量发展提升行动方案》的通知

为贯彻落实《国务院办公厅关于推进奶业振兴保障乳品质量安全的意见》《国务院办公厅关于促进畜牧业高质量发展的意见》，按照农业农村部《"十四五"奶业竞争力提升行动方案》要求，结合山东奶业发展实际，我局制定了《山东省"十四五"奶业高质量发展提升行动方案》，现予以印发，请结合各地各单位实际，抓好贯彻落实。

其中，"三、重点任务"提到，加强消费宣传引导。加大奶业公益宣传，通过举办奶业文化节、推介休闲观光牧场等活动，树立奶业良好形象，普及乳品营养知识，引导科学健康消费，展示国产奶业发展成效，深化消费者对奶业生产的科学认知。做好舆情监测，研判供需形势，积极回应社会关切。加大学生饮用奶宣传推广，培育多样化、本土化的消费习惯①。

河南省教育厅、河南省市场监督管理局《关于全面加强校外供餐单位食品安全监督管理的紧急通知》

为严格落实习近平总书记"四个最严"要求，建立健全学校食品安全治理体系，织就严密防护网，防止学校食品安全事件的发生，现就全面加强校外供餐单位食品安全监督管理通知如下：

一、进一步提升政治站位

学校、幼儿园（以下简称学校）食品安全是重大的民生问题，关系师生的健康安全，是食品安全监管工作的重中之重。学校供餐群体特殊，供餐人数众多，社会关注度高，舆论燃点低，极易产生负面舆情。校外集体用餐配送单位具有一次性加工制作量大、辐射范围广、食用人群庞大等特点，一旦出现食品安全隐患，极易造成群体性重大食品安全事故。各地教育、市场监管部门要切实增强政治敏感性，充分认清做好学校食品安全工作的极端重要性、特殊性和紧迫性。要加强组织领导，严格落实《中华人民共和国食品安全法》《中共中央 国务院关于深化改革加强食品安全工作的意见》《地方党政领导干部食品安全责任制规定》《学校食品安全与营养健康管理规定》等文件精神，强化责任担当、积极主动作为，主要领导要带头抓，分管领导要亲自抓，把学校食品安全工作抓实抓细抓好，严防发生校园群体性食品安全事件。

二、严格落实各方责任

各地市场监管部门要依法履行食品安全监管责任，落实对校外供餐单位的日常监

---

① 山东省畜牧兽医局. 山东省畜牧兽医局关于印发《山东省"十四五"奶业高质量发展提升行动方案》的通知［EB/OL］. （2022-04-22）［2022-11-23］. http://xm.shandong.gov.cn/art/2022/4/22/art_101469_10303787.html.

管检查。要加强对校外供餐单位食品原料采购、加工制作、分餐配送全过程、全链条监管，确保各环节食品安全风险可控。要按照《河南省集体用餐配送单位食品安全监督检查指南》要求，明确监管重点，规范检查行为，确保监督检查措施针对关键、切中要害。要将辖区内进行跨区域或长距离配送的供餐单位作为日常监管的重中之重，加大监管频次，严查加工制作和配送环节是否遵守《餐饮服务食品安全操作规范》。

各学校要与选定的供餐单位签订配餐协议和食品安全责任书，协议中必须明确食品的质量、餐量、价格、不合格食品的处理方式、食品安全、营养健康等项内容，明确违约责任与解除合同情形。要经常对供餐单位经营状况和食品安全管理情况如配送食品的中心温度是否符合要求、感官性状是否有异常、送餐容器、车辆和餐具是否干净整洁等进行检查，及时将发现的食品安全隐患反馈供餐单位整改并上报有关部门。热藏配送的餐食中心温度不得低于60℃，冷藏配送的再次加热中心温度要达到70℃以上。供餐单位和学校均要做好食品交接记录，按规定落实留样制度。

三、加大监督检查力度

各地教育、市场监管部门要加强联合，将校外供餐单位作为重点对象，针对供餐单位从业人员健康体检情况、设施设备运转情况、食品原料采购贮存情况、食品加工制作情况、餐用具清洗消毒情况、分餐配送和运输情况等作为重点内容开展全覆盖拉网式大检查。要采取"四不两直"的方式加强经常性的检查力度，对监督检查中发现的食品安全问题和隐患，要督促经营者立即整改；对发现的食品安全违法违规行为，要依法严厉查处。尤其是分餐配送过程的监督检查，做到食品加工方式合规、运输环境卫生、分装过程无污染、配送温度符合要求、配送去向清楚、数据真实可查，坚决查处场所选址不符合要求、无相应加工方式配套设施设备、食品运输车不符合要求、食品分餐场所不符合食品安全要求等行为。要将监督检查中发现的学校食品安全问题、隐患、违法行为和查处结果及时报告当地人民政府。

四、加强宣传教育培训

要督促学校、供餐单位经营者加强对食品安全管理人员和从业人员的培训教育，充分发挥"豫食考核App"在线学习培训和抽查考核作用，提升学校校（园）长、供餐单位法人代表和食品安全管理人员的食品安全责任意识、风险意识、底线意识，提高其食品安全风险防控能力和水平。加强疫情防控期间食品安全相关知识以及"节约光荣、浪费可耻"的宣传教育力度，增强师生及学生家长食品安全意识，提高自我防护能力，引导养成厉行节约、反对食物浪费的良好习惯，坚决抵制餐饮浪费。

五、建立健全长效机制

各地教育、市场监管部门要高度重视学校、校外供餐单位等高风险领域餐饮服务食品安全监管工作，做到标本兼治、综合治理，源头严控、过程严管、恶果严惩，同时要综合施策，强化源头治理、动态管理、长效管理。督促学校和供餐单位实施"6S"等规范化管理，切实提升精细化管理水平。

洛阳市教育局关于规范"学生饮用奶"推广工作的通知

各县区教体局，市直各学校（含民办学校）：

为深入贯彻落实《国务院办公厅关于推进奶业振兴保障乳 品质量安全的意见》和《河南省教育厅办公室关于进一步做好"学生饮用奶计划"推广工作的通知》精神，进一步加强对"学生饮用奶"推广工作的监督管理，保障学校饮食安全，规范操作流程，现对学生饮用奶推广工作提出如下要求：

一、提高思想认识。国家"学生饮用奶计划"是以改善中小学生营养状况、逐步培养营养健康意识、提高中小学生营养健康水平为目的，在中小学校实施的学生营养改善专项计划。对青少年儿童健康成长乃至整个国民素质的提高都具有十分重要的意义，也是实施"健康中国"战略的重要举措。各县区和各学校要把思想和行动统一到上级决策部署上来，从贯彻落实党中央、国务院和省教育厅文件要求出发，从提高我市中小学生体质长远利益出发，切实增强责任感和使命感，确保推广工作顺利开展。

二、加大推广力度。为改善中小学生营养状况、培养健康意识、提高身体素质，各县区和各学校可根据实际情况，尽早开展"学生饮用奶"推广工作。组织开展适合学生年龄的有关饮奶与健康的活动，利用班会、班主任会、家长会以及举办营养健康知识大讲堂等形式普及饮用奶知识，将学生饮用奶须来自新鲜优质奶源、符合"安全、营养、方便、价廉"的要求传达给家长和学生，争取学生和家长的支持和广泛参与，共同培养学生养成科学的饮奶习惯，做到学生饮用奶知识宣传全覆盖。

三、坚持自愿原则。各学校要坚持"家长自愿，学生自愿"的原则，通过广泛深入宣传、积极正面引导，争取学生和家长的支持认同，引导学生自觉饮奶，逐步培养学生"定时、定点、集中"饮奶的良好饮食习惯，严禁强迫或变相强迫学生征订饮用奶。要密切关注并解决好经济困难学生的饮奶问题。

四、严格准入机制。学生饮用奶推广要严格准入机制，选用经奶业协会审核认证、许可使用中国学生饮用奶标志的企业产品，征订时优先选用优质可靠、美誉度高、全国龙头乳制品企业的产品，严禁没有"学"字标识企业的产品入校。要坚持集中饮奶，严禁学生将饮用奶带出校。

五、规范操作流程。各学校要明确一名校领导负责此项工作，并指定专人具体负责组织实施。要因地制宜设立奶屋，并协助供奶企业做好订购、接收、储存、分发、集中饮用和废弃包装物的收集处理等工作，进一步做好分发明细和生产批次登记，认真核实每批次学生饮用奶检验报告，做好分批规范留样，建立起"一套规范制度、一间储藏室、一本台账、一个留样箱"的工作机制。同时要协助供奶企业发放带有扫描二维码交费功能的电子宣传单，学校不得代替企业向学生收取费用。

六、加强监督管理。各学校要切实加强各环节的管理，建立相关管理制度及应急处理机制和预案，在学生奶的品质、安全、运输、存储、加热、二次检查、二级追溯、分发、饮用、回收等环节上加强监督和检查；各级教育行政部门要加强与市场监管部门的联系，开展经常性的检查和抽查，对有令不行、有禁不止、工作不力、措施落实不到位造成食品安全事故的，要严肃问责，切实保障我市"学生饮用奶计划"推广工作稳健开展，促进学生健康成长。

湖北省关于开展营养与健康学校建设工作的通知

各市、州、直管市、神农架林区卫生健康委、教育局、市场监督管理局、体育局：

为贯彻落实教育部、国家市场监管总局、国家卫生健康委《学校食品安全与营养健康管理规定》（第 45 号令）和国家卫生健康委、教育部、国家市场监管总局、国家体育总局《关于印发营养与健康学校建设指南的通知》（国卫办食品函〔2021〕316 号）精神，规范学校营养与健康相关管理行为，推动学校营养与健康工作深入开展，湖北省卫生健康委、省教育厅、省市场监管局、省体育局决定在全省范围组织开展营养与健康学校建设工作。现将有关事项通知如下：

一、指导思想

以习近平新时代中国特色社会主义思想为指导，认真贯彻落实党的十九大精神和党中央、国务院关于学校卫生工作的总体要求，坚持健康第一的教育理念，稳步推进营养与健康学校建设工作，规范学校营养与健康管理行为，全面促进学生健康。

二、工作要求

（一）广泛发动，合力推进

我省营养与健康学校建设对象为中小学校。各市（州）教育、卫生健康、市场监管、体育等部门要积极推进营养与健康学校建设工作。优先在已命名的健康学校（见附件 2，本书略）中开展建设工作，力争 5 年内把 395 所健康学校建设为省级营养与健康学校。要充分发挥疾控、医疗、社区卫生服务等专业机构的专业优势，为营养与健康学校创建提供技术支撑；要加强学校食堂和校外供餐单位的食品安全监管；要进一步深化体教融合和体医融合，宣传科学运动理念和健身方法，培养青少年运动健身习惯，促进青少年健康发展。

（二）结合实际，提档升级

各市、州要结合工作实际和辖区已开展的中小学健康促进行动、健康校园建设等专项行动，创建一批市、州级营养与健康学校，在现有基础上提档升级，开展具有特色的建设活动。要树立营养与健康学校品牌意识，不断提高营养与健康学校的知晓率和影响力。

（三）加强管理，注重评估

充分发挥管理部门、社会和家长的监督作用，促进营养与健康学校建设可持续发展。各级营养与健康学校建设工作组在工作过程中要加强动态管理，认真做好过程评估和健康促进效果评价，以促进营养与健康学校创建活动有效地开展。

三、结果运用

参照《湖北省营养与健康学校评价表（试行）》（附件 1，本书略）建设达标的学校（90 分及以上），每学年度由省教育厅、省卫生健康委、省市场监管局、省体育局联合组织评估后予以通报。开展营养与健康学校试点建设的县（市、区），在"湖北省食品安全县"考核中对相关部门予以加分①。

湖北省教育厅印发《关于进一步做好国家"学生饮用奶计划"推广管理工作的通知》

为深入贯彻落实《国务院办公厅关于推进奶业振兴保障乳品质量安全的意见》（国办发〔2018〕43 号）精神和《省政府办公厅关于分解落实（政府工作报告）的通知》（鄂政办发〔2022〕1 号）提出的"全面建设健康湖北，巩固提升国家'学生饮用奶计划'覆盖率"等重点工作任务，现就进一步做好国家"学生饮用奶计划"推广管理工作通知如下：

一、提高思想认识。国家"学生饮用奶计划"是全中国中小学校（幼儿园）实施的学生营养改善专项计划，充分体现了党中央、国务院对儿童青少年营养健康的高度重视和关怀，是落实"健康中国"战略和国民营养计划的重要举措，对改善中小学生营养状况、促进健康发育、提高身体素质具有长远战略意义。各级教育行政部门要进一步强化思想认识，切实增强推进中小学生营养健康工作的责任感和使命感，巩固提升国家"学生饮用奶计划"覆盖率；在加大幼儿园、义务教育阶段国家"学生饮用奶计划"推广力度的基础上，逐步向高中阶段学校延伸，让更多的学生受益此项计划。

二、加强宣传引导。各级教育行政部门和学校要结合常态化疫情防控工作，按照"政府支持引导、学生家长自愿"的总要求，多渠道、多形式加大学生营养知识的宣传教育和引导，积极宣传学生饮用奶的重要性，不断强化饮用优质奶、提高免疫力的作用，整体提高全省学生"营养抗疫"意识和免疫力，切实增强学生每日上、下午科学饮奶的自觉性。各学校（幼儿园）要将学生饮用奶工作纳入健康教育工作计划，通过举办饮奶知识讲座、主题班会、家长开放日和组织实地参观学生奶生产工厂等形式开展宣传教育活动，大力宣传国家"学生饮用奶计划"的意义和作用，争取家长和学生的认可与支持，养成大课间及课后延时服务期间"定时、定点、集中"饮奶的良好膳食习惯。

三、确保质量安全。做好国家"学生饮用奶计划"推广工作要坚持"统一部署、安全第一、质量至上、严格准入"的原则。按照中国奶业协会 2022 年 5 月颁布施行的《国家"学生饮用奶计划"推广管理办法》（修订版）等有关要求，在我省实施推广学生饮用奶的企业应为经国家有关部门审批认定的"中国学生饮用奶生产企业"，所推广的产品应当为包装上印制有中国学生饮用奶标志或明确专供学生在校饮用的常温、低温奶制品。为确保质量安全，学生饮用奶推广要严格准入机制，优先选用产品优质、美誉度高的行业龙头、国家一线乳业品牌，防止定点企业的不合格产品和非定点企业的乳品利用各种名目进入学校。学生饮用奶直供各校（园），不得在校内设置自动售奶机。为方便家长、服务学生，鼓励学生家长通过"学生饮用奶交费系统平台"自愿订购交费，学生饮用奶在学校储藏、保管、分发中产生的费用由企业承担。同时，妥善

---

① 湖北省卫生健康委员会．关于开展营养与健康学校建设工作的通知［EB/OL］．（2021-09-18）［2022-11-23］．http://wjw.hubei.gov.cn/zfxxgk/zc/gkwj/ywh/202109/t20210918_3771175.shtml.

解决家庭经济困难学生的饮用问题。要切实提高食品卫生安全意识，树立安全第一的思想，强化过程管理，建立健全学生饮用奶追溯制度和安全防范、事故处理机制，定期开展应急培训演练。

四、夯实管理职责。推广实施国家"学生饮用奶计划"是一项系统工程，政策性强、关注度高，责任重大。各级教育行政部门是国家"学生饮用奶计划"推广工作的管理机构，要按照属地管理原则，制订实施方案，细化工作措施，落实各项具体要求；在每学期开学前，要召开专题会议，积极组织、扩大宣传，切实加强食品安全知识教育，将学生营养健康和食品安全工作纳入对学校考评体系，让健康奶占领学校阵地，并把区固提升国家"学生饮用奶计划"覆盖率作为改善学生营养健康状况的一项重要工作，组织好、落实好，确保取得实效；要将国家"学生饮用奶计划"的推广与农村义务教育学生营养改善计划相衔接，进一步扩大国家"学生饮用奶计划"覆盖率。中小学校（幼儿园）是国家"学生饮用奶计划"推广工作的具体实施单位，要将学生饮用奶纳入本校健康教育工作计划，因地制宜提供人员、场所等保障，要明确一名校领导和指定专门部门、专门人员具体负责组织实施，确保工作规范有序；各校（园）应当落实"一间储藏室、一套规范制度、一本人台账、一个留样柜"等保障要求，规范做好奶品接收、储存、发放、留样、回收等环节管理，按要求处理好废弃包装盒，做到"发收同数"。

五、严肃工作纪律。各级教育行政部门和学校要严格落实廉政纪律要求，切实防范廉政风险，主动接受社会监督，对学生和家长反映的问题要及时调查处理，主动回应社会关切。要严把学生饮用奶准入关口，对有令不行、有禁不止、失职渎职、擅自订购和组织学生饮用非准入企业产品的违规行为，要严格依法依规追究相关单位和个人的责任；对造成学生严重食物中毒事故构成犯罪的，依法追究法律责任。

襄阳市人民政府办公室关于切实做好"学生饮用奶计划"推广工作的通知

各县（市、区）人民政府、开发区管委会，各有关单位：

为改善我市中小学生营养状况，促进青少年健康成长，落实好2021年湖北省《政府工作报告》关于"加大国家'学生饮用奶计划'推广力度"要求，经市人民政府同意，现就做好我市国家"学生饮用奶计划"推广实施工作通知如下：

一、统一思想，明确目标。"学生饮用奶计划"是国家在中小学校实施的学生营养改善专项计划，体现了党和政府对青少年营养健康问题的高度重视和关心，旨在改善学生膳食结构，促进青少年发育成长，对改善中小学生营养健康状况、提高国民身体素质具有重要意义。各地各有关部门要切实统一思想、提高站位，不断增强推进中小学生营养健康工作的责任感和使命感，明确目标，细化任务，积极稳妥加以推进。启动实施学生饮用奶"三年提升计划"，扩大各级各类学校覆盖面，特别是高中、幼儿园推广力度，确保实现《湖北省国民营养计划（2018—2030年）实施方案》提出的"到2030年，中小学生奶及奶制品摄入量在2020年的基础上提高15%以上"的工作目标。

二、大力宣传，积极引导。推广实施国家"学生饮用奶计划"应当坚持"政府引导、社会支持、学校组织、学生自愿"的原则。各地各有关部门要结合常态化疫情防控工作，广泛宣传多食用奶及奶制品的重要性，要大力宣传国家"学生饮用奶计划"，提高社会知晓率。中小学校要围绕饮食营养、食品安全等主题内容，以举办学生饮用奶知识培训、邀请健康专家开展营养健康专题讲座、利用家长开放日组织营养健康科普等形式，向学生进行饮奶营养健康知识教育，引导学生每日饮奶。鼓励企事业单位、社会团体和个人等社会力量公益捐赠学生饮用奶。

三、严格把关，确保安全。为确保我市推广的学生饮用奶符合"安全、营养、方便、价廉"的基本要求，推广的学生饮用奶产品应当为包装上印制有中国学生饮用奶标志或者明确专供中小学生在校饮用的牛奶制品。学校应及时向属地教育部门报送学生饮用奶供应企业情况，教育部门应将企业情况通报相关部门。供奶企业要和学校签订配送安全协议，严格产品质量管理，落实配送卫生消毒措施，保证学生饮用奶质量和安全。学校应当查验学生饮用奶供应企业的食品生产许可证和出厂检验合格证或其他合格证明。为确保安全，让学生家长更容易接受和认可，在坚持国家"学生饮用奶计划"推广工作实行市场机制运作的前提下，依法支持行业龙头、国家一线品牌骨干企业为我市中小学生供应学生饮用奶。

四、精心组织，落实责任。国家"学生饮用奶计划"推广工作政策性强、涉及面广、关注度高。各地要结合本地实际，统筹推进学生饮用奶推广工作。各相关部门要密切配合，强化监管，确保相关工作规范有序。教育行政部门要把实施"学生饮用奶计划"作为提高学生体质的一项重要工作组织好、落实好；市场监管部门要加强对学生饮用奶质量的监督检查；卫健部门要做好对学生饮奶后的营养与健康跟踪监测。各县（市、区）人民政府、开发区管委会要按照属地管理原则，细化工作措施，督促辖区中小学校切实落实好相关工作要求，确保政令畅通，严格纪律要求，严把进校关口，对有令不行、有禁不止、违规操作、工作不力和制度不落实、管理不到位等违规行为，要严肃追究相关单位和责任人责任，确保"学生饮用奶计划"顺利实施①。

随州市人民政府办公室关于切实做好国家"学生饮用奶计划"推广工作的通知

各县、市、区人民政府，随州高新区、大洪山风景名胜区管理委员会，市政府各部门：

为进一步改善我市中小学生营养状况，促进青少年健康成长，落实好2022年省、市《政府工作报告》，继续推行国家"学生饮用奶计划"推广力度，扩大城乡覆盖范围，现就切实做好我市国家"学生饮用奶计划"推广实施工作有关事项通知如下：

一、统一思想，提高认识。国家"学生饮用奶计划"是在全国中小学校实施的学生营养改善专项计划，是落实"健康中国"战略的重要举措，对改善中小学生营养状况、提高营养健康水平、促进健康成长具有十分重要的意义。各地、各相关部门要统一思想、提高站位，切实增强推进中小学生营养健康工作的责任感和使命感，努力提升国家"学生饮用奶计划"的城乡覆盖范围，力争饮奶率逐年递增20%。在加大义务教育阶段"学

---

① 襄阳市人民政府.市人民政府办公室关于切实做好"学生饮用奶计划"推广工作的通知［EB/OL］.（2021－08－24）［2022－11－24］. http://xxgk.xiangyang.gov.cn/szf/zfxxgk/zc/gfxwj/xzbh/202108/t20210824_2559824.html.

生饮用奶计划"推广力度的基础上，逐步向高中、技校、职高及学前教育阶段延伸，让更多的学生受益此项计划。

二、大力宣传，积极倡导。做好国家"学生饮用奶计划"推广工作应当坚持"政府主导、企业参与、学校组织、家长自愿"的原则。各地各相关部门要结合常态化疫情防控工作，多渠道、多形式加大学生营养知识的宣传教育和引导，积极倡导学生多食用奶及奶制品，通过科学合理的营养膳食增强抵抗力，整体提高全市学生营养健康意识和免疫力。中小学校应当向学生进行营养健康知识教育，通过举办饮奶知识讲座、主题班会、家长开放日、国旗下讲话和绘画等开展形式多样的宣传教育活动，宣传国家"学生饮用奶计划"的作用和意义，争取家长和学生的认可与支持，引导学生积极自愿饮奶，帮助学生养成上午大课间"定时、定点、集中"饮奶的良好膳食习惯。

三、严格把关，确保质量。按照《中国奶业协会关于〈国家"学生饮用奶计划"推广管理办法〉的通知》（中奶协发〔2017〕32号）相关要求，对学生饮用奶的生产企业实行严格的准入机制，在我市实施推广学生饮用奶的企业应为经国家有关部门审批认定的"中国学生饮用奶生产企业"，所推广的产品应当为包装上印制有中国学生饮用奶标志或明确专供中小学生在校饮用的牛奶制品，要防止定点企业的不合格产品和非定点企业的乳品利用各种名目进入学校。为保证学生饮用奶质量安全，征订选用产品优质、美誉度高的品牌，支持国家大型龙头骨干企业为我市中小学生供应学生饮用奶。学生饮用奶直供中小学校，不得在校内设置自动售奶机。为方便家长、服务学生，由学生家长通过"随州市学生饮用奶交费系统平台"自愿订购交费。学生饮用奶在学校储存、保管、发放中产生的费用由相应企业承担。

四、加强协作，明确责任。实施国家"学生饮用奶计划"是一项系统工程，政策性强、关注度高，责任重、影响大，各地各相关部门要更好发挥政策引导、支持保护、监督管理等方面的作用，确保相关工作规范有序。按照《湖北省"国家学生饮用奶"校内安全操作指南》相关要求开展工作，落实"一间储藏室、一套规范制度、一本台账、一个留样柜"，规范做好奶品接收、储存、发放、留样等工作，按要求处理好废包装盒，做到"发收同数"。教育部门要结合实际制订实施方案，积极组织、扩大宣传，加强食品安全知识教育，让健康食品占领学校阵地；市场监管、卫健、农业农村等部门要按职责加强学生饮用奶质量、卫生监督，确保学生饮奶安全。各新闻媒体要加强正面宣传、正面引导，为国家"学生饮用奶计划"在我市顺利实施营造舆论氛围。各地要按照属地管理原则，细化工作措施，督促辖区内中小学校进一步落实好相关工作要求，稳步扩大"学生饮用奶计划"覆盖范围。

重庆市财政局、市教委发布《关于进一步做好农村义务教育学生营养改善计划有关工作的通知》

各区县（自治县）财政局、教委（教育局、公共服务局），市教委有关直属单位：

我市农村义务教育学生营养改善计划（以下简称营养改善计划）实施以来，试点区县农村学生营养健康状况明显改善，得到学生、家长和社会各界的广泛认可。为巩固营养改善计划成果，持续改善重点地区农村学生营养健康状况、增强学生体质，根据《财政

部 教育部关于深入实施农村义务教育学生营养改善计划的通知》（财教〔2021〕174号）精神，现就进一步做好农村义务教育学生营养改善计划有关工作通知如下：

一、明确实施范围和对象

坚持尽力而为、量力而行，严格落实国家试点、地方试点范围和对象相关要求，在现有试点范围内组织实施，不再扩大试点范围。现有国家试点为黔江区、武隆区、石柱县、秀山县、酉阳县、彭水县、城口县、丰都县、云阳县、奉节县、巫山县、巫溪县12个区县；地方试点为万州区、开州区、忠县、涪陵区、南川区、潼南区6个区县。实施对象为以上18个区县县城以外的农村地区义务教育学校就读的所有学生。

二、提高营养膳食补助标准

在保持学生家庭现有承担基本生活费用不减少的基础上，从2021年秋季学期起，国家试点、地方试点膳食补助标准由每生每天4元提高至5元（全年按200天计，下同），国家试点区县膳食资金全部由中央财政承担，地方试点区县资金由中央财政奖补每人每天4元、区县财政承担1元。市级财政对国家试点、地方试点区县仍按每生每天0.6元标准补助食堂运行费。

三、切实落实地方主体责任

区县（自治县）人民政府是实施营养改善计划的责任主体，负责营养改善计划的具体实施。6个地方试点区县要按国家基础标准足额承担每人每天1元膳食补助资金。各试点区县要严格落实全国学生营养办"按与就餐学生人数之比不低于100：1的比例足额配齐食堂从业人员，食堂从业人员工资、社保纳入地方财政预算，不得挤占学校公用经费和营养膳食补助资金；将因实施营养改善计划而新增的食品配送等经费纳入地方同级财政预算"的工作要求，统筹市级运行经费补助，将食堂从业人员工资及社保等人员费用足额纳入区县财政预算。建立健全营养改善计划食堂从业人员工资及社保经费保障长效机制，坚决扭转食堂从业人员工资及社保挤占学生伙食费和学校公用经费现象。

四、严格规范资金使用管理

各区县财政、教育部门和实施学校要进一步强化营养膳食补助资金的使用管理。实施学校要健全完善食堂财务管理制度，配备具备专业知识的专（兼）职财会人员，对营养改善膳食补助资金建立专门台账进行管理。落实食堂财务公开，及时公布食堂收支情况，自觉接受学生、家长、学校膳食委员会的监督。将"膳食补助+学生自主缴纳"的膳食经费全额用于为学生供应完整午餐、提供优质食品，坚决杜绝用膳食补助资金包餐，坚决杜绝以现金形式发放给家长或学生，不得用于补贴教职工和城市学生伙食、弥补学校公用经费和开支聘用人员费用等方面。学校食堂结余款项应滚动用于营养改善计划，不得挪作他用。食堂（伙房）的水、电、煤、气等日常运行经费纳入公用经费开支范畴。

五、确保食品安全与营养健康

严格落实学校食堂经营"四自主"要求，即学校自主拥有"食品经营许可证"，食堂财务由学校自主核算，食材及相关物资由学校自主采购，从业人员由学校自主管理。学校食堂严禁承包、托管或变相承包经营。严格落实学校食堂供应完整午餐的实施方式。严格落实学校食品安全岗位责任，加强人员健康、严格规范原料采购、进货验收、保管贮存、加工制作、分餐售卖、食品留样、清洗消毒等全过程管理。加快推进"重庆阳光餐饮"实时监控、AI 智能识别，借助信息化平台，切实提升学校食品安全管理水平。

各实施学校要用好增加的 1 元膳食经费，防止"挤出效应"，确保"5+X"膳食经费用于购买优质食材，丰富食材种类，全部"吃"进学生嘴里。要加强食堂相关人员营养知识培训，根据学生营养需求，参照《学生餐营养指南》等指南和标准，科学营养配餐，努力为学生提供优质、营养均衡的膳食。利用学校健康教育课堂、"中国学生营养日"等载体开展丰富多样的营养健康教育活动，为学生传递科学的食品安全和营养健康知识，培养学生均衡膳食理念和健康饮食习惯，遏制餐饮浪费[1]。

重庆市卫生健康委员会等 4 部门关于印发《重庆市营养与健康学校、营养健康食堂（餐厅）建设工作指导方案》的通知

为贯彻落实《"健康中国 2030"规划纲要》《健康中国行动（2019—2030 年）》《国民营养计划（2017—2030 年）》《健康重庆行动（2019—2030 年）》《重庆市国民营养计划（2017—2030 年）》等文件要求，引导餐饮业不断增强营养健康意识，提高营养健康服务水平，全面推进我市营养与健康学校、营养健康食堂和营养健康餐厅建设相关工作，切实提高居民营养健康获得感。市卫生健康委、市教委、市市场监管局、市体育局联合组织制定《重庆市营养与健康学校、营养健康食堂（餐厅）建设工作指导方案》。

其中，"四、重点工作"提到以下方面。

（一）加强组织管理。营养与健康学校、营养健康餐厅（食堂）建设单位应当设立建设工作领导小组，为建设工作提供人员、资金等支持。鼓励单位主要领导担任负责人；围绕食品安全、合理膳食、"三减"、传染病防控、节约粮食等制定工作计划及实施方案，明确建设工作的组织管理、人员培训和考核、营养健康教育、配餐和烹饪、供餐服务等具体事宜；建立健全原材料采购制度、营养健康管理制度和盐油糖采购、台账制度等。

（二）开展人员培训。按照《营养健康食堂建设指南》《营养健康餐厅建设指南》和《营养与健康学校建设指南》的要求，营养与健康学校、营养健康餐厅（食堂）建设需配备有资质的专（兼）营养指导人员，定期参加专业学习，负责指导菜品采购、配料和加工、菜品营养标识，制定菜单和菜品制作标准，开展餐厅营养教育，指导服务人员协助合理选餐。定期组织管理、从业人员进行营养健康知识和技能培训，重点接受食品安全及营养知识、食物采购、储藏、烹饪以及"三减"等方面的培训。

（三）营养健康教育。按照《营养健康食堂建设指南》《营养健康餐厅建设指南》和《营养与健康学校建设指南》的要求，建立营养健康教育制度，定期对相关人员开展健康教育培训。利用橱窗、播放视频、设置知识展牌等形式，全方位、多角度宣传科学营养健康知识，营造营养健康氛围。摆放中国居民平衡膳食宝塔，提供可以自由取阅的小册子、折页、单页等宣传材料，宣传有关膳食营养，营养相关慢性病防治相关知识内容，宣传文

---

[1]　重庆市财政局. 关于进一步做好农村义务教育学生营养改善计划有关工作的通知 [EB/OL].
（2021-10-21）[2022-11-23]. http://czj. cq. gov. cn/zwgk_268/zfxxgkml/zcwj/qtwj/202110/t20211025_9887817. html.

明用餐、节约粮食。开展体质监测，摆放身高、体重测量工具、体质指数（BMI）测试盘、电子血压计等自评自测设备和工具，展示营养状况评价标准，供大众进行自我健康自测、自评。鼓励使用智能化评价系统，根据评价结果，指导大众科学地配餐和用餐。

（四）设置营养标识。按照《餐饮食品营养标识指南》的要求，对所提供的餐饮食品进行营养标示。

（五）其他工作。对照《餐饮食品营养标识指南》《营养健康食堂建设指南》《营养健康餐厅建设指南》和《营养与健康学校建设指南》，加强食品安全、突发公共卫生事件应急、运动保障、健康监测等工作①。

四川省委办公厅、省政府办公厅印发《2022 年全省 30 件民生实事实施方案》

近日，省委办公厅、省政府办公厅印发《2022 年全省 30 件民生实事实施方案》（以下简称《实施方案》），并发出通知，要求各地、各部门坚持以人民为中心的发展思想，把实施全省 30 件民生实事作为推动"我为群众办实事"实践活动常态化、长效化的重要内容，持续保障和改善民生，不断增强人民群众获得感、幸福感、安全感。

其中，"三、为符合条件的义务教育阶段学生提供生活费补助和营养膳食补助"提到，为义务教育阶段符合条件的家庭经济困难学生提供生活费补助；为营养膳食补助试点地区义务教育阶段学生提供营养膳食补助。计划安排资金 43.4 亿元。其中争取中央补助 32.3 亿元，省级安排 5.9 亿元，市、县两级安排 5.2 亿元②。

贵州省教育厅、省财政厅、省卫生健康委、省市场监管局、省发展改革委关于实施农村义务教育学生营养改善计划提质行动的通知

为全面提升我省农村义务教育学生营养改善计划（以下简称营养改善计划）实施水平，进一步改善我省农村少年儿童营养健康状况，经省人民政府同意，决定实施农村义务教育学生营养改善计划提质行动（以下简称提质行动）。现就有关事项通知如下。

其中，"二、全面提高食谱科学营养水平"提到以下方面。

（四）科学制定学生食谱。对照国家《学生餐营养指南》和《中小学学生餐良好操作规范》要求，根据学生营养健康需要，结合地方饮食习俗、食材供给等实际情况，由卫生健康部门牵头组织有关部门和营养专业人员，按义务教育学生年龄段需要研究制定多套

① 重庆市卫生健康委员会. 重庆市卫生健康委员会等 4 部门关于印发《重庆市营养与健康学校、营养健康食堂（餐厅）建设工作指导方案》的通知 [EB/OL]. （2022-01-24）[2022-11-23]. https://wsjkw. cq. gov. cn/zwgk_242/wsjklymsxx/jkfw_266458/zcwj_266459/202201/t20220124_10334505. html.

② 四川省人民政府. 省委办公厅、省政府办公厅印发《2022 年全省 30 件民生实事实施方案》[EB/OL].（2022 - 02 - 11）[2022 - 11 - 23]. https://www. sc. gov. cn/10462/10464/10797/2022/2/11/39f90b5a64ec4bf3bd8740a49eaaa7f0. shtml.

参考食谱。各县按小学、初中各不少于16套制定带量食谱（春、夏、秋、冬季食谱各4套），供各学校选择使用。通过科学制定食谱，从源头上保证学生从"吃得饱"向"吃得营养、科学、均衡"转变。

（五）推进营养健康学校建设。对照国家《营养与健康学校建设指南》要求，通过试点先行、以点带面的方式，逐步在全省推广营养与健康学校建设工作，切实提升学校营养健康饮食服务整体水平。各县（市、区、特区）不得以方便管理、便于配送为由，小学、初中不作区别全县使用一套单一食谱；食材配送企业不得以采购困难等理由重复配送单一食材。特殊原因采购困难的食材，配送企业须征得教育部门和学校同意后，再进行同质替换。教育部门会同卫生健康部门有计划开展营养指导教师培训。学校要充分发挥校医的作用，利用"电子营养师"等平台，科学分析学生供餐食谱，满足学生成长基本营养需要。

其中，"三、全面提升供餐质量标准"提到以下方面。

（六）全面实施"5+X"模式。根据学生营养健康需要，全省全面试行营养改善计划"5+X"模式，即在政府提供的每生每天5元膳食补助为主的基础上，家庭适当交纳一点费用，提高供餐质量和标准。各县（市、区、特区）政府加强统筹，多措并举，切实做好对家庭经济困难学生减免工作，统筹用好义务教育阶段家庭经济困难学生生活补助政策，保障家庭经济困难学生用餐。各县（市、区、特区）教育、发展改革等部门通过召开座谈会、家长会、听证会等方式，广泛征求学校、家长和社会各界意见，充分考虑农村学生家庭经济承受能力，从严从低研究确定"X"试行标准和"5+X"实施方案，报县（市、区、特区）政府批准后执行。

（七）实现食物多样化。重点考虑学生健康成长需要，尽量做到食物多样化，每餐至少"三菜一汤"，合理搭配动物性和植物性食物，每天食材种类达到12种以上（每周25种以上），多种新鲜蔬菜和肉类充足供应，保障天天有鸡蛋和水果，每周至少提供3次符合国家标准的学生饮用牛奶，大豆及其制品和畜禽鱼肉轮流交替供应。寄宿制学校统筹科学安排好寄宿学生一日三餐，保障寄宿学生每天营养健康需要①。

贵州省学生资助和营养改善计划政策简介

《贵州省学生资助和营养改善计划政策》"一、学前教育"中提到以下方面。

1. 资助家庭经济困难儿童保育教育费和生活费。标准为500~800元/（生·年）。

2. 农村学前教育儿童营养改善计划。在农村学前教育机构实施，向在园儿童每生每天提供3元钱的营养膳食补助，标准为600元/（生·年）。

3. 校内资助。从事业收入中提取3%~5%比例的资金，用于减免收费，提供特殊困难补助等。

二、义务教育中提到以下方面。

1. 城乡义务教育阶段家庭经济困难学生生活费补助。对象为家庭经济困难寄宿生和

---

① 贵州省教育厅. 省教育厅 省财政厅 省卫生健康委 省市场监管局 省发展改革委关于实施农村义务教育学生营养改善计划提质行动的通知［EB/OL］.（2021-12-22）［2022-11-23］. https://jyt. guizhou. gov. cn/zwgk/gzhgfxwjsjk/gfxwjsjk/202201/t20220112_72293352. html.

非寄宿的脱贫家庭学生（原农村建档立卡贫困学生）、家庭经济困难残疾学生、农村低保家庭学生、农村特困救助供养学生。标准为小学寄宿生 1 000 元/（生·年）、非寄宿生 500 元/（生·年），初中寄宿生 1 250 元/（生·年）、非寄宿生 625 元/（生·年）。

2. 农村义务教育学生营养改善计划。在全省农村义务教育学校实施，向学生每生每天提供 5 元钱的营养膳食补助，标准为 1 000 元/（生·年）。

关于印发《贵州省学生资助及营养改善计划 2021 年工作总结和 2022 年工作要点》的通知

贵州省学生资助管理办公室于 2022 年 3 月印发《贵州省学生资助及营养改善计划 2021 年工作总结和 2022 年工作要点》，努力提升管理水平，推动学生资助和营养改善计划实现高质量发展。

其中，"2022 年工作要点"提到以下方面。

（一）坚持和加强党对学生资助工作的全面领导。持续深入学习贯彻习近平新时代中国特色社会主义思想，巩固拓展党史学习教育成果，常态化长效化开展党史学习教育，提高政治站位，坚持以人民为中心的发展思想，坚持马克思主义在意识形态领域的指导地位，将意识形态工作贯穿到学生资助和营养改善计划工作的各个环节，增强服务意识，提高学生资助的精准度，确保"不让一个学生因家庭经济困难而失学"。

（二）进一步完善学生资助政策体系和机制。按照国家统一部署，及时调整完善我省学生资助政策体系。研究提高我省学前教育资助标准。贯彻落实《学生资助资金管理办法》（财教〔2021〕310 号）和《城乡义务教育补助经费管理办法》（财教〔2021〕56 号），修订完善我省相关资助资金管理办法。落实国家建立健全适应疫情防控常态化和灾情应急保障要求的学生资助工作机制，切实做好疫情防控常态化下的学生资助工作，及时掌握并将受疫情影响、因灾因病等临时出现困难的学生纳入资助范围。

（三）全面实施营养改善计划"提质行动"。继续深入实施农村学前教育儿童和农村义务教育学生营养改善计划。全面贯彻落实《省教育厅 省财政厅 省卫生健康委 省市场监管局 省发展改革委关于实施农村义务教育学生营养改善计划提质行动的通知》（黔教发〔2021〕52 号）要求，落实县级政府主体责任和部门职能职责，研究印发全省农村义务教育阶段学生供餐带量食谱，全面实施"5+X"供餐模式，强化学校食品安全监管，坚持和完善采购管理、监督管理、公开公示等制度，促进供餐质量不断提高，提升"贵州特色"营养改善计划实施水平。

（四）聚焦"精准"落实学生资助政策。推进资助对象精准、资金分配精准、资助标准精准、发放时间精准，全面落实各级各类学生资助政策。贯彻落实《教育部等四部门关于实现巩固拓展教育脱贫攻坚成果同乡村振兴有效衔接的意见》（教发〔2021〕4 号）和《省教育厅关于加快推进巩固拓展教育脱贫攻坚成果同乡村振兴有效衔接的实施意见》（黔教函〔2021〕93 号），继续实施巩固拓展脱贫攻坚成果专项学生资助（原教育精准扶贫学生资助）政策。重点保障脱贫家庭学生、低保家庭学生、特困供养学生、孤儿、烈士子女、家庭经济困难残疾学生及残疾人子女、事实无人抚养学生等特殊困难学生，重点关注边缘易致贫户、因灾因病因意外事故等刚性支出较大或收入大幅缩减导致基本生活出现严重困难家庭的学生，按政策及时纳入资助范围，确保应助尽助。

（五）强化信息系统管理应用。加强与民政、乡村振兴、残联等部门对接，通过信息系统实现脱贫家庭、低保、特困供养等数据共享。层层落实责任，督促各地各校管好用好全国学生资助管理信息系统、贵州省教育精准扶贫系统和农村义务教育学生营养改善计划实名制管理系统，及时维护、管理和采集数据，实现"学校100%纳入系统管理、资助项目100%纳入系统管理、资助信息100%填报"目标，大力提升数据质量，将系统数据作为资金拨付、审计监督等的依据，推进系统数据与实际情况相吻合。

（六）持续强化资金监管。加强部门协调，强化对学生资助和营养改善计划专项资金的监管力度，定期调度各地资金拨付进度，强化滞拨、欠拨学生资助和营养改善计划专项资金督查督办力度，努力解决资金拨付不及时、资金安排不足额、资金管理不规范等问题，督促各地及时将资金拨付发放到位。全面整改巡视、审计发现问题，以问题为导向，举一反三，促进学生资助和营养改善计划专项资金管理规范使用。

（七）推进"资助育人"和"发展型"资助。坚持把促进家庭经济困难学生成长成才作为学生资助工作的出发点和落脚点，在巩固"保障型"资助的同时，推动学生资助向"发展型"拓展。构建学校全员参与、各部门配合、各教育教学环节统筹协调的资助育人机制，加强对受助学生的思想政治教育、学业指导、心理疏导、就业帮扶，强化资助工作中的人文关怀。深入开展爱国、励志、感恩、诚信和社会责任感教育，着力培养造就中国特色社会主义事业合格建设者和接班人。

（八）深入开展资助政策和成效宣传。积极运用新兴媒体等新技术、新手段和广播、电视、报刊等传统媒体，全面深入解读学生资助和营养改善计划政策，展示学生资助和营养改善计划工作成效，提升宣传传播力、引导力和影响力。继续印发致初中毕业生、高中毕业生的两封信，向录取新生寄送资助政策简介，畅通0851-12345学生资助热线电话，引导家庭经济困难新生通过学生资助顺利升入上一级学校。切实做好学生资助和营养改善计划舆情应对与应急处置工作，积极稳妥应对突发事件①。

贵州省教育厅、省财政厅、省卫生健康委、省市场监管局、省发展改革委关于实施农村义务教育学生营养改善计划提质行动的通知

各市、自治州人民政府，各县（市、区、特区）人民政府：

为全面提升我省农村义务教育学生营养改善计划（以下简称营养改善计划）实施水平，进一步改善我省农村少年儿童营养健康状况，经省人民政府同意，决定实施农村义务教育学生营养改善计划提质行动（以下简称提质行动）。现就有关事项通知如下：

一、全面加强政府保障能力

（一）落实县级政府主体责任。县（市、区、特区）人民政府是提质行动的责任主

① 贵州省教育厅. 关于印发《贵州省学生资助及营养改善计划2021年工作总结和2022年工作要点》的通知［EB/OL］.（2022-03-28）［2022-11-23］. https://jyt.guizhou.gov.cn/zfxxgk/fdzdgknr/ghjh/jhzj/202203/t20220328_73158383.html.

体，要强化组织领导和统筹协调，充分发挥营养改善计划领导小组作用，建立健全管理机制，推动营养改善计划管理专业化、精细化、科学化、规范化，确保提质行动有效实施。

（二）落实有关部门职能职责。各级教育部门会同相关部门加强对学校、食材配送企业的指导和监督，确保食品安全和资金安全；卫生健康部门将农村义务教育学生营养健康监测纳入重点工作，会同教育部门共同制定分年龄（年级）阶段的科学供餐食谱，保障学生健康成长营养需要；市场监管部门重点监管学生餐食材集中采购配送企业和定点加工企业（作坊），同步加强对学校食堂的指导和监管；发展改革部门及时定期提供当地居民生活必需品价格监测数据，为食材采购提供价格参考，指导教育系统合理确定"5+X"供餐标准，建立健全食材价格稳控机制。

（三）落实运转经费保障责任。各县（市、区、特区）应建立健全学校食堂工勤人员保障机制，及时足额拨付学生营养膳食补助专项资金和学校公用经费，根据学校营养餐与寄宿生供餐实际情况，按与就餐学生人数不低于1：100比例要求，足额配备食堂工勤人员。将食堂工勤人员工资和社会保险全额纳入县级财政预算，按照不低于当地最低工资标准要求，合理确定食堂工勤人员工资标准，按月足额发放工资和缴纳社保，严禁使用学校公用经费开支工勤人员工资社保。各地不得以食堂工勤人员自愿等理由缓缴、少缴或者不缴纳社保。食堂工勤人员不足的，可采取购买公益性岗位、劳务派遣等方式从社会公开招聘，不得将县级财政应承担的食堂工勤人员工资社保支出转嫁给企业。学校食堂坚持"公益性、非营利性"原则，由学校自办自管，不得对外承包或委托经营。学生营养膳食补助资金及时足额拨付到位，做到按月结算，按学期清算。进一步加强学校食堂升级改造，完善设施设备并定期维护，满足正常供餐需要。

二、全面提高食谱科学营养水平

（四）科学制定学生食谱。对照国家《学生餐营养指南》和《中小学学生餐良好操作规范》要求，根据学生营养健康需要，结合地方饮食习俗、食材供给等实际情况，由卫生健康部门牵头组织有关部门和营养专业人员，按义务教育学生年龄段需要研究制定多套参考食谱。各县按小学、初中各不少于16套制定带量食谱（春、夏、秋、冬季食谱各4套），供各学校选择使用。通过科学制定食谱，从源头上保证学生从"吃得饱"向"吃得营养、科学、均衡"转变。

（五）推进营养健康学校建设。对照国家《营养与健康学校建设指南》要求，通过试点先行、以点带面的方式，逐步在全省推广营养与健康学校建设工作，切实提升学校营养健康饮食服务整体水平。各县（市、区、特区）不得以方便管理、便于配送为由，小学、初中不作区别全县使用一套单一食谱；食材配送企业不得以采购困难等理由重复配送单一食材。特殊原因采购困难的食材，配送企业须征得教育部门和学校同意后，再进行同质替换。教育部门会同卫生健康部门有计划开展营养指导教师培训。学校要充分发挥校医的作用，利用"电子营养师"等平台，科学分析学生供餐食谱，满足学生成长基本营养需要。

三、全面提升供餐质量标准

（六）全面实施"5+X"模式。根据学生营养健康需要，全省全面试行营养改善计划"5+X"模式，即在政府提供的每生每天5元膳食补助为主的基础上，家庭适当交纳一点费用，提高供餐质量和标准。各县（市、区、特区）政府加强统筹，多措并举，切实做好对家庭经济困难学生减免工作，统筹用好义务教育阶段家庭经济困难学生生活补助政策，保障家庭经济困难学生用餐。各县（市、区、特区）教育、发展改革等部门通过召开座谈会、家长会、听证会等方式，广泛征求学校、家长和社会各界意见，充分考虑农村学生家庭经济承受能力，从严从低研究确定"X"试行标准和"5+X"实施方案，报县（市、区、特区）政府批准后执行。

（七）实现食物多样化。重点考虑学生健康成长需要，尽量做到食物多样化，每餐至少"三菜一汤"，合理搭配动物性和植物性食物，每天食材种类达到12种以上（每周25种以上），多种新鲜蔬菜和肉类充足供应，保障天天有鸡蛋和水果，每周至少提供3次符合国家标准的学生饮用牛奶，大豆及其制品和畜禽鱼肉轮流交替供应。寄宿制学校统筹科学安排好寄宿学生一日三餐，保障寄宿学生每天营养健康需要。

四、全面强化食品安全监管

（八）推动贵州好食材进校园。持续深入推进"校农结合"工作，加强产销对接，推动我省安全、绿色、新鲜、优质农产品进入学校食堂，实现助力农业产业发展和学校采购优质农产品"一仗双赢"，使提质行动更好地服务于巩固拓展脱贫攻坚成果和乡村振兴有效衔接。

（九）构筑食品安全保障体系。进一步增强食品安全意识，落实对生产、加工、配送企业的监管责任，健全食材集中采购源头监管机制，保障学生食品安全、绿色、环保；对学校供餐实行最严格的监督管理，完善食材集中采购监督管理机制，确保监管责任落实到人，督促配送企业每天对配送食材开展自查自检，强化食品安全源头监管，把好学校采购、配送食材的入口关，对集中配送企业开展定期查验和不定期抽检，保证食材安全，将米粉、豆腐、蛋糕、面包等保质期短、易变质的食品和半成品生产企业（作坊）全面纳入重点监管范围，确保学生吃得安全、放心；教育部门督促指导学校明确专人对所有配送到学校食堂的食材逐一进行验收登记，严格把好质量关，杜绝不合格食材流入学生餐桌。建立健全严格的食材供应和供餐准入退出机制，将违反食品安全法律法规、发生食品安全事件、擅自降低供餐质量标准或随意变更食谱的企业列入"黑名单"，禁止参与学校食材供应和供餐。

五、全面推进采购公开透明

（十）完善"四统"采购机制。严格落实食材采购"四统"（统招、统购、统配、统送）要求，切实减少采购环节，降低采购成本和价格，保障食材质量，努力使"每一分钱都吃到学生嘴里"。以县为单位建立和完善由教育、发展改革等部门为主导，市场监管和配送企业、学校、家长等各方参与的学生营养改善计划食材价格稳控机制，确保资金使用效益和供餐质量。按照"确保质量、降低成本、就近取材、品种多样"的原则，根据季节变换、食材品类特点和当地市场变化等因素，合理确定询价周期，适时对集中采购的食材询价和定价。切实控制食材采购成本，所采购的食材不得高于当地同类食材市场价格（或当地居民生活必需品监测价格），价格动态调整的情况要通过适当方式公开，努力实现食材采购质优价廉。

（十一）加强食材采购监管。将提质行动纳入教育民生重点监管范围，对配送企业招标、食材采购数量、采购质量、采购价格、资金使用等环节进行重点督查和监管，实现采购公开、公平、公正和透明，为降低采购成本、提高供餐质量提供保障。

六、全面完善落实管理制度

（十二）完善和落实监督委员会制度。学校邀请教师代表、社会有识之士和家长代表等参加组建学生膳食监督委员会，定期召开会议或通过学生膳食监督委员会，向学生家长通报学校供餐质量和膳食监督有关情况；设立专兼职膳食质量安全监督员，自觉接受家长和社会各界对学生供餐质量和安全的监督；实行膳食监督委员会成员定期不定期试餐制度，适时征询改进提高供餐质量的意见建议。

（十三）完善和落实公开公示制度。加强对价格调整、供餐质量、资金使用等关键环节监管，保障家长知情权、参与权和监督权，使营养改善计划在阳光下实施。坚持实行采购价格公开制度，食材采购每一次价格确定或调整变动，通过政府或教育微信公众号等方式向社会公布。学校明确专人将每周食谱、每天饭菜图片、采购品种、采购数量、采购价格和资金使用情况，定期推送给学生膳食监督委员会成员，并在学校食堂公示公开。

（十四）加快信息化管理步伐。推进营养改善计划管理信息化，加快全省"阳光校园·智慧教育"学生营养餐信息管理系统建设，通过信息系统规范全省营养改善计划各个环节管理，努力实现各地各校食材采购、供餐人数、资金使用、供餐质量等全链条网络化监管。

各市（州）、县（市、区、特区）要高度重视，将提质行动实施情况纳入"县级党政主要领导履行教育职责督导考核"体系，将其作为重点民生工作抓实抓好，不断提高营养改善计划实施水平。省政府相关部门要切实履行职责，加强对各地的指导和督促，确保提质行动取得实效。

平凉市推广"学生饮用奶计划"实施方案

为认真贯彻落实国务院办公厅《关于推进奶业振兴保障乳品质量安全的意见》（国办发〔2018〕43 号）和省教育厅、省财政厅、省卫生和计划生育委员会、省食药监局《关于进一步做好农村义务教育学生营养改善计划实施工作的通知》（甘教国资〔2018〕7号）等文件精神，不断改善全市中小学、幼儿园学生营养状况，结合我市实际，制定本方案。

一、总体思路

深入贯彻落实国家和省上实施"学生饮用奶计划"的有关要求，坚持政府组织、社会参与、学校落实、学生自愿，规范有序推进"学生饮用奶计划"实施，有效增强中小学生、幼儿体质，为推动全市经济社会高质量发展培养高素质人才。

二、实施范围

"学生饮用奶计划"实施对象为全市中小学学生和幼儿园幼儿。实施农村义务教育学生营养改善计划的学校，要按照省教育厅相关通知要求，保证每个年龄段学生牛奶的合理摄入量。

三、基本原则

（一）坚持学生自愿原则。实施"学生饮用奶计划"，应坚持学生自愿订购的原则。

学校应配合供应企业通过邀请学生家长代表实地参观生产过程及举办饮奶知识讲座等形式，加大宣传引导，争取家长和学生的认可与支持，引导学生自愿饮奶。任何单位和个人不得强迫学生订购。

（二）坚持依法准入原则。全市中小学、幼儿园须在"中国学生饮用奶定点生产企业"中招标选定供应企业。供应企业应当符合《国家"学生饮用奶计划"推广管理办法》（中国奶业协会公告第 15 号）中的要求，保证学生饮用奶的质量和安全。支持国内乳品行业骨干龙头企业通过市场化竞争参与我市"学生饮用奶计划"。

（三）坚持安全第一原则。实施"学生饮用奶计划"的中小学、幼儿园应组织学生饮用印有"中国学生饮用奶"统一标识的产品。各有关部门和学校要强化安全意识，建立健全监管机制，确保学生饮奶安全。同时要防止个别学生因"乳糖不耐症"而产生饮奶不适所造成的不良影响。

四、实施步骤

（一）宣传动员。全市中小学、幼儿园要通过多种途径宣传实施"学生饮用奶计划"的重要意义，讲清讲透国家相关政策要求，普及学生饮用奶营养健康知识，鼓励学生每天喝足够数量的牛奶，实现增强体质的目标。

（二）订购配送。每学期开学后，各学校要在正确宣传引导的基础上，组织学生自愿订购，并安排专人做好学生饮用奶的接收、储藏、分发等工作。学校要督促供应企业严格按照专业操作规程进行配送，确保学生饮用奶安全、及时送达学校。

（三）相关支持。在符合有关财政政策的前提下，有条件的县（市、区）可对中小学、幼儿园"学生饮用奶计划"给予财政补贴。

五、保障措施

（一）统一思想，提高认识。实施"学生饮用奶计划"充分体现了党和政府对学生营养健康问题的高度重视和关心，对于改善学生的营养健康状况、提高国民身体素质具有重要意义。各有关部门和学校要高度重视，加强领导，精心组织，力争 2022 年秋季学期在全市所有中小学、幼儿园全面实施。

（二）密切配合，强化管理。各有关部门和学校要密切配合、精心组织、各司其职、加强管理，确保学生饮用奶安全、营养。教育部门要加强管理，督促学校严格按照国家和省、市要求组织实施"学生饮用奶计划"；畜牧、卫健、市场监管等部门按职责加强对学生饮用奶奶源安全监管监测和学生体制监测，督促供应企业落实学生饮用奶质量承诺，定期发布乳品质量安全抽测检测信息，认真搞好配送服务，确保学生饮用奶绝对安全、万无一失。

（三）正确引导，积极推进。各有关部门要结合实施"学生饮用奶计划"，指导和推动营养与健康学校建设，引导学生和家长积极开展合理膳食行动，大力推进营养健康工作。

第三部分

重点学生饮用奶定点企业推广案例

◎ 以食育人，守护祖国未来——君乐宝

为推动落实《中国食物与营养发展纲要》和《国民营养计划》，君乐宝积极响应教育部以及省（自治区、直辖市）教育系统的号召，推动教育现代化改革，深入贯彻政策指示精神，用时 10 年，将现有的乳制品加工厂、奶源基地打造为中小学生研学实践基地并开发特色课程。2022 年 5 月，君乐宝乳业正式被国家食物与营养咨询委员会评为"第三批国家食物营养教育示范基地"创建单位，为继续开展中小学生食物营养研学教育实践创造政治、科技、专家保障。

国家"学生饮用奶计划"及"河北省农村义务教育学生营养改善计划"实施以来，取得了广泛的社会认可，"计划"中的学生也逐步由"吃得上"向"吃得好、吃得明白"转变。君乐宝学生奶为聚焦"健康第一"的教育理念，实施了一系列举措。

（1）组建讲师团队。君乐宝依托国家乳制品研发技术分中心、功能性乳酸菌资源及应用技术国家地方联合工程实验室、博士后科研工作站、农业农村部企业重点实验室等科研平台，培养专业营养讲师 200 余名，专门从事学生营养、教育方面的学习、培训、宣传推广。2020 年，君乐宝乳业与河北省营养学会、河北医科大学达成战略合作，针对青少年的营养健康问题，联合研发并录制《君乐宝青少年营养课堂》，对"儿童时期的营养需求""牛奶和小米粥营养大比拼"等家长普遍关注的问题，进行专业知识科普及答疑解惑，线上点击观看量 10 万次。河北医科大学公共营养学院连续 3 年安排 200 名师生到君乐宝乳业进行参观交流，为培养未来食育教育领域专业人才搭建桥梁。

（2）开发食育课程。君乐宝现已开发从小学至成人的一系列食育课程。小学课程《健康饮食小达人》让学生们了解合理饮食的重要性，提高自己的食品安全意识，通过动手操作实践，掌握基本技能，体验投入与收获的快乐。中学课程《废墟上的崛起》通过故事化讲述国产乳业在遭遇打击后如何涅槃重生，帮助学生们了解君乐宝的企业文化、品牌故事以及发展历程，启发学生要勇于面对生活学习中的困难与挑战，积极承担责任，树立正确的价值观。成人课程《新形势下如何保障学生饮用奶的入校安全》主要面向政府工作人员、学校管理人员、学生，针对校园环境日常食品安全防控形势下，学生饮用奶入校前后如何进行操作规范、突发应急情况如何处理等相关知识进行培训及宣导。目前，每年有 2 万余名中小学生走进君乐宝，体验相关课程；成人课程覆盖学校 3 000 余所，参与人数 1 万余人，为在校饮奶安全形成有效保障。

（3）推动学校打造"营养与健康"示范校。在食育教育理念的推动下，为促进学生营养与健康，君乐宝以关注儿童青少年营养与健康为核心，落实完善长效的管理措施，连续三年支持和推动秦皇岛、唐山、邢台等地十余所学校，开展学生营养与健康教育、膳食营养和运动保障、校园硬件环境建设等活动，并获得"国家营养与健康示范校学校"称号。

（4）组织食育相关主题性活动。君乐宝常年组织"学生奶标准化规范校开放日"活动，邀请教师及家长代表参加，让他们全面了解学生在校储存、领取、分发、饮用、回收学生奶的整个过程，并就国家"学生饮用奶计划"的相关政策、在校饮奶的注意事项、

饮奶的好处等家长们普遍关心的问题进行宣讲和讨论。至今君乐宝已累计组织 20 场开放日活动，透明化的运营模式，让政府放心、让家长安心。同时，君乐宝在校内组织的"我是饮奶模范生"评选活动吸引了 100 名学生参评，君乐宝通过奖励日常规范饮奶、注重营养健康的学生到君乐宝研学基地观光游览，以促进学生长期养成合理膳食的好习惯。

除此之外，君乐宝学生奶每年制作《学生营养改善计划工作汇报手册》，记录历年学生营养工作取得的重要成果及进展，总结食育教育信息，搜集乳品行业的时事政策动态，为食育教育工作开展提供政府公信背书。同时利用微信、微博、公益宣传短视频等多媒体、多媒介手段，建立"学生饮用奶计划"的宣传、规范、危机预防等一整套体系，向社会准确、深入宣传国家"学生饮用奶计划"及"农村义务教育中小学生营养改善计划"等惠民政策，普及食物营养与健康的科学知识，培养中小学生养成营养观念和合理饮食习惯，多方面、全流程确保"计划"保质保量、安全有效地实施。君乐宝学生奶将不遗余力地践行食育教育理念，为中国学生健康成长，贡献一份力量。

◎ 二十载扬帆再起航，规范操作建安心工程——风行

2002 年风行乳业经过层层筛选，成为广东省首批学生饮用奶定点生产企业，与"学生饮用奶计划"一起开启守护学生营养的新时代。不知不觉风行学生奶已走过了栉风沐雨的二十年，截至目前，风行学生奶已覆盖广东省、广西壮族自治区、海南省等地区，每天有超百万名中小学生在校喝风行学生奶。回顾过往，在这项涉及几亿人切身利益的超大型工程中，风行乳业尽锐出战，全力以赴响应国家号召，积极参与推动实施国家"学生饮用奶计划"，获得了阶段性的成绩，曾多次被评为国家"学生饮用奶计划"推广先进单位，是广东省内最具影响力的学生奶品牌之一。

守护孩子"舌尖上"的安全和品质，是风行乳业推广国家"学生饮用奶计划"的初心。为回归初心，风行乳业成立专业的学生奶推广团队，致力于更专注推学生饮用奶品牌，打造政府、学校、家长放心的食品安全工程。随着增城区石滩镇年产 30 万吨的乳品加工基地的投产，作为粤港澳大湾区规模最大、科技集成度最高、质量管控最严格的乳品加工基地，学生饮用奶产能得到了扩大，更好地能满足服务市场的需求。

2022 年是风行学生奶成立 20 周年，风行学生奶项目组再次提出打造规范化入校管理操作是学生奶饮用奶的核心环节，确保学生在校喝到最安全的学生饮用奶。在疫情防控常态化管理下，风行乳业通过"四严两强一提"，即"严控奶源生产及运输环节、严控产品加工环节、严控产品配送环节、严控产品饮用环节；强化人员管理、强化产品抽检；提升标准化体系管理要求"。严格把控入校管理"五个一"流程，即"一个工作机构、一间储藏室、一套制度、一本台账、一个留样箱"，在各环节质量安全管控上做到"标准精致、工作细致、服务极致"。完善配送商管理制度，严格管控配送商的仓库管理，建立标准化配送流程，打造标准化奶屋，加强入校集中饮用宣传，重塑规范化操作的每一个标准化流程。

为更好地推广学生饮用奶，风行乳业联动越秀集团在政府各层级推广宣传国家学生饮用奶计划，开展公益活动，为校园食品安全工程贡献自己的力量。

在风行学生奶成立 20 周年之际，风行乳业深入探索自主征订模式，着力打造安全、卫生、规范、有序的学生奶饮用环境，达到有效干预、营养改善的效果。风行乳业联合专业学生奶咨询团队，着力打造风行乳业自主征订样板市场，提升整体规范化水平。风行乳业在学校开展校内规范操作关键点控制的实践工作，不仅注重各个环节的规范操作及安全培训工作，而且严格执行从入校征订、配送、储存、领取、分发、饮用到回收的每一环节的管理工作，设定了独有的关键点控制管理流程及规范标准，并明确各相关人员工作职责及考核办法，实现了每一环节都有"准"可依，充分保障学生饮用奶安全。

2022 年，风行学生奶开启学生奶运营的新篇章。风行乳业开通风行学生奶公众号，打造了 20 周年"寻根之旅"系列人物专访视频和系列推文，并通过成长小课堂为家长和孩子带来饮奶知识的科普。同时，风行乳业布局全产业链透明运作，以"我们绝不制造不愿给自己孩子吃的乳品"为主题，多次邀请教育系统及学校领导、家长及学生走进风行"透明工厂"，见证乳制品生产过程，以开放的姿态面对消费者，让消费者放心。风行乳业也将持续推进"标准化建设体系、培训管理体系，危机预防体系"三大系统运行，真正做到让政府放心、学校安心、家长欢心。

风行乳业依然秉承初心，坚守新鲜战略，致力于提升规范化操作水平，用扎扎实实的行动，打造安全、卫生、规范、有序的学生奶饮用环境，用一盒盒牛奶的力量，助力青少年营养健康，用行动诠释一个企业的社会担当。风行学生奶将躬身力行，专注少年儿童营养健康，成为孩子们成长路上的"守护者"。

◎ 健康中国，营养先行——光明

炎炎七月，骄阳似火。在 2022 年下半年的第一天，一场由光明乳业发起的主题为"健康中国 营养先行"爱心学生奶捐赠活动拉开序幕。上午八点，一辆满载光明学生奶的卡车驶入定远县第一初级中学教育集团双塘校区，为学子送上 72 000 盒营养学生奶。

定远县副县长李娜、中共定远县委教体工委副书记黄如勇、定远县农业农村局副局长李顶林、定远县教体局副局长王利、定远县第一初中教育集团校长张书清、光明乳业股份有限公司地区负责人出席此次捐赠活动。

据悉，此次捐赠的学生奶均是由光明学生奶定点牧场供应的优质奶源所生产的，每一盒学生奶均含有丰富的全价蛋白质、高含钙量的矿物质及丰富的维生素群，营养价值非常高，能促进青少年学生的骨骼发育，并能有效预防疾病，提高身体免疫力，促进孩子们健康成长。

定远县副县长李娜对爱心企业免费捐赠学生奶，关心关爱贫困学生，支持教育事业的善义之举表示感谢。她称，孩子是祖国的未来，他们的健康成长不仅是老师和家长的迫切心愿，也是党中央、国务院实现强国复兴的心愿。希望全县各级主管部门要根据国务院和省、市、县委政府的部署和要求，做好学生饮用奶的宣传教育和普及工作，在"积极宣传、正确引导、保证质量"的前提下，加强监督管理，积极推进国家"学生饮用奶计划"，提高定远县广大中小学生的身体素质，扩大国家"学生饮用奶计划"覆盖范围。

光明乳业股份有限公司地区负责人对县教育局领导积极促成此次捐赠表示感谢，并向全体师生送上亲切的问候。他表示：一直以来光明乳业坚持以"诚信为本，品牌经营"为宗旨，深得社会的广泛认可和一致好评。近年来，企业在保持健康发展的同时，也将践行公益作为企业文化的重要组成部分。此次通过捐赠营养学生奶的方式，希望能帮助祖国下一代打牢营养基础，促进他们健康快乐成长。

早在 2000 年，为改善和提高我国中小学生的营养健康水平，增强学生身体素质，国家七部委联合启动实施学生营养专项改善计划——国家"学生饮用奶计划"，光明积极响应政策号召，成为国家首批获得学生奶定点生产资质的企业。在推广学生奶期间，光明乳业始终牢记为祖国培养健康下一代的历史使命，坚守学生奶产品质量生产线，并积极践行社会公益，成功让各地学子喝上了"安全、营养、方便、价廉"的高品质学生奶。

◎ 少年足球公益行，为少年儿童提供有品质的营养支持——蒙牛

2022 年 7 月 10 日，以"中国要强，未来我来"为主题的 2022"希望工程·蒙牛世界杯少年足球公益行"启动仪式在北京举行。该公益活动践行健康第一理念，促进体教融合，发挥体育的独特育人功能，帮助农村青少年在体育锻炼中享受乐趣、增强体质、健全人格、锤炼意志，为青少年提供实实在在的帮助。

党的十八大以来，党和国家高度重视体育强国建设，尤其注重青少年的体育教育，强调"要树立健康第一的教育理念，开齐开足体育课。"而足球运动作为一项运动门槛低、普及面广、"国策"支持的重要体育运动，已经成为青少年体教融合发展的重要内容。让更多中国青少年通过足球运动获得成长能量，推动中国青少年足球事业的发展，这正是蒙牛联合中国青少年发展基金会等有关部门与组织开展此次活动的初心所在。

希望工程·蒙牛世界杯少年足球公益项目在全国范围内选拔 400 名"足球少年"，参与精英集训并派出代表走上世界杯赛场。继 2018 年俄罗斯世界杯少年足球公益项目以来，蒙牛再次陪伴中国青少年近距离感受世界杯的魅力，这也是蒙牛关怀中国少年儿童营养健康成长，全面推进"蒙牛营养普惠工程"的重要一环。通过此项目，蒙牛将进一步提升青少年对足球的热情，促进少年儿童身心健康成长，助力中国青少年足球事业发展，为中国足球的未来播下梦想的种子。

蒙牛集团高级副总裁、常温事业部负责人高飞表示，蒙牛乳业积极践行企业社会责任，将多年来坚持的"营养普惠""传薪计划"融入其中，覆盖更多有足球梦想的中国少年儿童，让公益力量帮助少年实现足球梦想。未来，蒙牛还将在全国长期开展更多足球公益项目，尽全力为中国的足球少年们提供持续的有品质的营养支持！

此外，蒙牛还将同步开启"万颗足球百所校园"捐赠计划，向中国青少年发展基金会捐赠品质营养的"健康装备"蒙牛未来星学生奶，以及优质的校园足球训练装备，助力校园足球体育发展，让中国足球的未来绽放更多精彩。

坚持公益初心，蒙牛守护要强少年。除了"增加体育锻炼，深化体教融合"，"合理膳食"也是教育部重点指导的健康教育活动工作之一，国家重点开展的"学生饮用奶计划"正为其补上了膳食营养的重要一环。作为首批获得国家学生饮用奶定点生产资格的

乳企，蒙牛坚持与国家政策同频共振，积极配合青少年食育教育工作开展，为"要强少年"的健康成长做出努力。2002 年以来，蒙牛积极开展牛奶助学活动，让营养惠及欠发达地区的孩子。2017 年起，蒙牛率先响应原农业部与中国奶业协会发起的"中国小康牛奶行动"，开展"蒙牛营养普惠计划"，并于 2021 年 7 月将"蒙牛营养普惠计划"升级为"蒙牛营养普惠工程"，涵盖"普惠行动""教育行动""大健康行动""环保行动"四大公益项目，全方位帮助少年儿童健康快乐成长。目前，蒙牛营养普惠工程已覆盖全国 28 个省（自治区、直辖市），惠及 2 500 多万学生，累计捐赠 10 亿元，2017—2022 年间累计捐赠爱心牛奶 2 392 万盒。

参与乡村教育振兴，助力营养健康中国是蒙牛未来星学生奶义不容辞的责任。依托于蒙牛营养普惠工程，蒙牛集团探索出新的"公益模式"。为了提升欠发达地区少年儿童教育水平，蒙牛启动了"未来星"助学计划；寻找村小校长，开展敲铃人·村小校长赋能计划，促进村小间的培训与交流，提升校园管理能力；开展"青椒计划"，借助"互联网教师培训"方式赋能乡村教师帮助均衡城乡教育发展，截至 2021 年已经累计为河北、甘肃、重庆、陕西、福建的 1 250 名乡村青年教师提供培训支持。

在第三届中国学生营养与健康发展大会上，蒙牛发布了《"蒙牛公益基金"营养普惠规划（2022—2025 年）》，即三年累积向全国范围内的青少年捐赠价值 3 000 万元的蒙牛常低温学生奶，进一步推动了少年儿童营养健康事业深层次持续创新发展，多维助力少年儿童拥有阳光健康的未来。此外，蒙牛集团全面升级公益体系，于 2022 年 1 月正式成立"内蒙古蒙牛公益基金会"。蒙牛公益基金会以"营养普惠生命 每个生命都要强"为使命愿景，聚焦营养赋能、均衡发展、环境保护三大领域，围绕受助群体的福祉提升，从个体身心健康、未来发展机遇和健康生态环境三个维度进行全面的"营养普惠"，实现强身体、强振兴、强生态的战略目标。

◎ 授人以渔：学生奶营养 1+1+1 公益活动——三元

2000 年国家"学生饮用奶计划"在全国范围正式启动，2000 年 11 月三元作为首批首家学生饮用奶定点生产企业，获得 001 号证书。22 年来，三元食品在学生奶供应业务中发挥着标准化、流程化的服务优势，用爱心，良心和责任心做好每一盒牛奶，积极践行国家"学生饮用奶计划"，紧跟时代步伐，致力于为学生提供高质量学生饮用奶。

"学生饮用奶计划"和"农村义务教育学生营养改善计划"实施后，监测评估显示，我国贫困地区中小学生贫血率从 2012 年的 16.7% 下降到 2021 年的 11.4%，学生的生长迟缓率下降更多，从 2012 年的 8.0% 下降到 2021 年的 2.5%。显著的成效也点燃了每一位投身于学生营养公益工作者的热情。

古人说"授人以鱼不如授人以渔"，中国小康牛奶行动——三元学生奶营养 1+1+1 公益助学项目，将公益活动和食育教育有机结合，在河南、河北、山东、安徽等地区，以公益为切入点，在开学季、儿童节、中国学生营养日等重要时间节点，依托区县经销商，针对区县教育系统捐赠学生饮用奶、牛奶科普书，并根据当地实际情况制定专属课程，邀请行业营养专家为当地教育系统领导、学校校长、学生饮用奶专管员等学生饮用奶计划相关人员讲一堂生动的食育营养健康课。三元学生奶营养 1+1+1 公益活动的核心目的不是去注满一桶水，而是要去点燃一把火，在经济欠发达地区捐赠"鱼（学生饮用奶）和渔（食育知识）"的基础上，结合当前中小学营养健康现状开设理念先进的食育课，以提高当地相关领导对学生营养健康教育的重视程度。只有获得当地政府的认同，国家"学生饮用奶计划"才可能在当地更好地推广。

2018 年以来，三元公益捐赠的学生奶累计超过 500 万包，有 800 多万名消费者接受了三元乳制品的科普教育。2022 年 6 月三元向株洲渌口区乡村学校、新乡市牧野区特殊教育学校、北京平谷区中学等捐赠价值 35 万元的学生奶和牛奶科普书籍。

关注孩子的健康成长是企业义不容辞的责任，三元作为国有乳品企业，希望能够为用优质的产品回馈社会，为学生健康营养保驾护航。营养专家到当地教授食育课程，使"捕鱼"的观念（食育知识）深入人心；小小一本牛奶科普书的传递，为乡村的孩子们带来了乳制品的营养知识科普；一箱箱营养丰富的牛奶表达着三元对祖国未来的呵护。保障学生营养健康、提升学生营养认知是三元公益事业前进的方向与动力。营造良好的食育教育氛围，潜移默化地改变与形成科学的饮食习惯与观念，对学生饮用奶计划的推广起到了积极的作用。

此外，三元还将"授渔"的形式多样化。根据《"健康中国 2030"规划纲要》，并结合 2022 年"5·20"中国学生营养日主题"知营养、会运动、防肥胖、促健康"。在北京市第十六届运动会来临之际，三元学生奶为正在备战运动会的孩子们提供优质牛奶补给与食育营养课，为运动健儿们助力的同时提高孩子们的营养健康意识，促进吃动平衡。在原阳小学与校方共同举办了营养小达人的评选活动，通过有奖评选推动了营养均衡与合理膳食理念的宣传。做好"授人以渔"的营养公益活动不是一朝一夕，三元将不忘初心，始终在公益路上前行。聚焦学生营养健康发展，让公益的脚步走到乡村走向贫困地区的学校，用营养扶贫助力下一代的未来。

"少年强则国强"，少年儿童是国家和民族的未来。三元深知企业的社会责任，用每一份实实在在的营养陪伴着孩子们的健康成长。坚持"授人以渔"的公益线路，对学校、家长、学生进行营养知识宣讲，一点一滴地培养包括饮用牛奶在内的科学膳食习惯。未来，三元将继续坚持质量安全第一的原则，持续全产业链协同管控，增加产品种类，用品质回报社会；开展食育教育活动，为青少年营养健康贡献三元力量！

◎ "小天使"项目：强壮少年，从 0 开始——天润

新疆天润"小天使"项目，以扩大社会对儿童健康的关注，给予儿童正确的心理及生理健康教育，加强儿童关于"学生饮用奶"计划的体验感和参与度，实现青少年儿童健康成长为长远目标。该项目包含"新疆天润、强壮少年"儿童营养科普教育，"天润丝路云端牧场"教、学、研一体化，"小康牛奶计划"等爱心公益三个板块。

2021—2025 学年为天润"小天使"项目第一个五年计划，2021 年重点进行"天润丝路云端牧场"教、学、研一体化板块的试点；2022 年深入开展"天润丝路云端牧场"研学活动的同时，试点了"新疆天润、强壮少年"儿童营养科普教育。

"哺育工程"项目：儿童营养·从 0 开始

乌鲁木齐市"哺育工程"项目是在义务教育阶段学生饮用奶健全覆盖的基础上，为乌鲁木齐市常住人口中 0~6 岁学龄前儿童每人每天免费提供一袋纯牛奶，为改善乌鲁木齐市学龄前儿童营养健康状况，保证儿童健康成长，提高国民身体素质，增进人民福祉作出了重要贡献。

新疆天润乳业作为乌鲁木齐市哺育工程营养奶指定供应企业，自 2018 年项目启动至今，以"严要求、严标准、严举措"为宗旨，以"儿童营养，从 0 开始"为使命，累计供应哺育工程营养奶 1 382.6 万件，受益儿童 16.2 万人。

"新疆天润、强壮少年"儿童科普教育

2022 年，为响应《国务院办公厅关于实施农村义务教育学生营养改善计划的意见》的号召，配合中国奶业协会关于《国家"学生饮用奶计划"推广管理办法》的建议，新疆天润结合公司现有资源，将儿童科普教育列入年度重点工作，在抖音试点线上科普教育；在新疆天润丝路云端牧场增加线下学生奶互动区；走进校园、面向儿童，进行一对一的儿童营养科普教育。

"天润丝路云端牧场"研学项目

新疆天润丝路云端牧场自 2018 年开始建设，累计投资近 1.4 亿元，总占地 220 亩（1 亩≈666.67 平方米，1 公顷＝15 亩，全书同），获得"中国农垦联盟标杆牧场""AAA 国家级旅游景点""兵团科普教育基地""天润奶博馆科普教育基地"等称号。该牧场是一座集现代养殖技术示范、奶业文化传播、特色奶产品体验、休闲旅游观光等于一体的可学、可玩、可游、绿色、环保、智能型休闲观光牧场。

2022 年，新疆天润通过优化"天润丝路云端牧场"基础设施，提升运营专业度，增强游客体验感。同时，制定天润丝路云端牧场研学活动课程，试点开展研学活动 28 场，接待中小学及幼儿园儿童 8 000 人以上。

多年来，新疆天润乳业发扬兵团精神，持续关注儿童健康，用优质的奶源、优质的产品、优质的服务为千千万万家庭的希望和祖国的未来保驾护航。新疆天润坚信，每一个孩子都是天使，让每个孩子的健康得到关注，是天润当下的目标，让每个孩子都健康成长，是天润人未来的目标，"天润'小天使'项目"，将为每一个孩子的健康发展做出贡献。

◎ 呵护儿童健康，守护民族未来——完达山

自 2000 年 11 月 15 日国家"学生饮用奶计划"启动实施以来，完达山乳业积极响应国家政策的号召，成为首批获得国家学生饮用奶定点生产资格的企业，目前为 14 个省 46

个市县的数十万学子提供优质安全学生奶。

国家"学生饮用奶计划"是一项"功在当代，利在千秋"的民心工程，其推广工作一直受到党和政府的高度重视，特别是近几年，为持续推动国家"学生饮用奶计划"落地落实，各级政府加速出台了相关制度。2022年，辽宁省鞍山市和黑龙江省双城市政府相继出台文件，明确提出要按照"政府支持引导、学生家长自愿"的总要求，多渠道、多形式加大学生营养知识的宣传教育和引导，积极宣传学生饮用奶的重要性，不断强化饮用优质奶、提高免疫力的作用，整体提高学生"营养抗疫"意识和免疫力，切实增强学生每日上、下午科学饮奶的自觉性。完达山学生饮用奶以卓越的品质得到了校方与家长的广泛认可与支持，饮用学生比例持续走高。

完达山乳业作为乳品行业唯一的"中国绿色食品荣誉企业"，全国诚信体系建设首批首家乳制品试点评价通过单位，国家级农业产业化重点龙头企业，积极推广国家"学生饮用奶计划"，始终把关爱青少年健康成长放在首位，热心社会公益事业，勇担社会责任。在扶贫公益事业上始终发挥拉动作用，积极参与中国奶业协会发起的"中国小康牛奶行动"，为贫困地区数万名学子捐赠液态奶产品达40 000余箱，辐射范围覆盖全国16个地区。

完达山乳业一直以来十分重视承担社会责任，始终以实际行动践行公益、回报社会。近些年，完达山积极向抗疫一线捐款捐物，建立爱心互助基金。2022年，完达山乳业先后与黑龙江省依兰县和虎林市教育局共同举办国家学生饮用奶计划捐赠活动，向区县内各小学捐赠学生饮用奶。活动现场，完达山负责人表达了对当地儿童健康与营养的关注，让学生们感受到精神上的鼓励和正能量的传递。

完达山乳业多年来一直与教育部门和学校保持良好的互动，持续开放工厂参观，接待幼儿园、中小学生及学生家长等群体，让老师和学生们更直观地了解完达山产品的生产过程，进一步加强学生营养知识的宣导，推动学生营养意识的提高。

孩子们的健康成长，离不开优质的产品，而优质的产品，离不开严格的管理。在疫情防控常态化管理下，完达山乳业严控奶源生产及运输环节，严控产品加工配送环节，严控产品分发饮用环节，提升标准化操作流程管理，加强人员管理，产品抽检，安全培训。完达山乳业始终坚持先培训再入校，不培训不入校原则，确保新供应学校产品入校前至少培训两次，连续供应学校每学期至少培训一次，安排专业人员进校对学生奶进行征订、接收、储藏、分发、饮用、废弃包装物回收等全流程操作培训，并建立产品留样机制，保证产品可追溯，全力确保学生饮奶质量安全。

完达山乳业利用地域优势，打造绿色奶源基地，始终严把学生饮用奶质量关，采用国际领先的生产技术和设备，实现了全程自动化控制和自动预警，确保各类产品100%合格。在国内率先实现了全产业链质量安全追溯，做到了生产、配送、储存、领取、分发、饮用各个环节的把关与管控，让每一位学生都喝上一盒放心、安全、营养的"学生饮用奶"。

少年强，则中国强。青少年儿童的健康成长，历来受到党和政府的高度重视，一直是健康中国行动的重中之重。完达山将用实际行动践行品质承诺，充分发挥资源优势，抢抓振兴民族乳业机遇，坚定根植黑土地，竭诚奉献放心奶。在技术提升的同时，完达山将积极与高校、科研院所开展合作，在蛋白含量、营养均衡、品质新鲜等领域加大创新力度，增加巴氏杀菌乳、发酵乳等学生用奶品类，积极实现产品提档升级，同时畅通学生奶供应渠道，为广大学子提供新鲜优质好奶，用实际行动护航广大学子身体健康，彰显民族企业社会责任，助推健康强国目标早日实现。

◎ 引领"学生饮用奶计划"，助推"健康中国"建设——南京卫岗
——日照市启动实施国家"学生饮用奶计划"纪实

近年来，国家"学生饮用奶计划"的推广实施得到了越来越多的重视和支持，截至2022年7月，日照市开展国家"学生饮用奶计划"的中小学校已有26所，饮用学生奶的学生人数达到1万人。目前，国家"学生饮用奶计划"已在日照市岚山区中小学推广实施一年有余，也得到了家长、学生的喜爱。

紧跟国家政策，积极推行国家"学生饮用奶计划"

一直以来，学龄儿童的营养健康状况都是党和政府关注的重点。为保证学龄儿童在成长发育的关键时期能有充足的营养供给，从2000年开始，农业农村部（2018年3月之前为农业部）、教育部等国务院七部门联合启动实施国家"学生饮用奶计划"，并将这项计划列入《中国儿童发展纲要》。2018年，国务院办公厅下发（国办发〔2018〕43号）明确提出要大力推广国家"学生饮用奶计划"，扩大覆盖范围。山东省人民政府办公厅出台鲁政办发〔2019〕20号、日照市转发山东省教育厅《关于继续做好学生饮用奶计划宣传推广工作的通知》（鲁教体字〔2015〕5号），并根据日照实际出台多个文件，为日照推广实施国家"学生饮用奶计划"鸣锣开道。

日照市一直紧随国家和省、市工作部署，把国家"学生饮用奶计划"作为一项重大的民生工程抓好抓实，着力提高全区中小学生营养健康水平。自2021年启动实施国家"学生饮用奶计划"至今，日照市26所中小学校已全部覆盖，10 000名学生喝上了优质、安全的学生饮用奶。日照市岚山区实验小学、碑廓小学等官方网站显示，"做好学生饮用奶征订工作"被列为校长室、总务处的重要工作内容，国家"学生饮用奶计划"已俨然成为该市各中小学校的常态化重点工作。

严把准入关口，确保学生喝到优质安全学生奶

推广实施国家"学生饮用奶计划"，把好准入关口是关键。日照市严格按照2022年5月6日最新发布的《国家"学生饮用奶计划"推广管理办法》，按照"统一部署，规范管理，严格把关，确保质量"的工作方针，确保学生喝到优质、安全的学生奶，把这项民生工程做到学生、家长的心坎上。为保证学生饮用奶的质量、安全，在日照市实施推广学生饮用奶的企业应为经国家有关部门审批认定的"中国学生饮用奶生产企业"，所推广的产品应当为包装上印制有中国学生饮用奶标志或明确专供学生在校饮用的常温、低温奶制

品。优先支持日照市重点招商引资乳企所生产的学生饮用奶向各中小学供应。

规范校园流程，环环相扣确保学生饮奶安全

保证学生饮用奶安全，不仅要在供奶企业生产及配送过程中严格把控，学生饮用奶入校后的安全管理更是不容忽视的重要一环。在岚山区推广实施国家"学生饮用奶计划"的供奶企业深知这一计划的重要性，在生产、配送的过程中坚守"安全、营养、方便、价廉"的八字方针，与校方一起共同把好学生饮用奶校内安全关。

在日照市各中小学校，学生饮用奶储存库房都有严格的建设标准：库房码垛"一垫五不靠"，产品码垛高度、放置货位及方向明确规定；每个库房配置托盘、奶框、展架、粘鼠板、温湿度计、灭蝇灯等硬件设施；库房独立通风，冬天配备全自动恒温加热器。追求极致的标准化建设，折射出供奶企业极高的品质追求。

与此同时，学校坚持"先培训再入校"原则，通过提前进校开展学生奶征订、接收、储藏、分发、饮用、废弃包装物回收等全流程操作培训，并建立产品留样机制，保证产品可追溯，全力确保学生饮奶安全。此外，开发的学生饮用奶缴费系统平台，家长只需扫码进入平台，就能完成下单、交费、查询、退订、反馈、投诉等一站式操作，真正做到阳光操作、体现家长自愿。

站在新的征程，为助推"健康中国2030"贡献力量

青少年学生是祖国的未来，是民族的希望。在国家"学生饮用奶计划"推广规划（2021—2025年）全面开启的新征程上，国家"学生饮用奶计划"覆盖学生人数将从2020年的2 600万人增加到2025年的3 500万人，学生身体素质和营养健康水平得到有效提高和改善。

新征程、新起点、新目标，卫岗作为日照招商引资的"中华老字号"乳企，也是首批"中国学生饮用奶定点生产企业""国家学生奶饮用计划"新增产品种类试点企业，为日照市推广国家"学生饮用奶计划"作出巨大的贡献，卫岗品牌将继续着力做好做实这项利国利民、造福后代的民生工程，为日照市推广国家"学生饮用奶计划"作出示范和引领，为坚定不移推动"健康中国2030"贡献力量！

◎ 传递爱心，传递希望——新希望

"希望有你"是新希望乳业创立的公益平台。2010年以来，从"暖冬让爱多一度"项目，到"悬崖村的孩子不要怕"项目，到"希望有你为爱举手""希望有你为爱发声"，再到投身"中国小康牛奶行动"，新希望乳业在公益领域已持续12年。2017年"希望有你"荣获第六届中国公益节公益项目、公益影像、公益人物三项奖。2019年在由南方周末主办的第十一届"中国企业社会责任年会"上，新希望乳业"希望有你"公益平台荣获"2019年度创新公益项目"。

2021年9月，在"希望有你，童心绘梦"主题公益活动的捐赠仪式上，"希望有你"公益团队为宁夏当地的孩子们捐赠了价值35万元的缤纷鸟线上美术课包。通过绘画课程，绘画工具，举办绘画展览为孩子们提供最优质、最有趣、最科学的美术课程，让美育理念这颗种子在孩子们的心里成长发芽。除了优质的教育资源，我们深知孩子们的健康成长是一切的基础，新希望乳业践行D20小康牛奶行动，为当地的孩子们带来了营养专属礼物——向永宁县闽宁镇第二小学捐赠了价值32.6万元学生营养奶，向乳制品摄入与儿童健康效应研究项目（甘肃）捐赠价值8.3万元学生营养奶。

2022年6月5日，世界环境日，新希望乳业在昆明发起"盒我一起行动吧！"，通过全年"奶盒回收计划"，搭建低碳生活"研究所"，为消费者讲解垃圾分类、旧物再利用等环保知识。新希望乳业升级绿色全产业链，并且持续探索低碳绿色发展新路径。24小时鲜牛乳采用植物基屋顶盒包装，不仅低碳环保，更有利于回收后循环再利用，昆明用户可通过"绿巨能回收"小程序预约下单，在家即可参与，凭空盒兑换鲜奶。新希望乳业全国"奶盒回收计划"也将以云南昆明作为首站，"多点开花"全国联动，形成合力共同推动乳业绿色低碳的新风尚。

2022年9月5日12时52分，四川甘孜州泸定县发生6.8级地震，多地震感明显。地震无情，乳业有爱，新希望乳业召开紧急会议并成立物资援助统筹工作组，对相关工作进行部署安排。9月6日下午，新希望乳业第一批救援车队携牛奶物资，紧急驰援泸定，是首批物资送达灾区的爱心企业之一，及时给受灾群众和救援队伍送去营养补给。新希望乳业时刻关注灾区情况，了解当地群众所需，随时准备好为受灾群众及救援人员提供支持与帮助。新希望乳业在四川省内的经销商及物流配送网点覆盖各市（州）、县，保证公司在灾情发生的第一时间快速响应，就近调配物资并及时送达。而后，新希望乳业联合四川省永好公益慈善基金会捐助的第二批物资3 000件价值21万元的牛奶也陆续抵达灾区。让爱心力量持续接力，温暖每一位灾区人民。

一直以来，新希望乳业积极承担社会责任，在汶川、玉树、九寨沟发生地震，以及河南突降暴雨之后，在政府和公益机构的组织和统筹下，都能第一时间捐资捐物，援助灾区群众，并持续支持灾后重建工作，"希望有你"公益平台致力于提升山区孩子的营养健康及素质教育，十余年来组织抗震救灾、抗击疫情、公益助学活动247场，累计捐赠金额超过964万元。

食育乐园是新希望乳业倾力打造的食育教育平台，致力于为父母提供专业的膳食营养知识，融合德智体美为一体的五育教育，通过寓教于乐的方式，在牧场和牛奶工厂、社区、学校开展实景体验活动。2014年8月就被联合国粮食及农业组织录为"2014年世界牛奶日牛奶推广经典案例"。

食育乐园通过线上公众号、社群和企业IP号，整合线下趣味食育内容与沉浸式主题体验，通过打造孩子感兴趣的板块栏目，持续助力家庭亲子教育。一方面运用趣味课堂结合亲身体验的方式，教育孩子们认识牛奶，知道牛奶的来源，了解牛奶能给身体带来哪些好处。另一方面教会孩子们选择更营养的食物，养成健康的饮食习惯，懂得食物的安全教育知识，更重要的是让孩子们知道食物的来之不易，从而珍惜食物，学会感恩，感恩父母，感恩大自然，感恩社会。

食育乐园通过邀请消费者零距离参观奶牛养殖牧场与牛奶生产工厂，走进社区、学校、各行各业，打造线下全场景化的亲子体验与食育教育平台。同时，线上加强云参观转播与云授课模式全方位触达消费者。2021年食育乐园线上线下累计触达人次达250万。

"希望有你"作为一项社会公益平台，秉承"小公益，大影响"的理念倡导个人、组织、企业共同参与，身体力行做公益，将新希望的爱心汇聚，关注贫困山区孩子的健康成长。因为新希望的身后有无数道爱的光芒，汇聚成无限的希望，希望所有的美好未来里，都有你!

◎ 从"营养2020"到"营养2030"——伊利

"伊利营养2020"是伊利集团联合中国红十字基金会等公益机构推出的精准扶贫项目，通过营养调研、健康教育与公益捐赠等多种形式全面聚焦贫困地区人口的营养与健康改善，持续开展"D20中国小康牛奶行动""国民营养行动计划""金领冠母爱计划""伊心为你——贫困先心病患儿救助行动"等活动。截至2020年底，"伊利营养2020"已覆盖全国25个省（自治区、直辖市），累计投入8 400余万元，60余万儿童从中受益。伊利联合中国红十字基金会，推进开展"伊利营养2020"扶贫抗疫公益行动，聚焦贫困家庭营养改善需求，通过公益捐赠、健康教育等方式，给贫困地区家庭带去健康与关爱，提升受助人群免疫力。针对多数学校在校时间缩短的实际情况，伊利及时调整捐赠计划，为四川、甘肃、云南、陕西、吉林、河南等地的贫困家庭捐赠价值470.6万元的伊利学生奶、金典等产品，用营养与健康守护更多的贫困家庭。

2021年，伊利联合中国红十字基金会，积极响应农业农村部和中国奶业协会"中国小康牛奶行动"的号召，将已实施4年的"伊利营养2020"精准扶贫项目升级为"伊利营养2030"平台型公益项目。升级后的"伊利营养2030"关爱对象更聚焦、项目内容更精准、参与主体更多元，帮助更多孩子们实现梦想，用可持续的模式全心全意守护孩子们成长。截至2021年底，"伊利营养2030"已覆盖全国25个省（自治区、直辖市），累计投入9 200余万元，近70万儿童从中受益。2021年至今，伊利深入到内蒙古、山西、甘肃、江西、黑龙江、广西、河北、云南、浙江、安徽、江苏、辽宁等14个省（自治区、直辖市），投入718.34万元的现金和伊利学生奶，开展50多场捐赠活动，让近6万孩子享受到牛奶的营养守护。

"伊利营养2030"将坚守十年承诺、持续深入落实乡村振兴和健康中国两大战略，践行营养物资捐赠、健康知识科普、梦想关爱守护三大行动，用营养守护孩子的健康与梦想。

◎ 利乐包装回收在行动——梁丰

中国学生饮用奶推广是张家港市政府倡导的民生实事工程，从2002年市政府下达推广文件启动至今已20余年，在校学生饮奶率已持续多年超过70%，每天有10多万个学生奶利乐包装盒在学校产生，目前还只是作为其他垃圾处理，利乐牛奶盒可持续回收利用一直是政府、学校和供奶企业探索解决的问题。

2022 年，张家港市实验小学西校区 STEM 项目小组的同学们加入了承建学校利乐废包的回收工程，并立项《"盒"从"盒"去——利乐包装回收计划》，以期开发适合在张家港各学校回收利乐包的可靠方案。为了精准推进回收开发项目设计，2022 年 10 月 14 日，STEM 项目组的师生们带着问题走进了江苏梁丰集团食品工业园进行实地考察，了解牛奶盒中蕴藏的科学知识，为回收方案制定找灵感。

在生产车间，同学们了解到利乐包装一共有 6 层，其中包含 75% 的纸板、20% 的聚乙烯（PE）和 5% 的铝箔，这种包装的制作方式能很好地阻挡液体的渗透，阳光和微生物浸入牛奶中，不仅能延长牛奶的保质期，还能保证材料 100% 回收再利用。在检验室，同学们现场观摩了使用化学药剂进行化学分离检测牛奶盒密封性的操作流程，感受了小牛奶盒的科学和神奇，也为更好设计利乐包装回收方案注入了信心。

我国每年牛奶盒的使用量约有 700 多亿包，如果能将它们合理回收，通过塑木技术、彩乐板技术等，能加工成公园护栏、垃圾桶、课桌椅、室外地板、纸张和衣架等丰富实用的环保产品。奶盒回收到资源再生工厂，通过水力碎浆和铝塑分离技术，还能将复合纸包装中的纸、塑料和铝箔彻底分离，实现从资源回到资源的绿色循环。

《利乐包装回收计划》实地考察活动正式开启了张家港市低值可回收垃圾回收利用的学校行动。未来，张家港市将有更多的学校和学生加入利乐包装回收计划，通过小手拉大手，为垃圾减量，为城市减负，让张家港垃圾分类回收成为每一个港城人民的习惯，让文明张家港更加文明！

第四部分

媒体报道

◎ 两会之声

国务院总理李克强政府工作报告
——2022 年 3 月 5 日在第十三届全国人民代表大会第五次会议上

回顾过去一年，成绩得来殊为不易。我国经济尚处在突发疫情等严重冲击后的恢复发展过程中，国内外形势又出现很多新变化，保持经济平稳运行难度加大。我们深入贯彻以习近平同志为核心的党中央决策部署，贯彻落实中央经济工作会议精神，完整、准确、全面贯彻新发展理念，扎实做好"六稳""六保"工作，注重宏观政策跨周期和逆周期调节，有效应对各种风险挑战，主要做了以下工作。

一是保持宏观政策连续性针对性，推动经济运行保持在合理区间。

二是优化和落实助企纾困政策，巩固经济恢复基础。

三是深化改革扩大开放，持续改善营商环境。

四是强化创新引领，稳定产业链供应链。

五是推动城乡区域协调发展，不断优化经济布局。

六是加强生态环境保护，促进可持续发展。

七是着力保障和改善民生，加快发展社会事业。加大农村义务教育薄弱环节建设力度，提高学生营养改善计划补助标准，3 700 多万学生受益。减轻义务教育阶段学生作业负担和校外培训负担。超额完成高职扩招三年行动目标。国家助学贷款每人每年最高额度增加 4 000 元，惠及 500 多万在校生。上调退休人员基本养老金。提高优抚标准。将低保边缘家庭重病重残人员纳入低保范围，做好困难群众帮扶救助。改革疾病预防控制体系。把更多常见病、慢性病等门诊费用纳入医保报销范围，住院费用跨省直接结算率达到60%。严格药品疫苗监管。实施三孩生育政策。加强养老服务。加快发展保障性租赁住房。繁荣发展文化事业和文化产业，创新实施文化惠民工程。营造良好网络生态。积极开展全民健身运动。我国体育健儿在东京奥运会、残奥会上勇创佳绩。经过精心筹备，我们成功举办了简约、安全、精彩的北京冬奥会，也一定能办好刚刚开幕的冬残奥会①。

全国人大代表史玉东：建议立法将学生营养干预纳入政府服务范畴

2022 年全国两会开幕在即，3 月 2 日，全国人大代表、内蒙古蒙牛乳业（集团）股份有限公司研发创新部党支部书记、研发高级经理史玉东表示，今年他将提出推动食品行

---

① 中华人民共和国中央人民政府国务院总理李克强. 政府工作报告——2022 年 3 月 5 日在第十三届全国人民代表大会第五次会议上［EB/OL］.（2022－3－12）［2022－11－18］. http://www.gov.cn/gongbao/content/2022/content_5679681.htm.

业相关标准制定、进一步加强学生营养干预等建议，从而促进食品行业高质量发展。

史玉东认为，当前，在食品领域，针对儿童、老人等特定人群需求的食品基础通用标准和益生菌等相关标准仍处于空白状态，有必要尽快建立健全，完善特定人群食品质量标准体系。

另外，益生菌在食品中的应用越来越广泛，但在食品质量标准体系中尚缺乏相关标准；建议推动益生菌相关规范标准的制定，完善食品行业质量标准体系，有效提高这一类食品的质量水平，推动食品产业高质量发展。

史玉东表示：一是针对原料奶生产和消费仍存在季节性和区域性不平衡，造成奶源周期性过剩和短缺问题，建议建立国家级储备中心，创新乳品市场调节机制，形成保供稳价"缓冲器"，保护奶农利益，保障市场平稳运行。

二是针对奶牛存栏量和牛奶产量相对较低，奶源自给率连年下降的问题，建议阶段性开放相关国家的奶牛进口，同时出台政策鼓励育成牛等后备牛养殖基地建设，提升国内奶牛自给率。

三是为了激励乳业绿色低碳转型发展，建议出台鼓励政策，针对具有代表性先行示范企业或"碳中和"案例给予政策支持，树立奶产业低碳发展标杆，带动行业加速推动科学减碳规划与实施，助力国家"碳达峰、碳中和"目标任务早日实现。

史玉东认为：为了提升青少年营养健康水平，目前实施的与学生营养干预相关的项目包括学生奶计划、学生营养餐计划和农村义务教育学生营养改善计划等项目。我国实施的学生营养干预项目取得了重大成效。

"建议通过立法将学生营养干预计划纳入政府基本公共服务范畴，指定相关政府部门统筹学生营养干预，并调整农村义务教育学生营养改善计划受益对象，切实落实《学生餐营养指南》，提高学生膳食营养水平。"史玉东说①。

代表委员建议：立法确保未成年人舌尖上的安全

全国人大代表初建美表示，目前中国没有专门的"儿童食品"分类，缺乏专门的法律法规与食品安全国家标准，相关法律条文散见于《食品安全法》等，内容多是针对婴幼儿群体，已有的一些食品安全国家标准也主要是针对婴幼儿配方食品等。她建议通过未成年人食品安全的专门立法，或相关部门研究制定国家标准、行业标准，对未成年人食品的营养成分标识、食品添加剂要求、食品安全标准等进行明确规定，确保未成年人"舌尖上的安全"②。

① 新京报．全国人大代表史玉东：建议立法将学生营养干预纳入政府服务范畴 ［EB/OL］．（2022-03-02）［2022-11-18］．https://baijiahao.baidu.com/s?id=1726158699920519176&wfr=spider&for=pc.

② 中国教育报．代表委员建议：立法确保未成年人舌尖上的安全 ［EB/OL］．（2022-03-06）［2022-11-18］．https://baijiahao.baidu.com/s?id=1726540470675039842&wfr=spider&for=pc.

带着期盼上两会 全国政协委员刘颖：为进城务工随迁子女争取营养改善计划

全国政协十三届五次会议 2022 年 3 月 5 日在北京隆重开幕。贵阳高新区企业贵州新基石建筑设计有限责任公司董事长刘颖，作为住黔全国政协委员在京参会履职。她已连续三年在全国两会上，就随迁子女教育和生活方面建言献策。今年，她将持续关注这一群体，针对随迁子女的健康和营养问题提交建议。

全国政协委员、贵州新基石建筑设计有限责任公司董事长 刘颖："我长期关注普惠制民办学校，发现很多随迁子女他们的身高普遍低于城市的同龄人，体重也低于城市的同龄人，我觉得这个问题我们首先要被看到，要重视，要全社会合力来帮助他们，让这批孩子能得到健康的成长。"

多年来，刘颖一直从不同角度关注着随迁子女这一群体。在走访调研中发现有部分学生存在营养不良现象，为此她展开走访调研工作。

全国政协委员、贵州新基石建筑设计有限责任公司董事长 刘颖："父母进城打工也没有时间去管他们，所以好多孩子要么就是不吃早餐，要么就是中午随便吃一点粉、面之类的，营养不足。"

刘颖走访的贵阳市花溪区育蕾小学，是一家普惠制民办学校，目前有 165 名学生是入城随迁子女。为进一步了解学生的身体状况，2021 年 11 月，刘颖邀请了相关的医护人员为学生进行体检，同时联合相关企业一起为学生们提供了营养早餐。

贵阳市花溪区育蕾小学校长 王修华："她们关注我们学校有几年了，同时也在资助我们，给我们孩子一些早餐、苹果、鸡蛋，我们孩子身体方面有很大的改变，感觉精神面貌和状态都比以前要好一些。"

调研中刘颖了解到，2011 年起中央每年拨款 160 多亿元，按照每人每天 3 元的标准为农村义务教育阶段学生提供营养膳食补助。农村户籍务工人员随迁子女来到城市后，没有享受到这项政策。

全国政协委员、贵州新基石建筑设计有限责任公司董事长 刘颖："我想有几点，第一能不能仿照农村的营养午餐的方式，去给城市随迁子女普惠制民办学校给予支持；另外，刚才我们探讨下来，我们能不能建议对于这样特殊的情况通过集中配送，政府出一点、家长出一点、再找社会资助一点，来解决中午没人管的孩子的午餐问题，总之这个问题，第一要重视，第二要想方设法去解决。"

这几年，刘颖在全国两会上先后提交了 10 余份建议，涉及随迁子女教育、基础设施建设、西部地区医疗发展等多个方面。过去在两会上提交的"让随迁子女享受义务教育"和"让进城务工家庭融入城市"的提案，就得到了国家相关部委的回复，为随迁子女解决了诸多实际难题。

贵阳市花溪区育蕾小学校长 王修华："我作为学校的办学者，我觉得他们这种真的值得孩子们感谢，值得尊重，非常需要他们这种支持。"

目前，刘颖正在北京参加两会，对于今年带去的"关于实施民族地区进城务工随迁子女义务教育学生营养改善计划的建议"，她表示既做足了准备，也充满了期待。

全国政协委员、贵州新基石建筑设计有限责任公司董事长 刘颖："第一个期待是让更多的人了解到孩子们需要帮助，第二个期待是政府能够给予回应，给予午餐的补贴、补助，有期待。"①

马军：将健康教育融入课堂 让学生树立"主动健康观"

由人民网·人民健康主办的2022年全国两会"健康中国人"系列圆桌座谈近日在北京举行。在"助推健康科普进校园 提高学生健康素养"专场座谈上，北京大学儿童青少年卫生研究所所长马军建议，应进一步提高学生健康素养，将健康教育融入课堂，多方联动推进学生健康意识向健康行为转变。

马军认为，学校是儿童青少年学习生活的重要场所，要将健康教育融入课堂，通过健康教育的方式进一步提高学生健康素养，帮助学生养成健康生活方式，让学生能够主动寻求健康促进信息，获取健康危险因素信息，正确认识疾病症状和表现，主动到医疗机构就医，树立主动健康观。

同时，要建立健全学校公共卫生体系，完善学校基础设施建设，改善学校物质环境和心理社会环境，营造干净整洁的学习氛围，创造一个相互关怀、信任、友好的学校环境。此外，学校还应增加体育课程和课外活动，多开展生活技能教育，提升学生社会情绪调节能力。

马军建议，要促进新时代校园爱国卫生运动从环境卫生治理向师生健康管理转变，倡导师生健康，呵护心理健康，培养健康文化。

马军说，家长需要在健康行为、健康习惯方面树立榜样，随时关注孩子健康，引导、帮助孩子进行充足的户外活动，养成良好的饮食习惯，严格控制电子产品的使用。总之，推进学生的健康意识向健康行为转变，需要学校、家庭等多方共同努力②。

◎ 政府责任

《乳品与儿童营养共识》发布

在2021年9月28日举办的2021年国际食品安全与健康大会上，中国食品科学技术学会食品营养与健康分会凝聚食品科学、儿童保健、妇幼营养学、临床医学、公共卫生等

---

①　贵阳高新视界. 带着期盼上两会 全国政协委员刘颖：为进城务工随迁子女争取营养改善计划 ［EB/OL］.（2022-03-05）［2022-11-18］. https://mp. weixin. qq. com/s?__biz = MzA3MzEyNjMyMA = = &mid = 2651875193&idx = 4&sn = 63ae5ba7af8ba2ea6549cdddfa0d79e6&chksm = 84f71fa6b38096b05e363a0d57 e2f3d9d0255ccc9b7bbd465d59d7dd047205b6976edd1ccd14&scene = 27.

②　人民资讯. 马军：将健康教育融入课堂 让学生树立"主动健康观"［EB/OL］.（2022-03-04）［2022-11-18］. https://baijiahao. baidu. com/s?id = 1726367498373743636&wfr = spider&for = pc.

领域近 30 位权威专家心血与智慧，基于大量科学研究成果，历时近一年研讨与完善，创新性地凝练形成《乳品与儿童营养共识》并发布。

儿童营养健康状况是人类生命全周期健康状况的基石。如何实现多样化均衡膳食，满足儿童生长发育需要，是人们一直关注的重点问题，其中乳品扮演着重要的角色。如何强化乳品营养改善儿童营养健康状况？如何充分发挥乳品在儿童营养健康水平提升中的重要价值？《乳品与儿童营养共识》的发布，将会从一定程度上回答这些问题。

中国科协专职副主席、书记处书记孟庆海，中国食品科学技术学会理事长孟素荷，中国工程院院士、北京工商大学校长孙宝国，中国工程院院士、中国农业大学任发政，中国疾病预防控制中心营养与健康所所长丁钢强，北京大学公共卫生学院张玉梅，伊利集团总裁助理云战友共同参与了发布。

《乳品与儿童营养共识》首次以更加广阔的视角，系统性阐明了乳品与儿童营养背后的科学关系，其八大共识性观点主要为：儿童期均衡营养对保障其生长发育及维持生命全周期健康至关重要；我国儿童营养状况虽明显改善，但超重肥胖和微量营养素缺乏问题突出；膳食多样化是营养均衡的保障，儿童适量饮奶十分必要；乳品可以有效促进生长发育，是保障儿童健康成长的理想食品；我国儿童乳品摄入严重不足，乳品消费量亟待提高；科学认识儿童乳蛋白过敏与乳糖不耐受，倡导终身不断乳；乳品是营养强化的重要食物载体，适于儿童微量营养素缺乏的预防控制；多方联动合力推进，营造促进儿童乳品消费的良好支持性环境①。

《乳品与儿童营养共识》发布 亟待加强儿童营养强化乳制品研发

2021 年 9 月 27 日，国务院印发了《中国儿童发展纲要（2021—2030 年）》（以下简称：儿童纲要），在改善儿童营养健康方面提出了新目标：5 岁以下儿童贫血率和生长迟缓率分别控制在 10% 和 5% 以下，儿童超重、肥胖上升趋势得到有效控制；增强儿童体质，中小学生国家学生体质健康标准达标优良率达到 60% 以上。

与之相对应的却是这样一组数据：我国 6 岁以下和 6~17 岁儿童青少年超重肥胖率分别达到 10.4% 和 19.0%，相当于将近每 5 个中小学生就有一个"小胖墩"。

2021 年国际食品安全与健康大会上发布国内首个《乳品与儿童营养共识》（以下简称：《共识》）指出，虽然近年来我国儿童营养不足状况得到很大改善，但儿童挑食偏食、进餐不规律、零食偏多、高糖高油高盐食物摄入过多等不良饮食行为问题尚普遍存在。这导致钙、铁、维生素 D、维生素 A 摄入不足或缺乏、儿童肥胖等营养问题依然凸显，尤其是膳食钙摄入不足的比例最高。

《共识》指出，儿童对营养的需求具有特殊性

《共识》指出，儿童营养是生命全周期健康状况的基石。儿童处于生长发育的关键时期，对于营养素的需求量通常高于成人，需要多样化的均衡膳食以满足营养

① 中国市场监管报.《乳品与儿童营养共识》发布 [EB/OL]. (2021-10-14) [2022-11-18]. http://www.cmrnn.com.cn/content/2021-10-14/content_206719.html.

需求。

《共识》指出，儿童不是"缩小版"的成人，对营养的需求具有其特殊性。乳品作为人类可获得的食物资源及多样化膳食的重要组成部分，对儿童生长发育的重要作用已被广泛证实，被公认为是满足儿童营养需求的理想膳食构成；乳品中钙质含量丰富，是儿童钙的最佳来源；同时，乳品可作为营养强化的重要食物载体，是帮助改善儿童微量营养素缺乏的有效举措。《共识》也指出了，我国儿童的饮奶量严重不足，乳品消费亟待提高。

亟待加强中国儿童需要的营养强化乳制品研发

在整个乳制品行业，婴幼儿和学龄前儿童是非常特殊且核心的消费群体。但现实状况却是，为婴幼儿研发的乳制品层出不穷，但专门为学龄前儿童生产的乳制品，特别是针对我国的学龄前儿童营养需求而研发的营养强化乳制品少之又少。

在伊利集团总裁助理云战友看来，儿童是国家的未来，儿童乳品的开发关系到全社会儿童营养状况的改善，具有深远的影响。因此，儿童乳品的开发既要充分考虑和满足消费者的口味和营养需求，也要积极教育和引导消费需求，使儿童的饮食营养习惯向着健康、正确的方向发展。《共识》的发布为我国儿童营养改善提出方向性建议，为标准法规的完善提供科学依据，为乳品行业的发展与创新提供指导意见。

如何加强中国儿童需要的营养强化乳制品的研发，云战友对此表示，一方面通过对中国儿童膳食营养现状进行深入调查分析，发现普遍存在的营养问题，在产品开发时，添加中国儿童一般膳食中易缺乏营养素，包括钙、铁、锌、维生素 A、维生素 D、DHA 等，如伊利开发的"SCI-PRO NUTRI 5+6 科学配方"乳制品；还可以进行基础研究，分析各种营养元素在体内的吸收和转化情况、各种营养素之间的协同作用及所能发挥的健康效应，来开发儿童营养强化乳制品。

"再比如，通过调整酪蛋白和乳清蛋白的比例研制出益生菌活性更高的儿童酸奶，并添加膳食纤维，帮助维持正常的肠道功能；通过在酸奶中添加铁、锌等儿童易缺乏的营养素，满足正常生长发育所需；研发干酪含量高达 51%，钙质、牛乳蛋白含量高的儿童奶酪。"云战友表示，"这些儿童专属乳制品为儿童提供更多的乳品选择，更丰富的口感，帮助儿童养成乳品摄入习惯，促进我国儿童营养状况的持续改善。"①

营养改善计划惠及农村学生 3.5 亿人次

"过去，有的学生上学要走三四公里的山路，吃午饭很不方便。农村义务教育学生营养改善计划实施以来，在学校吃得越来越好，学生们个子更高了、身体更壮了!"宁夏回族自治区固原市西吉县马建乡大坪小学校长李鸣高兴地说。

记者从教育部获悉：截至 2021 年年底，农村义务教育学生营养改善计划（以下简称"营养改善计划"）已惠及学生 3.5 亿人次。党的十八大以来，教育部会同财政部、国家发展改革委、国家卫生健康委、国家市场监管总局等有关部门深入推进营养改善计划各项

---

① 中国经济网.《乳品与儿童营养共识》发布 亟待加强儿童营养强化乳制品研发 ［EB/OL］.（2021-12-01）［2022-11-18］. http://www.ce.cn/cysc/sp/bwzg/202112/01/t20211201_37131049.shtml.

工作，试点地区学生营养健康状况明显改善，身体素质明显提升。

——营养膳食补助标准提高，供餐质量提升。

萝卜牛肉丝、炒冬瓜片、炒花菜、肉末粉丝汤、苹果、牛奶……贵州省铜仁市第十一小学公示栏上，每日的营养午餐食谱一目了然。五年级4班学生陈曦很喜欢学校的午餐，她说："学校的午餐营养丰富，还非常好吃！"据悉，贵州省2021年启动营养改善计划"提质行动"，提高食谱科学水平、提升供餐质量标准，让学生不仅能吃饱，更能吃得营养、科学。

这是各地提高供餐质量、持续改善学生营养健康状况的缩影。党的十八大以来，我国两次提高农村义务教育学生营养膳食补助标准，从每生每天3元提高到5元，逐步实现从"吃得饱"向"吃得好"转变。

——就餐条件改善，学校食堂供餐率提高。

在青海省，各级教育行政部门联合财政等部门成立营养改善计划工作领导小组，制定营养改善计划实施方案、资金管理办法、营养配餐指南等相关制度。同时，大力推进学校食堂新建、改建、扩建和维修改造，组织开展"阳光厨房""绿色食堂"等创建活动，推动青海基本实现寄宿制学校食堂全覆盖。

据悉，为进一步改善就餐条件，提高学校食堂供餐率，中央财政安排农村义务教育薄弱学校改造食堂建设专项资金，支持试点地区食堂建设。同时，引导各地统筹项目和资金，进一步加大食堂建设力度。截至2021年年底，在实施营养改善计划的地区，实行学校食堂供餐的学校占76%，其中国家试点县的学校食堂供餐率近90%。

——工作机制建立健全，切实保障食品和资金安全。

在云南省文山壮族苗族自治州丘北县，"中小学食堂综合管理平台"在学校食堂信息化管理中发挥了很大作用。通过教体局、学校、配送企业三方平台，相关管理人员可以对供货企业资质、食品采购入库、食品安全、财务管理等环节进行全过程信息化管理。如今，云南各地正在逐步探索建立全过程监督管理信息系统，引入电子秤、人脸识别设备、农残检测仪等，充分运用物联网、大数据等技术手段，进一步规范营养改善计划精细化管理。

近年来，教育部指导和督促试点地区以保障食品安全和资金安全为重点，建立健全供餐准入、退出机制，完善大宗食材及原辅材料集中统一采购制度、配送制度、陪餐制度等，各级教育行政部门定期组织专项督导、专项整治、绩效评估。此外，各地开展多种形式的营养科学知识普及活动，培养师生科学的营养观念和饮食习惯。教育部会同国家卫生健康委举办营养改善计划管理与监测培训、开发电子营养师系统等，有效提高基层工作人员营养配餐能力。

——学生营养状况明显改善，身体素质明显提升。

中午时分，广西壮族自治区柳州市融水苗族自治县丹江中学食堂的自助餐开餐了，学生们秩序井然地排队盛菜。该校教师介绍，学校的营养餐采用自助用餐模式以来，菜品种类更丰富了，既满足学生差异需要，又增加了营养摄入，更有利于学生健康成长。

根据中国疾病预防控制中心监测数据，从2012年到2021年，营养改善计划实施地区男、女生平均身高累计增量为4.2厘米和4.1厘米，平均体重累计增量为3.5千克和3.3千克，均高于全国农村学生平均增长速度。2021年中西部农村学生的生长迟缓率为

2.5%，比 2012 年下降了 5.5 个百分点。

据了解，营养改善计划的实施有效改善了学生的营养健康状况，在控辍保学等方面起到积极作用，有力保障了学生不会因营养匮乏而影响受教育的权利和效果。此外，实施过程中，各地采取就近采购食材、建设生产配送基地等方式，推动了学校农产品需求与农村产业发展精准对接，并提供了大量工作岗位，有力带动了当地经济发展和农民增收。

记者了解到，营养改善计划也获得了国际赞誉。世界粮食计划署对 169 个国家的调查结果显示，我国是全球少数同时在中学、小学阶段提供营养餐的国家，学校供餐规模位居前列。

"营养改善计划的实施为促进教育公平、推进脱贫攻坚、实施乡村振兴战略注入了强劲动力，为提高民族素质、建设教育强国和健康中国奠定了坚实基础。"教育部相关负责人表示①。

第八次全国学生体质与健康调研结果发布：我国学生体质健康达标优良率逐渐上升

教育部 2021 年 9 月 3 日召开发布会，发布第八次全国学生体质与健康调研结果。调研工作显示：我国学生体质健康达标优良率逐渐上升，学生身高、体重、胸围等形态发育指标持续向好，学生肺活量水平全面上升，中小学生柔韧、力量、速度、耐力等素质出现好转，体育教学质量不断优化和提升。

2019 年，教育部、国家体育总局、国家卫生健康委、国家民族事务委员会、科技部、财政部部署开展了第八次全国学生体质与健康调研工作。

本次调研按照分层整群随机抽样调查方法，在全国 31 个省（区、市）和新疆生产建设兵团的 93 个地市 1 258 所学校进行调研，调研学生 374 257 人，覆盖全日制普通中小学、普通高等学校学生。调研身体形态、生理机能、身体素质、健康状况等 4 个方面 24 项指标。对体检样本中的小学四年级以上学生进行问卷调查。被调研学生按城、乡、男、女分四类，每周岁一个年龄组。

调研结果显示：

初中生体质健康达标优良率上升最为明显。

学生身高、体重、胸围等形态发育指标持续向好。

学生肺活量水平全面上升。

中小学生柔韧、力量、速度、耐力等素质出现好转。

学生营养不良持续改善。2019 年我国 6~22 岁学生营养不良率为 10.2%，近 10 年来，各年龄段男女生营养不良状况持续改善。与 2014 年相比，2019 年全国 7~9 岁、10~12 岁、13~15 岁、16~18 岁、19~22 岁学生分别下降 2.1 个、1.6 个、2.4 个、2.6 个和 2.3

个百分点①。

十年营养改善助力阻断贫困代际传递

党的二十大报告指出，"我们经过接续奋斗，实现了小康这个中华民族的千年梦想，打赢了人类历史上规模最大的脱贫攻坚战，历史性地解决了绝对贫困问题，为全球减贫事业作出了重大贡献。"

在消除绝对贫困的过程中，针对农村义务教育阶段的学生进行的营养干预和改善工作，让脱贫事业在具体领域事半功倍，助力阻断贫困代际传递。十年来，农村义务教育阶段学生的营养改善计划（以下简称"营养改善计划"）实施成效显著。

近日，全国农村义务教育学生营养改善计划领导小组办公室会同中国疾病预防控制中心营养与健康所对 2012 年以来的农村学生营养健康状况监测情况和营养改善计划实施效果的综合评价指出，营养改善计划是助力学生健康成长、阻断贫困代际传递、促进教育公平发展的重要举措，对于全面提高国民素质、建设人力资源强国具有重大的现实意义和深远影响。

2012 年 5 月，原卫生部办公厅和教育部办公厅联合发布《农村义务教育学生营养改善计划营养健康状况监测评估工作方案（试行）》，正式启动营养改善加护试点地区学生营养健康状况的监测评估工作。数据显示，目前，营养改善计划已覆盖 29 个省份 1 762 个县，这让 4 060.82 万名学生受益。

评价指出，自营养改善计划实施以来，农村学生营养状况得到明显改善。其中，反映学生生长发育和营养状况的基础指标平均身高、体重逐步上升。根据中国疾病预防控制中心监测结果，从 2012 年到 2021 年，营养改善计划实施地区男、女生平均身高累计增量为 4.2 厘米和 4.1 厘米，平均体重累计增量为 3.5 千克和 3.3 千克，均高于全国农村学生平均增长速度。其中，13 岁的男生平均身高和体重增量最多，达到 7.5 厘米和 6.6 千克；女生为 12 岁增量最多，身高和体重增量分别达到 6.3 厘米和 5.8 千克，增长速度均高于同年龄段全国农村学生的平均水平。

目前，巩固拓展脱贫攻坚成果同乡村振兴有效衔接，正全力推进。其中，强化农村学生营养改善和促进城乡教育公平，被视为阻断贫困代际传递的重要配套举措。

可以说，在党中央引领亿万人民打赢脱贫攻坚战，实现历史性跨越，开启新征程的十年间，营养改善计划为从顺利完成脱贫攻坚向全面推进乡村振兴战略实施添加了一个生动注脚。在前期取得显著成效的基础上，未来，营养改善计划作为助力农村教育领域实现高质量发展的重要举措仍将受到重视。

营养改善计划的有效落地，除了能为农村地区适龄学生提供更充分的基础营养外，其带来的长远效益不容忽视。例如，在营养改善计划中受益的 4 000 多万名农村学生，未来必将成为中国经济高质量发展的人力资源力量。随着"健康中国行动"和"国民营养计

① 央视网.第八次全国学生体质与健康调研结果发布 我国学生体质健康达标优良率逐渐上升 [EB/OL].（2021-09-03）[2022-11-18]. https://baijiahao. baidu. com/s?id=1709844931568750232&wfr=spider&for=pc.

划"的持续推进，优质、健康、可持续的人才供应也将助力实现中华民族伟大复兴的中国梦①。

扩大学生奶覆盖面 筑牢开学"免疫"长城——普及饮用"学生奶"，筑牢学生营养与食品安全双重防线

2016 年 8 月，在全国卫生与健康大会上，习近平总书记强调："要重视少年儿童健康，全面加强幼儿园、中小学的卫生与健康工作，加强健康知识宣传力度，提高学生主动防病意识，有针对性地实施贫困地区学生营养餐或营养包行动，保障生长发育。"

实施国家"学生饮用奶计划"旨在通过课间向在校中小学生提供一份优质牛奶，促进中小学生发育成长、提高中小学生的健康水平。这是一项功在当代、利在千秋的民心工程，是贯彻"健康中国"的重要举措，也是落实"国民营养计划"的具体行动。早在 2000 年，国家七部委就联合启动实施国家"学生饮用奶计划"，并列入了《中国儿童发展纲要》。近年来，推广国家"学生饮用奶计划"受到越来越广泛的重视，让孩子们每天坚持饮奶，已经成为国家战略和社会共识。中共中央、国务院《"健康中国 2030"规划纲要》《国民营养计划（2017—2030 年）》《关于促进奶业持续健康发展的意见》等政策文件要求，要努力培养学生健康观念和健康生活方式，提高学生健康素养。国家"学生饮用奶计划"已成为"健康中国"战略中非常重要的一部分。2018 年，国务院〔2018〕43 号文件明确要求：大力推广国家"学生饮用奶计划"，扩大覆盖范围。

科学饮奶，提高学生身体免疫力

在阻击新冠肺炎疫情中，中国工程院院士、著名呼吸病学专家钟南山教授多次指出，要做好预防，保持良好的生活习惯，提高自身免疫力，最大限度减少染病率。牛奶天天喝，运动天天做。钟南山教授的生活习惯，也是他推荐的增强自身免疫力最简单的方法。

北京大学第三医院运动医学研究所运动营养生化研究室主任、中国营养学会常委理事常翠青指出，要利用合理饮食促进机体健康，首先应适当增加牛奶和奶制品摄入。她强调："免疫力的增强不是一蹴而就的。养兵千日，用在一时，只有长期坚持适量运动和合理营养，才能增强体质，以便在流感袭来时'有备无患'。"

2020 年，新冠肺炎疫情在全球的暴发，让牛奶全面的营养价值和免疫能力被人们重新认识。牛奶中 β-乳球蛋白、α-乳白蛋白、免疫球蛋白、乳铁蛋白等生物活性蛋白质，不仅易于吸收，还具有抑菌、缓解机体炎症、改善肠道健康、增强机体免疫力等多种功效。国家卫健委颁布的《新冠肺炎防治营养膳食指导》中，建议一般人群每天食用奶及其制品等量于液态奶 300 克。

"安全、营养、方便、价廉"是学生饮用奶区别于其他奶制品的显著特征。学生饮用

---

① 中国经济时报-中国经济新闻网．十年营养改善助力阻断贫困代际传递［EB/OL］．（2022-10-18）［2022-11-18］．https：//mp.weixin.qq.com/s？__biz=MzA4OTQ2MTAxMA==&mid=2650313523&idx=1&sn=2f3b3dcb993dc68de2be0983a12a473b&chksm=8816ab4ebf6122583afe6e14838972453cbd0a4944df0270ae2602c61cbb33420825c62b4ce4&scene=27.

奶的奶源、品质与市场上的高档奶相当，但其价格低于市场同类产品。

质量是学生饮用奶的生命线。学生饮用奶的品质是"学生饮用奶计划"推广工作的第一要务。我国对学生饮用奶的奶源、加工、储存、配送、饮用每个环节都提出严格要求，并建立了质量安全保障机制，概括为 8 个"专"：专供牧场、专罐贮奶、专线加工、专区存贮、专车配送、专职人员、专门制度、专用标志。国务院和国家七部委文件明确规定，学生饮用奶由获得定点生产学生饮用奶资质的大型骨干乳品企业进行规模化生产、储运、配送。有专用的产品包装和标志，指定在校推广，学生在学校"定时、定点、集中"饮用。

多措并举，扩大学生饮用奶覆盖面

2020 年 5 月，河南省教育厅印发《进一步做好"学生饮用奶计划"推广工作的通知》，要求继续拓展实施范围，积极开展牛奶进校园活动，进一步扩大学校覆盖面，要严格准入机制，征订选用产品优质可靠、美誉度高的品牌，确保质量、安全。河南省"学生饮用奶计划"推广工作一直走在全国前列。

全省绝大多数地级市、县（市、区）政府和教育局为确保安全，让学生、家长更易接受，都只准入供应蒙牛集团、伊利集团等国家一线品牌生产的学生奶。2019 年信阳市人民政府办公室《关于做好"学生饮用奶计划"推广工作的通知》（信政办〔2019〕55号）要求，各县区政府和市政府有关部门要提高政治站位，切实增强责任感和使命感，加大推广力度，持续推进此项工作；教育行政部门要发挥牵头作用，把推广"学生饮用奶计划"作为一项重要工作列入议事日程，严格把关，周密部署。

2021 年 6 月，信阳市人民政府《关于〈政府工作报告〉提出的 2021 年重点工作任务责任分解的通知》（信政文〔2021〕58 号）明确，继续实施国家"学生饮用奶计划"，并要求务必高度重视，及时安排，强化工作责任，认真抓好落实。

当前，为切实提高疫情防控常态化下的学生营养健康和身体免疫力，在信阳市政府的领导下，信阳市秋季学期"学生饮用奶计划"推广工作已经正式启动。科学合理的饮食是健康的基础，也是健康文明生活方式的重要组成部分。新学期为孩子准备一份学生奶，对正处于生长发育阶段的学生来说，无疑是给孩子健康成长最好的礼物①。

民革泰州市委聚焦学生饮用奶计划开展民生专题协商议事

2021 年 9 月 16 日下午，民革泰州市委组织本界别市政协委员围绕"泰州市实施'学生饮用奶计划'的可行性探讨"主题，开展"有事好商量"民生专题协商议事活动。

国家"学生饮用奶计划"是 2000 年由农业部、中共中央宣传部、财政部、教育部等七部委联合发布，旨在通过课间向在校中小学生提供一份优质牛奶，以改善中小学生的营养状况，提高身体素质并培养合理膳食习惯。

此次协商议事活动特别邀请了全国推行"学生饮用奶计划"先进城市黄冈市教育局

---

① 信阳日报. 扩大学生奶覆盖面 筑牢开学"免疫"长城——普及饮用"学生奶"，筑牢学生营养与食品安全双重防线［EB/OL］.（2021-09-01）［2022-11-18］. https://www.xyxww.com.cn/jhtml/xin-yang/311797.html.

有关领导参与座谈交流。黄冈市教育局党组成员、副局长瞿建新详细介绍了黄冈市经验做法，并与参加活动的政协委员、部门代表、校长代表和家长代表展开热烈的互动交流。

"我们学校目前每周在午餐时间提供2到3次酸奶，奶品质量安全是学校和家长最关注的问题。""延时服务后学生在校时间加长，孩子们放学时经常饥肠辘辘，如果能在中途供应一顿副餐，加杯奶非常好，但我们也担心会加重学校和老师的负担。"校长代表们建议，要确保学生饮用奶的安全，同时通过各种渠道加强饮食习惯、营养膳食方面的宣传。

"孩子现在对牛奶的口味要求很高，学生饮用奶不一定能满足他们的需求，希望学生饮用奶能有更多的选择范围。""有关方面要做好宣传，让家长们知道学生饮用奶的好处。只有知晓了认可了，才有实施推广的基础。"家长代表们更关心学生饮用奶的质量、口感，以及孩子的个性化需求。

"实施前一定要充分调研，征询多方意见""可以选取部分学校先行试点，及时总结经验、加大宣传、逐步推广""选用学生饮用奶一定要遵守家长自愿、公开透明的原则""要适时更新学生饮用奶的生产标准，与时俱进""对困难家庭学生应该采取一定的优惠政策，让困难家庭的孩子喝上放心奶"，民革界政协委员们纷纷各抒己见。

泰州市农业农村局、教育局、市场监管局的代表从专业的角度，对泰州市推行"学生饮用奶计划"的基础、现状以及具体实施需要注意的问题进行了剖析，表示国家"学生饮用奶计划"是一项民心工程，是促进学生身体健康，推动我国乳业振兴的重大举措，希望政府重视，明确牵头部门，各部门联动，共同把这件有价值、有意义的实事办好。

民革泰州市委专职副主委兼秘书长夏道忠表示，将吸收大家意见，进一步调研完善，形成协商成果呈报有关方面①。

无棣：学生奶惠及农村娃

为改善农村学生体质、促进学生健康发育。2021年9月6日，无棣县车王镇小学学生喝上享受政府补贴的学生奶。这项活动已经惠及全县55所农村学校。

据悉，无棣县国家《学生饮用奶》计划得到滨州弘脉商贸有限公司和黑龙江完达山乳业联合支持。为学生提供的牛奶均采用指定奶源，定向招标，产品上必须印有"学生用奶"标识，直接配送到学校，是学生校内饮用的专供产品。学生奶计划正式实施以来，采取定点供应的形式进入校园，学生奶入校、贮存、配送、饮用、场所等进行重点监管，做到学生饮用奶出入库、发放记录清楚，保证在课间向在校学生提供一份优质牛奶，以提高学生健康水平②。

---

① 泰州市委统战部. 泰州市委聚焦学生饮用奶计划开展民生专题协商议事［EB/OL］.（2021-09-22）［2022-11-18］. http://www.jstz.org.cn/a/20210922/163227231245.shtml.

② 滨州网. 无棣：学生奶惠及农村娃［EB/OL］.（2021-09-06）［2022-11-18］. https://www.163.com/dy/article/GJ83CFOF0530HINK.html.

我县芙蓉学校千余名学生共享"营养午餐"

湖南省永州市江永县潇浦镇芙蓉学校是湖南省针对边远、贫困地区建设的第二批芙蓉学校建设项目，属于农村义务教育学校，纳入国家实施的农村义务教育免费"营养餐工程"。该校严格按照供应流程，严把食品安全关和学生健康关，全校 1 060 名学生在校吃上了荤素搭配合理、营养均衡的午餐。

【采访】芙蓉学校食堂管理员 曹舜：

"我们严格执行国家针对贫困地区实施的营养计划，每天采购新鲜蔬菜肉类，对食物进行严格把关，保质保量，确保学生食品安全，保证学生吃饱吃好。"

营养午餐结束了农村学生午餐营养不均衡、低年级家长接送孩子等困难，帮助孩子健康成长。

【采访】芙蓉学校副校长 蒋新利：

"我学校是乡镇级公立学校，自开学以来，吸引了 1 000 余名易地搬迁、进城务工、返乡创业等人员的子女入学，学生们既能享受贫困地区义务教育免费学生营养餐工程，又能拥有优质的校园环境和一流的师资教学。"①

世界学生奶日｜推广"学生饮用奶"护佑中国"少年强"

学生饮用奶是改善和提高学生营养健康和身体素质的重要途径。为提高世界儿童的营养健康水平，巩固学生奶项目在世界的成就和在世界范围的影响力，推动学生奶项目在世界范围的传播和发展，2000 年联合国粮农组织正式确定，每年 9 月最后一周的星期三为"世界学生奶日"。2021 年 9 月 29 日是第 22 个"世界学生奶日"。

也就是在 2000 年秋季，经国务院批准，农业部、教育部等国务院七部门联合启动实施了国家"学生饮用奶计划"，通过在课间向在校中小学生提供一份优质牛奶，改善中小学生营养状况、促进中小学生发育成长、提高中小学生健康水平。截至 2020 年底，这项计划已惠及全国 31 个省（自治区、直辖市）的 63 000 多所学校 2 600 万名中小学生，成为迄今为止我国持续时间最长、受益人数最多、社会反响最好的一项国家营养改善计划。

农业农村部到重点省区调研"学生奶计划"实施推广情况。

2021 年 6、7 月间，农业农村部、中国奶业协会组织数个专家组，对全国"学生饮用奶计划"的推广情况进行了深入调研。专家组成员、中国农业大学副教授张列兵指出，国家"学生饮用奶计划"实施 21 年来，我国少年儿童营养水平和成长状况已有极大改善，但高盐、高糖、高脂食品过多摄入的问题仍十分突出，我国儿童营养不良状况尚未根本解决。国家"学生饮用奶计划"对青少年健康成长的营养干预作用仍不可或缺，需要以更大力度持之以恒地推广国家"学生饮用奶计划"。

① 江永县融媒体中心，新江永. 我县芙蓉学校千余名学生共享"营养午餐"［EB/OL］.（2021-09-08）［2022-11-18］. https://m-xhncloud.voc.com.cn/news/detail/2453532.html.

世界通行："一杯牛奶强壮一个民族"

对于正处在身体成长和智力发育关键时期的孩子们来讲，牛奶的作用更为重要。

专家介绍，少年儿童坚持饮用高质量的学生饮用奶，在助力增强免疫力、促进骨骼发育、控制体重上作用明显。重庆医科大学的研究表明，坚持饮用学生奶的学龄人群，其身高、体质、体重指数、骨密度、骨矿物质含量等多项身体指标明显优于不饮奶人群；且饮奶时间越久，差异越明显。

北京大学公共卫生学院营养与食品卫生系教授马冠生在采访中表示，每天按时定量地饮用牛奶，能有效缓解在校学生营养不足，补充因活动散失的大量能量，帮助增强免疫力。

中国疾控中心研究员赵文华同时指出，牛奶含有少年儿童生长发育所需的多种营养物质，中小学生每天饮用适量的牛奶可以适时补充营养及能量，不但能满足孩子营养需要、提高学习效率，还有助于增强免疫力，促进身体健康成长。2020 年 4 月，国家卫生健康委员会发布《新冠肺炎防治营养膳食指导》，明确提出：尽量保证每天一个鸡蛋，300 克奶及奶制品。

为在校学生提供学生奶，是世界各国的通行做法。1954 年，日本制订《学生午餐法》规定，学生在校午餐中必须包含一份 200 毫升的牛奶。近 70 年的坚持，使得日本人平均身高比上一代增高 11 厘米，体重增加 8 千克，创造了举世公认的"一杯牛奶强壮一个民族"的奇迹。

据联合国粮农组织统计，目前包括中国在内，世界上有 70 多个国家开展了"学生饮用奶计划"，其中发达国家与发展中国家大体占一半。

政府倡导：国家"学生饮用奶计划"连续实施 21 年

青少年儿童的健康成长，历来受到党和政府的高度重视，一直是健康中国行动的重中之重。

2000 年，党中央、国务院全面研判国际国内大势，充分借鉴国际通行做法，作出了启动实施国家"学生饮用奶计划"的重大决策。2000 年 8 月 29 日，农业部、教育部等国务院七部门联合启动实施国家"学生饮用奶计划，并列入《中国儿童发展纲要》"；2000 年 11 月 15 日，农业部、中共中央宣传部等单位在北京人民大会堂联合召开实施国家"学生饮用奶计划"新闻发布会，公布了 7 部委局《关于实施国家"学生饮用奶计划"的通知》和国家"学生饮用奶计划"暂行管理办法。

"安全第一、质量至上、严格准入、有序竞争、规范管理、稳妥推进"是"学生饮用奶计划"推广的总原则。21 年来，国家"学生饮用奶计划"多次列入国家大政方针。

2011 年，我国启动实施的农村义务教育学生营养改善计划，"学生饮用奶"不仅进入政府实施的农村义务教育学生营养改善计划的学校，还进入了农业部联合中国奶业协会发起"中国小康牛奶行动 D20 牛奶助学公益活动"、中国扶贫基金会的爱加餐项目、实事助学基金会面向贫困学生的资助项目、地方政府组织实施的学生营养餐工程等。

2013 年，中国奶业协会制定颁布了《国家"学生饮用奶计划"推广管理办法》和学生饮用奶系列团体标准，全面提升学生饮用奶计划推广工作。

2016 年 10 月，中共中央、国务院印发《"健康中国 2030"规划纲要》，明确提出要加强对学校、幼儿园、养老机构等重点区域、重点人群实施营养干预。

2017年6月，国务院办公厅下发《国民营养计划（2017—2030年）》，提出指导学生营养就餐，对学生超重、肥胖情况进行针对性的综合干预；同年，国家卫健委制订《学生营养餐指南》，明确要求6~17岁学龄人群每天应供应牛奶及奶制品200~250克。

2018年6月，国务院办公厅印发《关于推进奶业振兴保障乳品质量安全的意见》，明确要求"大力推广国家'学生饮用奶计划'，扩大覆盖范围"。

目前，在全国范围内，河北、河南、湖北、山东等多个省市出台了省级层面上的国家"学生饮用奶计划"推广政策；湖北省在2020年和2021年连续两年将国家"学生饮用奶计划"推广写进省政府工作报告，包括武汉在内的全省各个地市积极响应跟进，扩大了国家"学生饮用奶计划"覆盖面，增强青少年体质，形成了消费繁荣、奶业及相关产业发展相互促进的良好局面。

2020年12月22日，"砥砺二十载 同心护未来"国家"学生饮用奶计划"实施20年暨现代奶业评价体系建设推进会在北京举行。会议发布了《国家"学生饮用奶计划"推广规划（2021—2025年）》：力争到2025年，国家"学生饮用奶计划"日均供应量达到3 200万份，饮奶学生数量达到3 500万人，社会影响力进一步提升，学生身体素质和营养健康水平得到有效提高和改善。

中国模式：让"白色血液"更好地滋养中国少年

不是所有的牛奶都是"学生饮用奶"。根据国情并借鉴国际经验，我国在2000年实施"学生饮用奶计划"时，就为国家"学生饮用奶计划"的实施确定了具有中国特色的运行模式。

——安全、营养、方便、价廉的基本原则。安全，即质量卫生第一、不发生食品安全事故；营养，即含有多种营养素、不推广含乳饮料；方便，即便于饮用；价廉，"学生饮用奶"价格明显低于市场同规格、同品质产品。

——严格的准入和保障机制。学生饮用奶生产企业，须达到以下标准：日处理（两班）生牛乳能力达到200吨以上，从事液体乳生产三年以上；只能以新鲜优质奶源为原料加工，不使用、不添加复原乳及营养强化剂；学生饮用奶原料奶和产品的营养成分、卫生质量主要指标高于国家标准；必须通过乳制品良好生产规范、危害分析与关键控制点（HACCP）体系、ISO 9001质量管理体系认证，有严格的质量控制能力；奶源基地必须是泌乳牛存栏在200头以上的奶牛场，通过学生饮用奶奶源基地管理规范评估认定并备案；企业自身组建的配送系统或者委托配送服务有专用配送车辆和配送人员，做到定时、定点配送；针对学生饮用奶的原料奶供应、包装材料采购、加工生产、配送服务等建立专门的生产管理制度；建有学生饮用奶产品追溯体系、食品安全事故处置预案等。

——专用标志产品，指定区域使用。"学生饮用奶（SCHOOL MILK）"，系指经中国奶业协会许可使用中国学生饮用奶标志的专供中小学生在校饮用的牛奶制品。该标志依法在国家版权局登记，未经中国奶业协会许可，任何单位和个人无权使用。学生饮用奶直供中小学校，不准在市场销售。

为了让"学生饮用奶"更精准、更有效地保障少年儿童的成长发育，"学生饮用奶"还制订了特别的饮用制度——每天上午大课间时集中饮用。我国在校中小学生普遍存在着早餐吃不好、营养结构不均衡、挑食、缺钙、贫血等现象，大部分学生在第二节课后，都容易产生疲劳及饥饿感，常常会出现注意力不集中、学习效率低的现象。此时喝上一盒学生饮用奶，能迅速提高血液中的血糖浓度，适时补充所需营养，提高了孩子上课注意力和反应速度，保持良好的学习状态。同时学校集中饮奶的氛围，能有效培养学生良好的饮奶意识和健康习惯。这也是国家坚持推广"学生饮用奶计划"的重要原因。

少年强则中国强。青少年健康成长关系国家、民族根本利益；推广国家"学生饮用奶计划"功在当代，利在千秋。在一年一度"世界学生奶日"，我们温馨提示：为在校期间的孩子适时提供一份"学生饮用奶"，培养孩子坚持喝奶的好习惯，让孩子健康成长，幸福一生①。

我国儿童营养健康进步明显 "学生饮用奶计划" 发挥重要作用

国际社会与中国政府一直以来普遍高度关注儿童营养问题。2021 年 10 月，在联合国世界粮食计划署与国际食物政策研究所联合主办的学龄前儿童营养改善与发展研讨会上，与会人士表示，世界范围内儿童营养不良的情况受疫情影响继续恶化，但中国在改善儿童营养健康发展方面取得了长足进步。其中，学校营养餐和学生饮用奶的推广在改善中小学生营养状况中发挥了重要作用。

世界范围儿童营养状况亟待改善

"改善低收入地区儿童营养状况是联合国 2030 年可持续发展目标之一。"会上，联合国世界粮食计划署驻华代表屈四喜介绍，在乡村振兴战略的大背景下，世界粮食计划署聚焦中国欠发达农村地区 3~5 岁儿童营养改善，于 2018 年在湖南湘西地区启动了为期 3 年的"学龄前儿童营养改善试点项目"，并逐步扩展到广西、甘肃、四川等欠发达农村地区，通过持续改善就餐条件、营养膳食、营养知识宣教，并结合贫困农户精准帮扶和产业发展等措施，为项目区学龄前儿童提供营养支持。

同时，我国通过出台相关政策与扶持手段，在很大程度上改善了贫困地区儿童的义务教育与吃饭问题，学校供餐干预在其中发挥了巨大作用。

据世界粮食计划署总部学校供餐计划处主任 Carmen Burbano 介绍，新冠肺炎疫情来袭前，全世界每两名学龄儿童中就有一名，即 3.88 亿儿童获得学校餐食。《全球学校供餐状况》报告显示，这一数字达到了历史最高点。但受疫情影响，3.7 亿儿童被剥夺了获取校餐的机会。"学校营养餐不只关乎一顿饭，对于儿童受教育的权利、营养与健康，对于当地经济和粮食系统以及社会保障网络都有着重要意义。"

我国学生饮用奶惠及 2 600 万中小学生

作为学校营养餐中的重要内容，学生饮用奶在改善中小学生营养状况，促进中小学生发育成长，提高中小学生健康水平方面发挥了重要作用。会上，中国奶业协会副秘书长张智山指出，推广学生饮用奶，使学生膳食更合理、营养更均衡，是世界众多国家的通行做法。

---

① 新湖南. 世界学生奶日丨推广"学生饮用奶"护佑中国"少年强" ［EB/OL］. （2021-09-29）［2022-11-18］. https://baijiahao. baidu. com/s? id=1712199659552046878&wfr=spider&for=pc.

"全球 60 多个国家推广学生饮用奶，超过 1.6 亿儿童受益。"据张智山介绍，2000 年，联合国粮农组织正式确定每年 9 月最后一周的星期三为"世界学生奶日"。包括我国在内，目前世界上已有 70 多个国家开展了"学生饮用奶计划"，其中发达国家与发展中国家大体占一半。

2020 年 1 月，为满足学生饮用奶消费需求，中国奶业协会正式启动增加产品种类试点工作，选定巴氏杀菌乳、发酵乳和再制干酪为新增产品种类。"试点进展顺利，即将进入全国推广阶段。"张智山表示，截至目前，我国已有国家学生饮用奶生产企业 123 家，备案学生饮用奶奶源基地 346 家。全国学生饮用奶在校日均供应量从 2001 年的 50 万份，增长到 2019—2020 学年的 2 130 万份，惠及 2 600 万名中小学生，覆盖到全国 31 个省（自治区、直辖市）的 63 000 多所学校，有效促进了儿童营养健康和身体素质提升，同时形成了消费繁荣、奶业及相关产业发展相互促进的良好局面。

加大力度持之以恒推广

不容忽视的是，"学生饮用奶计划"的推广仍然面临一些问题。2021 年 6 月、7 月，农业农村部、中国奶业协会组织数个专家组，对全国"学生饮用奶计划"的推广情况进行了深入调研。调研结果显示，我国少年儿童高盐、高糖、高脂食品过多摄入的问题依然突出，营养不良状况尚未根本解决。"'学生饮用奶计划'对青少年健康成长的营养干预作用不可或缺，需要以更大力度持之以恒推广。"张智山强调。

另外，因为学生饮用奶利润低，大多数乳企特别是大型乳企对学生饮用奶并不感兴趣。以前还有不少中小地方乳企甚至为了降低成本，在学生饮用奶中加入调制乳、复原乳等原料。为此，不少地方政府修改标准，要求减少或避免复原乳、调制乳在学生饮用奶当中的使用。如今，很多地方的招标要求强调，学生饮用奶必须仅以生牛乳为原料加工，不使用、不添加复原乳。这无疑增加了企业的成本，有限预算下，企业盈利空间有限，做学生饮用奶更多是出于一种社会责任，更偏重公益。

事实上，学生饮用奶巨大的消费量可以帮助乳企消化多余奶源，还能对消费者起到引导和教育消费的作用。"目前，'学生饮用奶计划'在我国的普及率仅为 17%，有巨大的推广潜力和广阔的推广前景。"张智山指出，学生饮用奶还有不小的增长空间。随着学生饮用奶在国内的普及，预计未来会有 1 亿~2 亿小消费者加入这一项目中。

中国奶业协会制定发布的《国家"学生饮用奶计划"推广规划（2021—2025 年）》提出，到 2025 年，学生饮用奶日均供应量达到 3 200 万份，饮奶学生数量达到 3 500 万人，学生身体素质和营养健康水平得到有效提高和改善。

张智山表示，今后，中国奶业协会将继续积极争取有关部门的大力支持，进一步发挥市场机制的作用，综合施策，加大推广力度，努力超额完成规划目标任务。一是积极参与国际交流活动，学习借鉴国际经验和做法；二是推进营养立法，使学生饮用奶推广工作有法可依；三是推动"学生饮用奶计划"与"农村义务教育学生营养改善计划"深度衔接，促进更多农村地区学生能在学校喝到学生饮用奶①。

---

① 中国食品报. 我国儿童营养健康进步明显 "学生饮用奶计划"发挥重要作用［EB/OL］.（2021-10-19）［2022-11-18］. http://www.cnfood.cn/article?id=1450047455156604930.

10 年，农村学生的餐盘变了样……

从"鸡蛋牛奶加餐"到"校校有食堂"，我国启动实施农村义务教育学生营养改善计划 10 年来，惠及 4 000 万学生。如今，这一政策正由让学生"吃得饱"向"吃得营养"迈进。有基层教育人士表示，营养改善是一种补充性计划，不少学校在探索"4+X"模式，外来务工者忙于生计，学校也在探索"家庭不足学校补"工程。

10 年来，29 个省份 1 762 个县的 4 060.82 万名学生有了实实在在的获得感、幸福感，餐盘中的菜品越来越丰盛，学生从"吃得饱"向"吃得营养"迈进。

9 月 30 日，财政部会同教育部印发《关于深入实施农村义务教育学生营养改造计划的通知》，进一步提高学生营养膳食补助国家基础标准，明确自 2021 年秋季学期起农村义务教育学生膳食补助标准由每生每天 4 元提高至 5 元。

中国疾病预防控制中心跟踪监测表明，2019 年，营养改善计划试点地区男、女生各年龄段平均身高比 2012 年分别提高 1.54 厘米和 1.69 厘米，平均体重分别增加 1.06 千克和 1.18 千克，高于全国农村学生平均增长速度。学生营养健康状况得到显著改善，身体素质得到明显提升。

从吃得饱到吃得好

云南省昆明市寻甸回族彝族自治县塘子街道中心学校校长施天平如今还记得，营养改善计划实施前，他去学生家进行家访时了解到，不少农村家庭很少去街上买菜，自家田地种的蔬菜是什么就吃什么，很少能吃到新鲜肉，只有过年过节时能吃上腌制的肉。

营养改善计划实施后，中央财政按照每生每天 3 元的标准为试点地区农村义务教育阶段学生提供营养膳食补助，2014 年将补助提高至每生每天 4 元，今年又提高至 5 元。

寻甸县塘子街道中心寄宿制完小食堂从每天供应 2 个菜变为如今提供 1 荤 2 素 1 汤，小炒肉、藕煮花生、番茄鸡蛋汤……住校学生的午餐不仅能吃饱，还吃得有营养。校长李飞燕介绍，财政补助用在提供荤菜上，素菜则需要学生自己支付，每餐大约需要 2 元，肉菜如果有结余还会在晚餐时免费提供给学生。

为了让苗族、彝族、回族等少数民族学生以及走读学生都能享受到营养改善计划的福利，塘子街道中心寄宿制完小保留了早上提供"牛奶+副食品"的套餐，并随时调整营养结构，纯奶、甜奶、酸奶、面包、鸡肉肠、牛肉肠不重样。

在太平学校学生营养改善计划信息公示栏上，提供的菜品越来越多，菜谱也越来越丰富，糖醋排骨、排骨煮萝卜、红烧牛肉都有。校长王夔介绍，学校会咨询学生喜欢吃的菜品，然后成立工作组讲究菜品营养成分，理出肉类、串荤、蔬菜、汤的备选种类，根据季节筛选出学生喜欢吃又满足营养均衡的菜品优先搭配。

记者走访发现，学生营养餐最大的一个变化就是从肉量相对较少变为以肉为主，同时也随着肉价的市场波动，有时供应串荤，有时供应全肉，保证每天能吃上一种新鲜的肉菜。

寻甸县教育体育局学生资助管理科科长龙江介绍，寻甸县塘子街道中心寄宿制完小 2020 年学生健康检测评价报告显示，在受检的 596 名学生中，约 81% 的学生处于中等发育水平。而现时营养状况显示，营养过剩人数 80 人，检出率为 13.4%。

守护舌尖上的安全

"互联网+明厨亮灶""六 T"实务管理、信息公开……昆明市推出了一系列措施，确保学校营养餐的安全。在王夔看来，食品安全工作是重中之重，食堂里的每一个环节都得盯得死死的。

记者在太平学校学生食堂看到，厨房的大门安装了门禁系统，需要食堂员工人脸识别才能打开，其他人无法进入。此外，墙上的电视实时显示后厨的监控图像，学校后勤副校长李海涛介绍，加工间、熟食间、生食间、切配间、炒菜台等重要位置都有摄像头覆盖，图像可以在自己电脑上实时查看。

在仓库间，大米整齐堆放在架子上，离地面、墙面各 20 厘米，李海涛解释称，空气有一定湿度，这样摆放能避免大米发生霉变。此外，记者看到，铁架上摆放的调料均标明了名称、生产日期、购买日期、有效期，食堂员工能一目了然掌握配料的保质期。

食堂的墙上还公示有食堂工作人员的健康证、从业证等信息，学生营养改善计划实施措施、实际体验情况等信息，供师生、家长、社会各界监督。

此外，太平学校还专门设立了牛奶房，事先将牛奶按班级人数分好储存，房间内有摄像头监控、紫外线消毒，窗户上还安装了密网防投毒，大门口放置了两块防鼠板。李海涛告诉记者，牛奶集中喝完后又统一回收处理，除了保持校园卫生外，更重要的是防止学生没有喝完的牛奶放置一段时间后变质引发食品安全问题。

记者注意到，寻甸县 155 个义务教育阶段食堂的"明厨亮灶"视频监控不仅在学校本地储存 90 天，还在电信的端口云储存，该县市场监督管理局、教体局、学校以及学生家长等可实现全过程监管。

"4+X"探索家校"合力"

记者走访过程中，有基层教育人士表示，营养改善是一种补充性计划，不少学校在探索"4+X"模式，X 代表家长需要承担的责任。王夔告诉记者，外来务工者忙于生计，而学校提倡陪伴成长的理念，老师和家长都要付出精力陪伴孩子，同时学校也在探索"家庭不足学校补"工程。

据介绍，学校还把学生的营养膳食学习融入体育健康课程中，有体育老师专门教"三减三健"等营养膳食相关的知识。同时，王夔建议，相关部门可利用假期对食堂员工进行食品安全、自身安全、操作细节、专业能力等方面的培训，组织开展员工厨艺大赛，提升食堂员工的技能。

在家庭责任方面，不少家长也开始重视孩子的营养餐食。饿了么外卖小哥杨光智送外卖时留意餐馆的菜品搭配，回家变着法地给孩子做菜，还从老家带来原生态的猪油，偶尔还让孩子吃点粗粮，在日常饮食中注重营养搭配。

营养改善计划 10 年来，也出现一些新的问题需要重视。在寻甸县塘子街道中心寄宿制完小，由于人手紧、任务重，无法满足走读生中午在校吃饭的需求，龙江告诉记者，寻甸县有 575 名食堂工勤人员，每月工资从 500 元到 2 400 元不等，学校在食堂员工的工资支出方面压力很大。

昆明市学生资助管理中心主任刘云表示，营养改善计划在对学生进行补助的同时，也应考虑给予食堂员工一定补贴资金，通过以奖代补等形式，按一定的学生与食堂员工人数配比来计划奖励补助，确保食堂运作更流畅、更稳定，调动食堂员工的积极性，让营养改善计划这一民生政策更好地延续下去①。

宝鸡市"国家学生饮用奶计划"正式启动

2021年10月28日，由陕西省宝鸡市学生资助管理中心、凤翔区教育体育局、蒙牛集团、中国青少年发展基金会联合举办的"蒙牛伴成长、助我少年强"营养普惠捐赠仪式举行，同时标志着宝鸡市"国家学生饮用奶计划"正式启动。

2000年11月15日，我国农业部、教育部等七部委正式启动实施国家"学生饮用奶计划"。国家"学生饮用奶计划"是在全国中小学校实施的一项学生营养改善专项计划，旨在改善中小学生营养状况、促进中小学生发育成长、提高中小学生的健康水平。

《"健康中国2030"规划纲要》第四章第二节"加大学校健康教育力度"中提出，将健康教育纳入国民教育体系，把健康教育作为所有教育阶段素质教育的重要内容。2018年国务院下发《关于促进奶业振兴保障乳品质量安全的意见》（国办发〔2018〕43号）明确要求，大力推广国家学生饮用奶计划，增加产品种类，保障质量安全，扩大覆盖范围；同年2月1日国家卫计委颁发《学生餐营养指南》中标明"中小学生每日饮食中需摄入奶及奶制品200~300 mL"，对学生健康成长的合理膳食习惯培养提出明确要求。2020年2月8日由国家健康委员会发布的《新冠肺炎防治营养膳食指导》中提出，尽量保证每天每人300克以上奶及奶制品。2020年12月，《国家学生饮用奶计划推广规划（2021—2025年）》提出，到2025年，饮奶学生数量要达到3 500万人，日均供应量达到3 200万份。

国家"学生饮用奶计划"是功在千秋、利国利民的国家推广政策，能够全面提升中小学生发育期各项身体素质。目前全国已有31个省（市）区、660个城市、6万多所学校近2 600万学生在校饮用学生奶。

乳业是健康中国、强壮民族不可或缺的产业，也是实现"健康中国梦"的必要前提和重要标志。蒙牛宝鸡工厂于2005年11月份破土动工，2006年5月28日正式投产，项目投资7.5亿元，总占地面积179亩，为单体液态奶工厂，是集团与GEA和康美合作的第一家工厂，奶台和前处理配套GEA设备，灌装配套康美和利乐设备，第一包真果粒宝鸡生产。

截至2020年年底累计实现产量255.85万吨，产值141.90亿元，主营收入145.01亿元，纳税总额3.59亿元；2020年实现产量22.10万吨，产值16.28亿元，主营收入17.48亿元，纳税总额4 518.17万元。

作为"学生饮用奶定点生产企业"，蒙牛学生奶由中国奶业协会审核认证，采用优质牧场奶源，通过特定生产基地生产，具备安全、营养、方便、价廉等特点，执行全程入校规范流程，直接配送到学校，禁止在市场销售，确保学生在校饮奶安全，价格低于市场同类产品。

---

① 工人日报，新华网. 10年，农村学生的餐盘变了样［EB/OL］.（2021-10-08）［2022-11-18］. http://education.news.cn/2021-10/08/c_1211394997.htm.

很多家庭无法保证学生的早餐质量，相当比例的学生在上午第二节课后，都出现不同程度的血糖降低现象，从而影响上课注意力和学习成绩，甚至影响了孩子的生长发育。此时，为学生们提供一盒优质牛奶，不仅能适时补充身体发育所需的营养及能量，同时很多孩子在饮用牛奶时没有规律性，学校集中饮奶的氛围，还可以有效培养学生坚持饮奶的意识及习惯。

疫情暴发以来，相关专家从科学角度建议，在校学子每天按时定量地饮用牛奶，是补充营养、提高身体免疫力和抵抗力的有效方法。

随着今年"双减"政策和课后服务的落地实施，学生在校时间明显延长，如何保证孩子们充沛的精力、补足营养提高学习效率，在课间为孩子们提供牛奶、面包等营养品，补充孩子所需营养，减轻家长负担，显得极为重要。

少年强则中国强。宝鸡市教育局高度重视学生营养健康，在宝鸡市推广"国家学生饮用奶计划"，提高青少年营养健康，让孩子们拥有健康的体魄和充沛的精力，为"中华崛起而读书"，为实现中华民族伟大复兴的中国梦而不懈奋斗。

蒙牛集团本次为宝鸡市凤翔区教育局捐赠价值 10 万元学生奶及建设 3 所示范校标准化奶屋。后期，宝鸡市教育局将携手蒙牛集团持续在宝鸡市开展不同形式营养普惠活动，使"国家学生饮用奶"计划在宝鸡市全面深入开展，惠及更多宝鸡学子，并以实际行动践行企业承诺，主动承担企业社会责任，积极推进落实国家"学生饮用奶计划"，在多领域深化公益实践，助力我国营养普惠事业发展，为宝鸡市学生的成长健康提供强有力的营养支持①。

5 家联合国机构承诺为校餐联盟提供支持

2021 年 11 月 16 日，联合国粮食及农业组织、联合国教科文组织、联合国儿童基金会、世界粮食计划署和世界卫生组织 5 家联合国机构 16 日发表联合声明，承诺为 60 余个国家组成的校餐联盟提供支持。该联盟旨在为在校儿童提供营养餐，改善他们的健康和教育现状，力争在 2030 年前确保每个有需要的儿童都有机会获得营养校餐。

联合国粮食及农业组织、联合国教科文组织、联合国儿童基金会、世界粮食计划署和世界卫生组织在声明中说，去年新冠肺炎疫情期间各国学校纷纷闭校停课，亿万儿童无法获得校餐，也无法接受包括驱虫、疫苗接种和心理社会辅导等校内健康和营养服务。目前，全球超过 1.5 亿儿童仍无法获得校餐以及基本健康和营养服务。

声明说，该联盟还致力于促进"智能"校餐计划，对常规校餐辅以健康和营养干预对策，促进儿童成长学习。校园健康和营养计划是看得见实效的干预对策，能够促进学童和青少年生长发育。这类计划有助于消除儿童贫困、饥饿和一切形式营养不良，同时能够吸引儿童入学，促进儿童学习以及长期健康和福祉。

声明说，校餐计划不仅让学童受益，还将成为粮食体系转型的"跳板"。该计划将尽可能采用当地种植的食材，助推本国及当地市场和粮食体系发展，为小农和当地很多由妇

---

① 西部网．宝鸡市"国家学生饮用奶计划"正式启动［EB/OL］．（2021-11-01）［2022-11-18］．http://edu.cnwest.com/jyzx/a/2021/11/01/20064269.html.

女创办的餐饮企业创造更多机会。

声明承诺将与各国政府合作，共同实现该联盟的各项目标，同时提供必要的技术和业务支持，倡导各方出资，帮助收集优质数据，了解校园健康和营养计划的影响。

校餐联盟发起国之一、芬兰常驻联合国代表尤卡·萨洛瓦拉在 16 日举行的校餐联盟启动记者会上说："校餐不仅仅只关乎一盘食物，这是一个改变社区、改善教育和全球粮食体系的机会。"①

陕西省 2021 年落实农村学生营养膳食补助资金 14.94 亿元

2021 年 11 月陕西省财政厅下达 2021 年农村义务教育阶段学生营养膳食补助提标资金 1.69 亿元，进一步巩固营养改善计划成果，可惠及学生 226 万名。今年以来，省级财政共落实营养膳食补助资金 14.94 亿元，较去年增长 21.02%。

为保障政策落实，陕西省财政厅会同省教育厅印发关于深入实施农村义务教育学生营养改善计划的相关通知，明确从 2021 年秋季学期起，农村义务教育阶段学生每生每天的营养膳食补助标准由 4 元提高至 5 元。

在资金管理方面，陕西省财政厅严格执行财政部相关制度要求，实行补助资金特殊转移支付机制，确保资金真正落实到基层，迅速发挥效益，并对资金实施全覆盖、全链条监控，确保流向明确。与此同时，陕西省财政厅着力强化资金使用管理，指导和督促市、县（区）将营养膳食补助资金全部用于为学生提供等值优质食品、食堂聘用人员费用等支出按隶属关系纳入同级财政预算、学生食堂（伙房）建设纳入义务教育薄弱环节改善与能力提升等工作。

陕西省财政厅要求，市、县（区）财政部门要通过新增财力安排、盘活存量资金等方式，落实本级支出责任，确保补助资金及时足额拨付到位，政策顺利实施②。

朔州市财政三举措保障"学生饮用奶工程"落到实处

为贯彻落实山西省朔州市委市政府惠民利民政策，全面提升全市中小学生身体素质，市财政采取三项措施，全力保障全市学生饮用奶健康稳定安全供应。

一是加大财政投入力度，及时清算拨付资金。每年年初把学生饮用奶资金列入预算，做实资金保障。按学期与教育部门清算，及时拨付学生奶供应企业资金。截至目前，朔州市财政拨付 2021 年学生饮用奶资金 3 847.15 万元，共计发放学生奶 2 185.88 万袋，惠及全市义务教育阶段中小学寄宿学生 11.8 万人。

二是积极推进"三定"措施，严格各项监管制度。采取定点供货、定点验收、定点监督检查三项措施，严把奶源卫生质量关。会同教育等部门积极落实学生饮用奶定点生产

① 新华社 . 5 家联合国机构承诺为校餐联盟提供支持 [EB/OL]. （2021-11-17）［2022-11-18］. https://baijiahao. baidu. com/s?id=1716650173931898951&wfr=spider&for=pc.

② 陕西日报 . 我省今年落实农村学生营养膳食补助资金 14.94 亿元 [EB/OL]. （2021-11-21）［2022-11-18］. http://www. shaanxi. gov. cn/xw/sxyw/202111/t20211121_2201048_wap. html.

企业及奶源基地认定制度和招投标制度，从生产、加工、流通、饮用等环节加强质量安全监管。

三是建立完善问责机制，广泛接受社会监督。对落实"学生饮用奶工程"工作力度不够的县区及时督促，设立举报电话和公众意见箱，广泛接受社会监督，保证学生饮用奶供应体系安全高效运行，保障学生喝上放心奶①。

河南省省长王凯主持召开食品企业家座谈会

2021 年 11 月 24 日，河南省省长王凯主持召开食品产业企业家座谈会，强调要深入贯彻党的十九届六中全会精神，把高质量发展贯穿到经济社会发展和企业发展的全过程、各领域、各方面、各环节，推动食品产业做强做优做大，为经济持续健康发展提供坚强支撑。

座谈会上，花花牛、牧原、双汇、三全等 12 家食品企业代表围绕企业经营发展、产品创新、人才建设等作交流发言，就加快食品产业高质量发展提出意见建议。

会上，花花牛集团董事长关晓彦建议：一是加大对培育本土乳品头雁企业的支持力度，做大做强区域品牌，促进河南乳业的高质量发展；二是深度支持乳品的相关基础研究和创新研发工作，带动食品行业的品质提升；三是从政策层面大力宣传引导消费者从"喝上奶"到"喝好奶"；四是政府给予企业适当政策支持，支持国家"学生饮用奶计划"推广工作，稳步推动我省奶业振兴，加快构建经济双循环格局，让人民群众和广大学生喝上营养奶、健康奶、放心奶，为促进河南奶业高质量发展做出贡献。

在听取大家发言后，王凯指出，环境好企业才好、环境优经济才优。必须把制度创新作为政府工作的着力点，以制度创新促进科技创新和企业创新，聚焦企业发展需求，为企业发展营造良好的市场环境、法治环境、信用环境，为企业家发挥聪明才智提供适宜的"水质水温"。

王凯强调，企业好经济才好、企业强经济才强。必须把培育有核心竞争力的优秀企业作为经济工作的重中之重，突出抓龙头，注重品牌培育。大力育人才，培养和引进创新人才队伍，特别是注重培养企业家队伍，弘扬企业家精神，促进食品产业创新发展、高质量发展。

河南省委常委、省政府党组副书记孙守刚，省委常委、省政府副省长费东斌，省政府副省长武国定等参加座谈②。

济南市中央厨房保障学生午餐全覆盖

中午 11 点左右，在济南市历城区易安小学，配餐车准时到达，车上装的是学生们的

① 朔州市财政局．市财政三举措保障"学生饮用奶工程"落到实处［EB/OL］．（2021-11-17）［2022-11-18］．http://czj.shuozhou.gov.cn/czdt/202111/t20211117_363305.html.

② 河南日报，花花牛乳业集团．河南省长王凯主持召开食品企业家座谈会 花花牛等食品企业参加［EB/OL］．（2021-11-26）［2022-11-18］．https://cj.sina.com.cn/articles/view/2081511671/7c1158f700100vuuk.

午餐。工作人员打开车门，随机抽检一盒午餐，用温度计测量盒饭温度是否达到 65 ℃。检验合格后卸下所有配餐，运送至每个班级，等待学生们就餐。

近两年，济南市教育局投入专项资金 1 600 万元，用于落实"为民办实事"午间配餐项目，采取学校食堂供餐、直接配餐进校到桌、中央厨房式分级配送等方式保障学生的午餐管理和供应，保证原料可靠、过程可控、问题可查、源头可溯、责任可究，确保学生饮食健康、营养、安全，让学生暖心、家长放心。

生产过程全程监控，所有食材都可溯源

承接易安小学配餐工作的，是山东历享合智餐饮管理有限公司，它由历城区教体局联合历城控股投资近 4 000 万元共同打造。公司总经理郭凯松告诉记者，每天早上 6 点，他们就开始加工制作配餐，每种配餐都有科学的制作流程。

厨房每天都会采购新鲜蔬菜，所有原材物料都是源头直供。目前，已经签约多个蔬菜基地，实现了从田间地头到厨房的供应，所有食材都可追溯。库房对米面粮油等原材料实行一周一循环。每天下午，所有原材物料运来后，检测人员会进行农药残留和员工手部大肠杆菌测试，随后加工第二天所需要的材料。

从采购原材料到烹饪完成、装盒装车，整个生产车间实行 24 小时全程监控。如果出现操作不当的地方，监管人员能够实时对讲、立即叫停。

另外，运输过程也实行全程视频监控。每辆运餐车安装了 4 个摄像头，车厢密码锁中途无法开启，必须由运输人员与学校工作人员一同开启。监控信息向社会公开，接受监督，学生家长、教师等还可以通过微信小程序查看。

在济南市教育局的指导下，各区县根据区域及学校实际和学生需求情况，认真对接考察具备集中中央厨房式供餐和运营资质、配送能力的供餐服务单位，通过热链成品输送或冷链输入校园操作间加工，保证学生的集体供餐需求及个性化需求。

孩子吃得开心，家长看着安心

把子肉、宫保鸡丁、麻婆豆腐、炒青菜，主食米饭，还有粥和水果，这是记者采访当天学生们的午餐食谱。只需 15 元，就可以吃到这样荤素搭配、营养丰富的午餐。中午 11 点半，午餐时间到，在易安小学三年级（6）班教室，唱过餐前歌，学生们迫不及待地开始享用"美餐"。

"喜欢吃，有家里饭菜的味道。""今天的菜，最喜欢这个炒青菜，把子肉也很喜欢。""很好吃，我觉得比家里做的饭还要好吃。"记者随机采访了几名学生，他们的用餐感受都很不错。

该班班主任季雪莲告诉记者，午餐的设置都是营养均衡的，学校会定期召开家长会，听取学生和家长对配餐的意见，"他们有什么问题都可以及时反馈给我们，我们再去跟厨房协调，然后根据大家反映的情况对配餐进行调整"。

学生们在学校吃得怎么样，最关心的还是家长。三年级（6）班学生家长杨春凤表示，孩子是从这个学期开始吃配餐的，对菜品很满意。吃配餐以后，孩子中午不用接送。放学后过一会儿就开始吃饭；吃完饭，教师组织活动、午休。睡醒后还能提前预习一下功课，学习效率明显提高。

确保中小学生都能在校用午餐

中小学生午间接送难和就餐难问题，一直是困扰家长的一个社会难题。为解决好学生在校就餐问题，保障学生的生活和健康质量，2017 年，济南市教育局将"课后服务+午间配餐"两项服务作为解决学生放学家长接送难和午间就餐难问题的实际举措。2021 年，济南市教育局提报"布局建设 10 所中央厨房，实现全市有午间配餐需求的中小学 100% 全覆盖"，将其列为市政府 22 件"为民办实事"之一，以实际行动推进学校食品安全治理体系和治理能力现代化。

济南市教育局基础教育处处长高洪波表示，经过 1 年的努力，各个区县都在认真考察符合配餐条件和中央厨房资质要求的企业，与学校对接，积极提供良好的用餐配餐条件。"基本保障了学校能够在封闭卫生、安全良好的运转环境里为学生提供优质的配餐服务。"

截至今年秋季学期，济南市义务教育阶段 927 所中小学 82.41 万名在校生中有午间配餐需求的学生约为 28 万名。各区县和各中小学根据中小学生午间就餐不同需求进行整体安排，实行一人一案、分类管理。目前，有 11 个区县已确定 15 家中央厨房式配餐企业为学生提供午间供餐服务，实现满足学生需求和提供午间配餐服务 100% 全覆盖，家长和学生满意度达 98.6%①。

引领"学生饮用奶计划" 助推"健康中国" 建设

截至 2020 年末，南京高淳区拥有中小学校 31 所，在校中小学生 45 000 人。2020 年以前，这里还是国家"学生饮用奶计划"的空白区，而如今，"学生饮用奶计划"已在该区中小学校实现全覆盖。短短一年多时间，高淳区何以迅速成为南京市推广国家"学生饮用奶计划"的引领者？带着这个问题，记者进行了深入探寻。

紧跟国家政策，积极推行国家"学生饮用奶计划"

国家"学生饮用奶计划"于 2000 年由七部委局联合启动实施，是一项关系国家、民族根本利益的长远大计。2018 年，国办发〔2018〕43 号文件明确提出要大力推广国家"学生饮用奶计划"，扩大覆盖范围。江苏省、南京市亦高度重视，江苏省政府办公厅出台苏政办发〔2018〕93 号、南京市也印发《关于印发南京市国民营养计划实施方案（2019—2030）的通知》（宁健康办〔2019〕1 号）等多个文件，为推广实施国家"学生饮用奶计划"鸣锣开道。

高淳区作为南京市下辖区，紧随国家和省、市工作部署，把国家"学生饮用奶计划"作为一项重大的民生工程抓好抓实，着力提高全区中小学生营养健康水平。自 2020 年启动实施国家"学生饮用奶计划"至今，高淳区 31 所中小学校已全部覆盖，45 000 名学生喝上了优质、安全的学生饮用奶。记者从高淳区宝塔小学、实验小学等官方网站留意到，"做好学生饮用奶征订工作"被列为校长室、总务处的重要工作内容，国家"学生饮用奶

---

① 山东教育报. 热饭菜送到学校，15 元就能吃到双荤双素暖心盒饭济南市中央厨房保障学生午餐全覆盖 [EB/OL]. （2021 - 11 - 29）[2022 - 11 - 18]. http://www.sdjyb.com.cn/content/2021 - 11/29/027431. html.

计划"已俨然成为该区各中小学校的常态化重点工作。

严把准入关口，确保学生喝到优质安全学生奶

推广实施国家"学生饮用奶计划"，把好准入关口是关键。高淳区严格执行《国家"学生饮用奶计划"推广管理办法》，按照"统一部署，规范管理，严格把关，确保质量"的工作方针，确保学生喝到优质、安全的学生奶，把这项民生工程做到学生、家长的心坎上。

记者从高淳区漆桥中心小学了解到，进入该校的学生饮用奶既优质安全又美味可口，受到学生的普遍欢迎。据了解，为该校供应学生饮用奶从奶源、生产、运输配送建立起全过程控制体系，环环严格把控，确保学生饮用奶营养与品质安全。

规范校园流程，环环相扣确保学生饮奶安全

保证学生饮用奶安全，不仅在于供奶企业生产及配送过程的严格把控，学生饮用奶入校后的安全管理更是不容忽视的重要一环。在高淳区推广实施国家"学生饮用奶计划"的供奶企业深谙其中之道，与校方一道共同把好学生饮用奶校内安全关。

在高淳区各中小学校，学生饮用奶储存库房都有严格的建设标准。库房码垛"一垫五不靠"，产品码垛高度、放置货位及方向明确规定；每个库房配置托盘、奶框、展架、粘鼠板、温湿度计、灭蝇灯等硬件设施；库房独立通风，冬天配备全自动恒温加热器。追求极致的标准化建设，折射出供奶企业极高的品质追求。

与此同时，学校坚持"先培训再入校"原则，通过提前进校开展学生奶征订、接收、储藏、分发、饮用、废弃包装物回收等全流程操作培训，并建立产品留样机制，保证产品可追溯，全力确保学生饮奶安全。此外，开发的学生饮用奶交费系统平台，家长只需扫码进入平台，就能完成下单、交费、查询、退订、反馈、投诉等一站式操作，真正做到阳光操作、体现家长自愿。

站在新的征程，为助推"健康中国"建设笃定前行

青少年学生是祖国的未来，是民族的希望。站在国家"学生饮用奶计划"推广规划（2021—2025年）全面开启的新征程，国家"学生饮用奶计划"覆盖学生人数将从2020年的2 600万人增加到2025年的3 500万人，学生身体素质和营养健康水平得到有效提高和改善。

新征程、新起点、新目标，作为南京市推广国家"学生饮用奶计划"的引领者，高淳区将继续着力做好做实这项利国利民、造福后代的民生工程，为南京市推广国家"学生饮用奶计划"做出示范和引领，助推"健康中国"建设笃定前行[①]!

郧阳2.5万名学生营养餐补助标准提了

2021年11月，湖北省十堰市郧阳区教育局表示，从2021年秋季学期起郧阳区农村义务教育学生营养膳食财政补助标准，由每生每天4元提高至5元。

土豆炒肉片、洋葱烧火腿、西红柿鸡蛋汤……11月2日中午，在青山镇九年一贯制学校餐厅，122名学生有序就餐，吃得津津有味。

---

① 中国江苏网. 引领"学生饮用奶计划"助推"健康中国"建设［EB/OL］.（2021-11-29）［2022-11-18］. https://baijiahao.baidu.com/s?id=1717764280741647746&wfr=spider&for=pc.

"今天的饭菜，不仅口味好，还有两菜一汤，比家里的中午饭好吃多了!"四年级学生罗某某开心地说。"我们学校伙食搭配十分均衡，不仅菜的分量增加了，而且肉类品种也多样，有鸡腿、猪肉、牛肉等。"九年级学生李某说。

据了解，自 2016 年以来，郧阳区共投入 5 000 余万元，新建和改扩建学生食堂 17 个、添置设施设备 2 000 余件（套），公办学校实现"明厨亮灶+互联网"全覆盖，小规模学校食堂也配齐了基本设施设备。

目前，该区农村义务教育营养改善计划学校供餐模式有两种，即食堂供餐和课间餐。全区 135 所学校实行食堂供餐，营养餐食堂供餐率达到 84% 以上。为学生提供食堂供餐的学校，肉类食品由原来的 2 元提升至 3 元，即 2 元奶+3 元肉。学校可根据情况，提高肉品品质或增加肉类食品的数量或种类。

为学生提供课间餐的学校，供餐模式为"4 元奶（两盒奶）+1 元糕点或鸡蛋"。学校还可根据学生需求，增加学生奶的发放数量。一天发两盒学生奶的，原则上上午下午各发一次。

目前，食堂供营养餐模式已惠及全区 106 所学校的 25 837 名学生，5 元的午餐国家补助让学生们吃得又好又健康①。

变废为宝！解锁牛奶盒的精彩"一生"

每天喝一杯牛奶已经成为很多人的习惯，牛奶不仅营养健康，牛奶盒也是块宝。为贯彻落实《深圳市生活垃圾管理条例》，扎实推进学校垃圾分类工作，着力解决牛奶盒后端回收处置的实际困难，探索深圳市牛奶盒资源收运处置产业链的发展，深圳市生活垃圾分类管理事务中心发起了深圳市牛奶盒资源回收校园实践活动（试点）项目的探索行动，全市十区约 140 所幼儿园、中小学参与到这场"探索"中来。2021 年 9 月 7 日至今，深圳市垃圾分类管理事务中心累积回收牛奶盒 400 单，总重量超过 8 400 千克。

牛奶盒处理"六步曲"

学生们在学校喝完牛奶后，牛奶盒会经过他们的哪些前置处理工作？很简单，只需要六步! 1. 喝净牛奶; 2. 抽出吸管; 3. 压扁奶盒; 4. 剪开奶盒; 5. 水洗奶盒; 6. 晾干回收。

在老师的带领下，学生们一个个化身为"环保小卫士"，主动承担起清洗牛奶盒的"重任"，在动手实践中感受垃圾分类的重要性。

牛奶盒最后去哪儿了?

回收后的牛奶盒会去哪里？它们被送到专门的分拣打包基地，经由专业机器设备进行压缩、打包、过磅等处理，最后被送到专业处置工厂进行资源化利用。

牛奶盒会"变身"成什么?

被处理后的牛奶盒变成了再生纸、塑料颗粒、铝等，再经过加工处理可变成其他可循

---

① 郧阳区融媒体中心. 郧阳2.5万名学生营养餐补助标准提了 [EB/OL]. (2021-11-14) [2022-11-18]. https://www.syiptv.com/article/show/162469.

环利用物品。

在广大师生的参与下，校园牛奶盒回收行动取得一定成效，深圳市生活垃圾分类管理事务中心也期待更多学校参与其中，用实际行动践行垃圾分类①。

一键预约！深圳试点校园牛奶盒专车回收

在学校喝完的牛奶盒别急着扔，同学们按照清洗"六部曲"处理好后，线上预约就有专车回收，可以兑换积分和礼品哦。

为贯彻落实《深圳市生活垃圾分类管理条例》，扎实推进学校垃圾分类工作，并进一步推动垃圾分类校园教育和文明校园创建活动工作的开展，着力于解决牛奶盒后端回收处置的实际困难，探索牛奶盒资源收运处置产业链的发展，深圳市生活垃圾分类管理事务中心（以下简称市分类中心）联合深圳市罗湖区小水滴环境保护中心（以下简称小水滴环保中心），于今年9月发起深圳市牛奶盒资源回收校园实践活动（试点）项目的探索行动。

2021年9月7日，龙岗区的红悦幼儿园、石芽岭幼儿园和罗湖区的翠北实验学校、深圳市翠竹外国语学校和深圳市向西小学等学校作为先行收运学校，率先开展专车专线到校收运的校园牛奶盒资源回收工作。接下来，项目将在盐田、南山、罗湖和光明四区所有小学、幼儿园及其他六区数十所学校中进行校园牛奶盒回收行动。

探索搭建牛奶盒收运处置产业链

尝试开拓国内资源回收新模式

据悉，深圳市牛奶盒资源回收校园实践活动试点项目是由市分类中心发起，由小水滴环保中心协调社会各方资源来开展的一次探索深圳牛奶盒回收链条的实验项目，开展时间为期3个月。其目的是在3个月的校园实践活动中，通过资源整合协调解决牛奶盒资源回收前段宣传、后端收运处置的实际困难，从而形成一条完善的深圳市牛奶盒资源收运处置产业链，同时进一步推动垃圾分类校园教育和文明校园创建活动工作的开展。据了解，如果该项目到12月能够持续顺利地进展，则将在全市逐步推广，并最终实现全市覆盖。

目前，国内仅有极少数城市大范围开展牛奶盒资源回收专项工作的经验，本次深圳市牛奶盒资源回收校园实践活动试点项目走在了全国前列，是一次尝试开拓国内牛奶盒资源回收新模式的探索行动。

解决牛奶盒前后端实际困难

打造深圳垃圾分类品牌亮点

中国是牛奶生产、消费大国，巨大的需求带动了复合纸包装（牛奶盒）的销量增长，且牛奶盒材料回收价值非常高，但由于制作工艺的特殊性，收运处理难、成本高，

---

① 深圳市生活垃圾分类管理事务中心、"美丽深圳"微信公众号. 变废为宝！解锁牛奶盒的精彩"一生"［EB/OL］.（2021 - 11 - 29）［2022 - 11 - 18］. https://baijiahao. baidu. com/s? id = 1717757182280 742093.

致使实际回收率不足 20%。不能回收的牛奶盒不仅带来了巨大的资源浪费，直接丢弃更会成为自然环境中难以降解的污染源，通过焚烧或填埋等方式处理也会带来环境和健康影响。

为解决牛奶盒资源浪费和不当处理等问题，市分类中心联合小水滴环保中心以学校作为切入点开展试点探索，希望通过开展牛奶盒资源回收校园实践活动的试点项目，着力于解决牛奶盒回收的前端宣传教育、后端收运处置的痛点和难点，同时也通过牛奶盒这一单一品类的垃圾分类进校园的实践活动，进一步提升校园垃圾分类教育的成效，打造深圳垃圾分类进校园的品牌亮点。

实现"线上一键预约，专车上门回收"

推动深圳市校园牛奶盒资源回收再利用

小水滴环保中心联合深分类并依托"环保银行"平台开展后期预约、收运工作，并通过"深分类"和"环保银行"两个平台对校园牛奶盒回收进行统一管理。

学校通过"深分类"小程序进行预约，审核通过后将安排专车到校进行称重收运，奶盒的重量最终会以积分的方式呈现在环保银行的学校账户中，1 千克奶盒＝5 个积分。换取得到的积分后期可在深分类的积分商城中兑换礼品。

深圳市校园牛奶盒资源回收工作的开展，需要更多学校和老师的支持。对这个校园牛奶盒资源回收活动感兴趣的学校和老师可以通过深分类"环保银行"平台进行线上预约，实现"线上一键预约，专车上门回收"。具体回收流程分为两大步骤如下：

第一步，奶盒清洗"六部曲"：喝净牛奶后、通过抽出吸管、压平、剪开、清洗、晾干、打包等 6 步骤对牛奶盒进行前期处理。

第二步，当牛奶盒积存至一定数量后，进入"深分类"微信小程序，在"预约回收"功能中找到"校园牛奶盒回收"版块并发起预约。为了形成数据报告及完善后期管理，目前只支持有环保银行账户的老师发起预约，如没有环保银行账户需先注册。预约申请通过审核后，后续即有工作人员专车进校上门回收牛奶盒①。

联合国粮农组织承诺加大支持力度，让所有人获得更好营养和健康膳食

2021 年 7 月 12 日，联合国粮食及农业组织（粮农组织）总干事屈冬玉表示，公众对营养和健康膳食的关注和支持力度不断加强，为解决这一影响数十亿人的问题带来了希望。他强调，粮农组织将再接再厉，推动为所有人实现更好营养。

屈总干事援引联合国营养行动十年中期评估结论，指出"宣传营养、健康膳食和农业粮食体系对人类和地球健康的重要性，这方面的工作成效正在显现。"

屈总干事参加了"营养促成长"峰会开幕式。峰会由日本首相岸田文雄召集，与会

---

① 深圳市城市管理和综合执法站．一键预约！深圳试点校园牛奶盒专车回收［EB/OL］．（2021-09-09）［2022-11-18］．http://cgj.sz.gov.cn/xsmh/ljfl/pgyjh/flxc/content/post_9116264.html.

人士包括刚果民主共和国总统费利克斯·齐塞凯迪、孟加拉国总理谢赫·哈西娜、马达加斯加总统安德里·拉焦林纳、东帝汶总理陶尔·马坦·鲁阿克、联合国秘书长安东尼奥·古特雷斯、世界银行行长戴维·马尔帕斯、世界卫生组织总干事谭德赛和联合国儿童基金会执行干事亨丽埃塔·福尔。

屈总干事还指出，最近召开的联合国粮食体系峰会、过去一年期间召开的二十国集团系列会议以及关于气候和生物多样性的国际峰会都表明，"全球高度关注农业粮食体系转型的必要性，以可持续方式生产粮食，让每一个人都享有安全营养食物。"

屈总干事表示，根据粮农组织2021年《世界粮食安全和营养状况》报告，全球约有30亿人无法获取健康膳食，因此需要采取坚定行动，"新冠肺炎疫情则让形势变得更为严峻。"

他指出，更好营养与更好生产、更好环境和更好生活共同构成了粮农组织《2022—2031年战略框架》提出的四大基本愿景。

屈总干事进一步指出："更高效、更包容、更有韧性且更可持续的农业粮食体系对于健康膳食和改善营养至关重要。"

粮农组织的承诺

屈总干事在讲话中还介绍了粮农组织相关承诺：

● 在未来四年，至少90%与农业粮食体系相关的全新行动计划将把获得健康膳食作为优先重点；

● 在2025年之前将营养敏感型项目和计划的占比增加50%，在2030年之前保持或继续增加其占比；

● 应成员国请求，支持其落实《减少食物损失和浪费自愿行为守则》；

● 确保到2025年，至少90%的粮农组织驻国家办事处积极开展工作，支持成员国努力实现粮农组织愿景，让所有人都能通过农业粮食体系获得健康膳食。

非洲面临的挑战

粮农组织致力于支持非洲在营养领域取得进步。2020年，非洲近60%的人口遭遇中度或重度粮食不安全，无力负担健康膳食的人数则更多。

在"人类安全与营养"的边会中，屈总干事指出，世界上最贫困人口很大一部分生活在农村地区，非洲大陆不断推进的城市化为"利用城市粮食需求改善城乡和地域联系创造了机遇。"

日本国际协力机构（JICA）理事长北冈伸一发表主旨演讲，敦促各利益相关方和组织充分发挥自身比较优势，从多个角度着手促进营养。他指出，信息共享是加强伙伴关系的重要基础。

屈总干事对粮农组织与日本国际协力机构的伙伴关系表示赞许，并敦促进一步开拓创新。

在问答环节，屈总干事回顾了他担任宁夏回族自治区副主席的经历。他指出，宁夏是中国最贫困的内陆地区之一，促进营养可以为当地发展提供动力。

在呼吁捐助国提供更多资源的同时，屈总干事敦促重视"切实具体和可交付"的项目，通过实例评判这些项目的成效①。

南京市教育局召开南京市中小学营养午餐实施工作现场会

如何让孩子吃得更营养、更健康？孩子在学校的午餐有什么标准？2021 年 12 月 10 日，市教育局召开南京市中小学营养午餐实施工作现场会，发布了《南京市中小学生营养午餐指南》（2021 版）。

更科学

此次发布的《南京市中小学生营养午餐指南》（2021 版）以《学生餐营养指南》（WS/T 554—2017）为蓝本，结合《中国居民膳食指南 2016》和《中国居民膳食营养素参考摄入量》（2013 版），对南京市 6~17 岁中小学生午餐食物种类及参考数量、配餐原则、烹调要求、学生午餐管理等，提出符合中小学生营养健康状况和基本需求的膳食指导建议，科学性和可操作性强，适用于南京市为中小学生供餐的学校食堂或集体用餐配送单位。

更专业

南京绝大多数中小学生是在学校吃午餐，午餐提供的能量应占全天总能量的 30%~40%，所以一顿营养均衡、分量适宜的午餐直接关系到中小学生的身体健康。今年初，市十六届人大四次会议第三次全体会议通过代表票决方式，将"制定和逐步推广我市中小学营养午餐标准"定为民生实事。为将实事办好，市教育局成立了项目研究小组，邀请了南京医科大学公共卫生学院的汪之顼教授等多位营养专家领衔项目研究，进行专项研制。

据专家介绍，《指南》兼顾南京市中小学生的营养需求，凸显两个特点：一是关注膳食结构的合理性，调整了食物种类及数量标准，推荐同类食物互换，尽可能使食物品种多样化；二是关注预防营养素缺乏，推荐富含维生素 A、铁、钙的食物，增加奶制品摄入，同时，针对部分学生存在乳糖不耐受情况，在部分学校尝试将奶酪融入菜品进行烹饪，以增加钙的摄入。

更灵活

《指南》已在部分学校中进行了试运行。南京市中小学卫生保健所在现有的南京市中小学食堂信息化管理平台里增加了"午餐营养监管"模块，试点学校根据《指南》制定食谱，并提前一周录入或导入平台，平台会根据《指南》对食谱进行分析提示，学校根据提示进行调整后再做成午餐。下一步，教育部门将扩大试点学校范围，待平台收集较多食谱数据后，可以由平台给出建议菜品进行替换；同时可以将符合要求的带量食谱在平台共享，供其他学校参考使用。

---

① 联合国粮食及农业组织. 联合国粮农组织承诺加大支持力度，让所有人获得更好营养和健康膳食［EB/OL］.（2021 - 07 - 21）［2022 - 11 - 18］. https://www.fao.org/newsroom/detail/fao - pledges - upscaled-support-for-better-nutrition/zh.

更育人

"不仅仅是推广营养午餐，我们更希望在推广的过程中，可以给孩子全方位的教育，让孩子有更多收获!"市教育局相关负责人表示，在学校逐步推广营养午餐的过程中，教育部门将着力加强三个方面的教育。

（1）让学生们了解食物来源、生长过程、营养价值、烹饪方法等，进行膳食营养与健康知识教育。

（2）建立家校共育机制，开展以食品安全、感恩世界、环境保护、饮食文化等为主要内容的饮食教育。

（3）尊重劳动者、热爱劳动、参与劳动、珍惜粮食、节约粮食等品德教育①。

受益学生体质健康合格率从 2012 年的 70.3%提高至 2021 年的 86.7%——营养改善计划如何增强一代人体质

2011 年秋季学期，我国正式启动"农村义务教育学生营养改善计划"（以下简称"营养改善计划"），旨在改善农村学生营养状况，提高农村学生健康水平。

2011 年至 2021 年，中央财政累计安排学生营养膳食补助资金达 1 967.34 亿元。截至 2020 年年底，全国有 28 个省份 1 732 个县实施了营养改善计划，覆盖农村义务教育学校 13.16 万所，受益学生达 3 797.83 万人。

"我国在数量规模上世界第三，财政投入规模上世界第二，校餐质量从能量、蛋白质、微量元素等方面明显好于其他金砖国家。"12 月 18 日，中国发展研究基金会原副理事长卢迈在营养改善计划十周年国际研讨会上说。

营养改善，振兴乡村

今年初，一个视频感动了很多人。一个小女孩将学校午餐的鸡腿装入塑料袋内。当教师问她在干什么时，小女孩的回答让人暖心又泪目："拿回去给俺妈吃。"听到这话，教师也对小女孩说了一句很暖心的话："你吃吧，我再给你拿个鸡腿。"

视频中的教师，就是河南省太康县二郎庙小学校长张鹏程。

二郎庙小学的学生大部分是留守儿童。小女孩在学校的午餐，就是学校的营养午餐计划。

张鹏程介绍，为了保障学生们的午餐，学校聘请了两名学生家长作为工勤人员，同时因地制宜，在校园里的空地种植大葱、红薯、南瓜等常见的瓜果蔬菜，既丰富了孩子的生活阅历，也可以补贴孩子们的餐饮。

营养改善计划的有效落实，带动了当地农业、运输业、食品加工业的发展，为当地经济发展带来了契机。

评估发现，食堂供餐的学校大多足额聘用了食堂工勤人员，其中 84.1% 为女性。值得注意的是，这些人员中 39.6% 为在校学生家长。营养改善计划把妈妈留在了孩子身边。

---

① 南京市教育局. 市教育局召开南京市中小学营养午餐实施工作现场会［EB/OL］.（2021-12-10）［2022-11-18］. http://edu.nanjing.gov.cn/xwdt/yw/202112/t20211210_3227971.html.

卢迈表示，营养对个人、家庭、社会、国家发展有重要、持久、深远的影响，应放在更加突出的位置。地方政府、学校要量力而行，也要尽力而为。

实施 10 年，成效显著

全国政协人口资源环境委员会主任、中国发展研究基金会理事长李伟对 5 年前的一顿营养午餐记忆犹新。2016 年 9 月，李伟在贵州省松桃县妙隘乡完全小学吃了一顿学生营养午餐。孩子们以前每天中午都只能以酱油泡黄豆下饭，吃不饱是常态。实施营养改善计划后，国家为每个孩子拿出 4 元钱，可以做成"一荤一素一汤"的营养午餐。孩子们吃上热饭、饱饭，个子长高了，脸色红润了。

"实施营养改善计划是必须的、可行的、有效的，也是十分值得的，是功在当代、利在千秋的大好事。"李伟说。

我国政府将营养改善计划纳入基本公共服务，覆盖近 4 000 万名农村学生，贯穿义务教育全过程。中央财政每年投入约 200 亿元，支持其长期实施，政策力度空前。

每天有十几万所学校开餐、几千万学生同时就餐，资金安全、食品安全能否得到保障？是不是每一分钱都吃到了孩子嘴里？

基于回收的 593 份县级问卷、1 199 658 份家庭问卷、71 个县 227 万名学生的体质监测数据，《农村义务教育学生营养改善计划评估报告》（以下简称"评估报告"）显示，营养改善计划实施 10 年来，成效显著，基本做到了"让每一分钱都吃到孩子嘴里"。

10 年间，欠发达地区农村学生身高快速增长。71 个脱贫县 227 万名学生身高监测数据统计结果显示，2020 年欠发达地区农村学生身高普遍增加，如 15 岁男生身高由 2012 年的 155.8 厘米增长到 2020 年的 166.1 厘米，增加了 10.3 厘米；受益学生体质健康合格率从 2012 年的 70.3% 提高至 2021 年的 86.7%；欠发达地区农村学生营养不良问题从 2012 年的 20.3% 下降到 10.2%；贫血率由 2012 年的 19.2% 下降到 9.6%。

"10 年来，欠发达地区农村学生的整体面貌有了显著改善，学生的体质健康、运动能力、学习能力都有了显著提升，这将改变一代人的体质。通过成本与回报的保守测算，这项教育政策的投资回报超过 5 倍。"卢迈说。

与时俱进，从吃饱到吃好

10 年来，营养改善计划取得了十分显著的成效，消除了欠发达地区义务教育阶段学生饥饿的问题，促进了教育公平，为未来共同富裕奠定了人力基础。

在当初贫困县已经全面脱贫、全面建成小康社会的背景下，是否还要继续坚持营养改善计划？

"需要继续坚持和完善营养改善补充计划，这是长期提供的公共产品。虽然今天已经取得很好的进展，但不能停下来。"中国发展研究基金会儿童发展中心高级顾问蔡建华说。

营养改善计划进入新阶段，同时也面临着新问题，来之不易的成果仍需巩固。

卢迈介绍，调查显示，大部分农村炊事员、家长的口味都比较重。不少学校在盐、油、糖、蛋白质、维生素 A 等摄入方面还存在营养不均衡的问题，长期摄入，将大大提高成年后的患病风险。

浙江大学求是讲席教授、中国农村发展研究院国际院长、国际食物政策研究所资深研究员陈志钢认为，目前对 3~5 岁的学龄前孩子，还没有全国范围的营养干预措施。根据越早干预效果越好的特点，学龄前孩子需要政府加强营养干预。

"建议明确营养改善计划受益对象，让中西部农村学生普遍受益。"卢迈认为，政治经济社会环境发生重大转变，当初的贫困县已全面脱贫，根据现阶段发展水平及中西部农村人口的现实需求，中央政府及有关部门应重新确定营养改善计划受益对象范围，尽可能实现县域内就读的农村户籍学生全覆盖、中西部农村全覆盖。同时，鼓励有条件的县和学校将营养餐内容扩充为"早餐+午餐"，让学生的精力和体力更充沛，显著增强他们的体质和学习能力。

经国务院批准，从 2021 年秋季学期起，农村义务教育学生营养膳食补助国家基础标准由每生每天 4 元提高至 5 元。2021 年，中央财政安排的学生营养膳食补助资金为 260.34 亿元，比上年增长 12.9%。

"有肉、有菜，真能吃到肚子里"，幸福感洋溢在更多农村学生脸上①。

营养餐 10 年 | 贵州农村义务教育学生营养改善计划再提质

2022 年 1 月，贵州省教育厅、财政厅等部门印发《关于实施农村义务教育学生营养改善计划提质行动的通知》，决定从今年起在全省全面推进实施营养改善计划"提质行动"，指导各地在国家营养膳食补助标准每生每天 5 元基础上，根据学生营养健康需要实施"5+X"供餐模式，推动学生营养餐从"吃得好"向"吃得营养、科学"升级转型。

根据国家统一安排，从 2012 年春季学期开始，贵州全面实施以"校校有食堂、人人吃午餐"为基本特征的"贵州特色"农村义务教育学生营养改善计划。截至 2021 年，中央和省级财政已累计投入学生营养膳食补助资金 236.80 亿元，每年惠及贵州农村中小学生 380 万人以上。经过近 10 年努力，营养改善计划实现贵州农村义务教育学校全覆盖，农村中小学生营养健康水平不断提高，学生体质明显改善。

贵州要求，根据学生营养健康需要，结合地方饮食习俗、食材供给等情况，各县要按小学、初中各不少于 16 套制定带量食谱供各学校选择使用；要做到每餐至少"三菜一汤"，每天食材种类达 12 种以上，多种新鲜蔬菜和肉类充足供应，天天有鸡蛋和水果，每周至少提供 3 次符合国家标准的学生饮用牛奶，大豆及其制品和畜禽鱼肉交替供应。各县不得以方便管理、便于配送为由而不作区别使用一套单一食谱；食材配送企业不得以采购困难等理由重复配送单一食材。全面试行在政府提供每生每天 5 元膳食补助为主基础上，家庭适当交纳一点费用，提高供餐质量和标准。各县要统筹用好义务教育阶段家庭经济困难学生生活补助政策，保障家庭经济困难学生用餐。各县要通过召开座谈会、家长会和听证会等征求学校、家长和社会各界意见，要从严从低确定"X"试行标准和"5+X"实施方案并报县、区政府批准后执行。

贵州要求，各地要严格落实食材采购统招、统购、统配和统送要求，减少采购环节，

---

①　中华人民共和国教育部，中国教育报. 受益学生体质健康合格率从 2012 年的 70.3%提高至 2021 年的 86.7%——营养改善计划如何增强一代人体质 [EB/OL]. (2021-12-24) [2022-11-18]. http://www.moe.gov.cn/jyb_xwfb/s5147/202112/t20211224_589891.html.

降低采购成本和价格，保障食材质量，使"每一分钱都吃到学生嘴里"。各县要按照食堂工勤人员与就餐学生人数不低于 1：100 比例要求配备食堂工勤人员，学校食堂坚持"公益性、非营利性"原则由学校自办自管，不得对外承包或委托经营①。

农村学生营养改善计划实施十年：男生平均身高增长 10 厘米

2021 年是"农村义务教育学生营养改善计划"实施的第十年，由教育部财务司会同中国发展研究基金会联合开展的"农村义务教育学生营养改善计划"评估报告于 2021 年 12 月 18 日正式发布。

本项评估从全国 832 个脱贫县收集营养改善计划县级基本信息，并从中抽取 91 个县收集学生成绩、体质信息，发放营养改善计划受益家庭电子问卷，从多个角度对各县营养改善计划实施情况进行分析，总结各县经验。

评估调研结果显示，营养改善计划实施十年来成效显著，欠发达地区农村学生体质健康合格率从 2012 年的 70.3% 提高至 86.7%，与全国学生体质健康合格率的差距缩小到 5 个百分点。受益学生的营养不良率、消瘦率分别由 2011 年的 20.3% 和 11.8% 下降至 2021 年的 10.2% 和 6.3%。

统计结果显示，十年间，欠发达地区农村学生身高呈现快速增长，71 个脱贫县 227 万学生身高监测数据统计结果显示，2020 年欠发达地区农村学生身高普遍有较大增长，如 15 岁男生身高由 2012 年的 155.8 厘米增长到 2020 年的 166.1 厘米，增长了 10.3 厘米，与全国男生标准身高差距大幅缩小，女生也表现出了相同的趋势。男生身材偏矮的比例从 2012 年的 44.7% 下降至 16.9%，身材矮小的比例从 11.7% 降到 4.7%。

截至 2020 年年底，全国有 28 个省份 1 732 个县实施了营养改善计划，覆盖农村义务教育学校 13.16 万所，受益学生达 3 797.83 万人。2021 年 10 月，财政部会同教育部印发《关于深入实施农村义务教育学生营养改善计划的通知》，明确进一步提高膳食补助标准，自 2021 年秋季学期起农村义务教育学生膳食补助标准由每生每天 4 元提高至 5 元，2021 年全年共安排学生营养膳食补助资金 260.34 亿元，比上年增长 12.9%②。

营养餐带来了什么改变（人民时评）

营养改善计划不仅提升了农村学生健康素质，对促进儿童全面发展、均衡成长也有重要意义。

学生的营养状况，事关他们的健康成长，也关乎国家的未来。为提高农村学生的营养健康水平，2011 年我国启动实施了农村义务教育学生营养改善计划。前不久发布的评估报告显示，截至 2020 年年底，该计划已覆盖农村义务教育阶段学校超过 13 万所，近

---

① 中国教育报．营养餐 10 年｜贵州农村义务教育学生营养改善计划再提质［EB/OL］．（2022-01-21）［2022-11-18］．https：//baijiahao．baidu．com/s？id＝1722555296110462980&wfr＝spider&for＝pc．

② 央视新闻．农村学生营养改善计划实施十年：男生平均身高增长 10 厘米［EB/OL］．（2021-12-18）［2022-11-18］．https：//m．thepaper．cn/baijiahao_15902736．

3 800万农村孩子吃上了营养餐。这样的成绩值得振奋、令人欣慰。

一餐饭的改变，能带来什么？它按下了农村孩子增强体质的"快进键"。监测数据显示，与2012年相比，2020年欠发达地区受益农村的15岁男生、女生身高有显著增加。它也是弥合城乡差距、增进社会公平的"助推器"。计划实施10年来，欠发达地区农村学生各项健康指标与全国平均水平的差距进一步缩小。它还是中国落实联合国2030年可持续发展议程的生动注脚。这一全球规模第三的校餐计划，提升了义务教育巩固率，不仅赢得国际社会的赞许，也成为观察中国扶贫经验的一个重要窗口。

小小一餐饭，惠及大民生，这些可喜变化离不开多方面的共同努力。实打实的"真金白银"为计划落实提供了可靠保障。计划实施以来，膳食补助标准不断提高，每提高1元，意味着中央财政每年多增加约30亿元支出；10年来，中央财政累计安排学生营养膳食补助资金近2 000亿元，为保障学生营养提供了坚实后盾。数以万计坚守在农村教育一线的教师、校长、食堂工作人员等，有力推动了营养改善计划的实施；而公益组织、企业机构等的积极参与，则为改善就餐条件、优化营养搭配等汇聚了更多力量。可以说，正是宏观政策的有力保障和微观主体的锲而不舍，这项计划才能取得良好的效果。持续激发全社会的积极性，让更多人都来为营养餐出把力，这是推动营养改善计划行稳致远的必由路径。

与10年前相比，农村学生的健康素质有了长足的进步，但也要看到，持续改善农村学生营养状况是一项长期任务，仍需持之以恒、久久为功。特别是随着社会发展，营养改善的覆盖人群、质量要求等均发生了新变化。比如，在过去相当长一段时间内，在读阶段农村儿童是营养改善计划的主要受益者，但有研究表明，学龄前阶段的营养状况对一个人的成长发育同样关键。正因此，贵州等一些地方探索将营养改善计划向农村学前教育延伸。再比如，计划的顺利实施，让一些农村学生实现了从"吃不饱"到"吃得饱"，但在营养改善过程中，油盐超标、超重肥胖等现象也在悄然浮现，如何提高营养改善计划质量，助力农村学生从"吃得饱"到"吃得好"，成为新的课题。正如一位专家所言，"十年树木，百年树人"，10年对一棵树的成长或许足够了，但对孩子体质的改变、对百年树人的进程来说还只是个开始，需要大家继续努力，不能懈怠。

少年强则国强。营养改善计划不仅提升了农村学生健康素质，对促进儿童全面发展、均衡成长也有重要意义。不断提升计划实施水平，让更多农村儿童吃上更好的营养餐，我们就能进一步促进祖国的"花朵"茁壮成长，不断蓄积走向未来的力量①。

2021年学校供餐与学生营养研讨会举行

为期2天的2021年学校供餐与学生营养研讨会在北京落幕，会议由国家卫生健康委疾控局和教育部体卫艺司指导，中国疾病预防控制中心营养与健康所和中国学生营养与健康促进会联合主办。教育部体卫艺司、国家卫生健康委疾控局、国务院妇女儿童工作委员会办公室等相关单位领导，以及来自全国31个省（自治区、直辖市）和新疆生产建设兵团的疾控中心、教育部门、学校的学校供餐与学生营养工作负责人，以及相关领域的专

---

① 人民网.营养餐带来了什么改变（人民时评）[EB/OL].（2022-01-21）[2022-11-18].
http://opinion.people.com.cn/n1/2022/0121/c1003-32336224.html.

家、社会团体和企业近万人通过线上或线下参加会议。

教育部全国学生资助管理中心马建斌副主任介绍了 2021 年"学生营养改善计划"最新工作进展，结合社会关注的热点问题，他鼓励各地采用信息化技术、集中采购等方式加强学校供餐的监管，切实按照国家出台的文件落实各方责任，保证学生营养改善工作的有序推进。

教育部体育卫生与艺术教育司相关负责人对近年来出台的学校供餐和学生营养政策进行了解读，他要求基层学校严格遵守国家出台的相关政策规定，落实学校供餐工作的相关责任分工，积极推进各方联动，提高学校营养配餐和科学管理能力，保障学生餐的安全、营养。

国务院妇女儿童工作委员会办公室相关负责人、国家卫生健康委疾病预防控制局慢病与营养处相关负责人分别分析了我国学生营养改善与儿童肥胖防控等方面面临的挑战和机遇，鼓励基层要结合各地特点，做到防范新冠肺炎疫情和促进儿童健康互相协调。

联合国世界粮食计划署负责人通过视频分享了全球学校供餐的现状和发展。来自中国奶业协会、中国农业大学全球食物经济与政策研究院、北京大学临床研究所及中国疾病预防控制中心营养与健康所的嘉宾分别解析了如何在学校供餐过程中，与学生饮用奶计划、粮食供应系统、减盐策略相结合，促进校农结合，推广信息化配餐手段，保证学校供餐的卫生安全与营养健康。

会议还邀请了来自基层疾控中心的营养工作者以及学校校长，介绍各地学校供餐工作和营养健康教育的经验和思考。来自国家卫生健康委食品安全标准与监测评估司食品营养处、联合国儿童基金会（UNICEF）、中国疾病预防控制中心营养与健康所的营养专家分享了营养与健康示范学校创建思路、儿童营养健康教育国际经验以及吃动平衡促进儿童营养与健康的理念，强调要继续加强社会、学校、学生多层面的营养健康教育，普及营养健康理念，提高全社会营养健康素养，倡导健康生活方式，提高儿童营养健康状况，保证儿童健康成长①。

在 2021 的最后一天，我们一起做了这件暖心的事

《南方周末》携手蒙牛赋能村小校长，敲响希望的铃声。学生的餐食如何配比？如何才能实现学校的发展？如何发展出学校特色？乡村教育的未来如何？这些或微小或宏大的问题，都是每一个村小校长的日常思考。

"把真善美的种子种在孩子们心里。"在河北省保定市顺平县大悲乡岭后小学的校长陈文水看来，学习不能成为孩子的全部，让孩子拥有正确的人生观、价值观，传递正能量，才是更为重要的教育方向。"音乐是全人类共同的语言，合唱艺术，能启发孩子们对美的感受力、创造力、想象力，提升孩子们的综合审美能力、自我表达能力和自信心"，北京市昌平区燕丹学校的校长王涵已经在美育上进行探索，"这些是孩子们受益一生的素养。""让孩子们每天都能感受民族文化。"湖南省怀化市通道侗族自治县陇城镇中心小学

---

① 中国教育新闻网. 2021 年学校供餐与学生营养研讨会举行［EB/OL］.（2021-12-29）［2022-11-18］. https://www.sohu.com/a/512635885_243614.

的吴天校长如此表示。"希望能用我的微薄之力，敲响希望的铃声。"村小校长是学校的"灵魂人物"，如同"敲铃人"一般，他们与村小共同前行，点燃了乡村教育的希望，让更多人看到乡村教育的未来。

蒙牛学生奶携手南方周末开启的"敲铃人——村小校长赋能计划"，则希望和村小校长一起，让更多学生"走出大山"，让优秀文化走进校园，为学生、为学校、为一方热土敲响希望之声。

通过直播，陈文水校长吸引越来越多人关注村小孩子的饮食健康；通过音乐，王涵校长"让每一个生命自由舒展，光荣绽放"；通过侗族文化教育，吴天校长实现了让一代又一代的孩子将民族文化传承下去的坚守。他们都找寻着学校发展的强力路径，用自己的管理理念和实践改变着乡村教育的面貌。但每一位村小校长，都会在职业道路上面临困惑。因此，"敲铃人——村小校长赋能计划"在内蒙古、贵州、江西等地开展《中西部地区农村小学健康管理现状调研》，从营养、生活、心理三大主题出发，了解村小的健康意识与营养水平，为校长的工作、学校发展提供专业的数据支持和方向指导。基于调研结果，蒙牛学生奶还将邀请营养、教育领域专家及城市小学校长，交流村小校长实际教学和管理工作中的困惑，针对性对村小校长进行学生营养配餐培训，为改善学生营养健康水平提出合理化建议。

蒙牛一直坚信，营养和教育是助力乡村振兴战略蓬勃发展的基石，这也是蒙牛学生奶的业务特长所在。蒙牛一直深耕于公益实践中。蒙牛坚持多年开展"营养普惠工程"，2021 年已完成年度捐赠学生奶 303 万盒，覆盖 19 个省级行政单位，近 200 所学校，惠及学生 21 万余人。为更好地助力乡村发展振兴、守护学生营养健康，这一次，聚焦于村小校长，开展"敲铃人——村小校长赋能计划"，通过营养赋能、教育赋能帮助村小校长摆脱困境，共同探索更高效的乡村教育模式。

"用我之力，敲响孩子们希望的铃声"。从每一个微小处入手，积跬步，至千里，蒙牛学生奶以"营养普惠，守护未来"为使命。将在"共同守护人类和地球共同健康"的愿景之下。行稳致远，助力打造消费者至爱的蒙牛[①]!

快乐寒假、健康生活

寒假来临，教育部指导全国中小学和高校健康教育教学指导委员会专家以及全国综合防控儿童青少年近视专家宣讲团，发布 2022 年寒假中小学生和幼儿健康生活提示要诀、2022 年寒假高校学生健康生活提示要诀、2022 年寒假中小学生和幼儿护眼要诀，倡导广大学生和幼儿假期科学合理安排好生活、学习。

2022 年寒假临近，全球新冠肺炎疫情仍高位流行，变异毒株传播能力增强，我国仍面临"外防输入、内防反弹"压力，零星散发甚至局部地区聚集性疫情时有发生。近日，教育部指导全国中小学健康教育教学指导委员会专家，提出 2022 年寒假中小学生和幼儿健康生活提示要诀，引导中小学生和幼儿加强体育锻炼，合理安排假期生活和学习，均衡

---

① 南方周末. 在 2021 的最后一天，我们一起做了这件暖心的事 [EB/OL]. (2021-12-31) [2022-11-18]. http://www.infzm.com/contents/221287.

膳食营养，养成健康生活方式，做自己健康的第一责任人。

要诀提出，一要主动防控疫情，保持卫生习惯。自觉遵守国家和当地疫情防控相关规定，养成持续、良好的个人卫生习惯，勤洗手、戴口罩、常通风、少聚集、用公筷，保持安全社交距离，维护干净的居住环境。

二要注意旅途安全，牢记防控要求。主动减少跨区域出行，确需外出旅行的，要主动配合公共场所的健康监测和防疫管理。旅途中随身携带足量的医用外科口罩、速干手消毒剂、消毒湿巾等个人防护用品，旅行全程正确佩戴口罩，注意手部卫生、饮食安全和保持社交距离。旅行途中身体出现疑似症状应主动报告，及时就近就医。

三要加强体育锻炼，促进视力健康。积极参加多种形式的体育锻炼，注意防寒保暖，气候适宜时，每天户外活动 2 小时。关注自身视力变化，养成科学用眼习惯，营造良好的用眼环境。坚持正确读写姿势，选择高度合适桌椅，做到"一尺一寸一拳"，眼睛离书本一尺（约 33 厘米），握笔的手指离笔尖一寸（约 3.3 厘米），胸口离桌沿一拳。遵循"20-20-20"原则，即每用眼 20 分钟，抬头远眺 20 英尺（约 6 米）以外任何物体 20 秒以上。严格控制电子视屏时间，避免长时间用手机、看电视等。

四要均衡膳食营养，饮食注意安全。营养均衡，荤素搭配，种类多样，不偏食、不挑食、不暴饮暴食。饮食以谷类为主，多吃新鲜蔬菜、水果、牛奶、薯类和豆制品，适量食用鱼、禽、肉、蛋和坚果等。多喝白开水，少喝或不喝含糖饮料，少吃零食、油炸食品。不吸烟、拒绝电子烟、不饮酒、不喝含酒精饮料。注意食品卫生与安全，不吃过期食品，不吃无生产日期、无质量合格证、无生产厂家的"三无"食品，预防食物中毒。家庭餐具专人专用，定期消杀。提倡分餐制，用公筷、公勺，避免交叉感染。

五要养成规律作息，维护心理健康。合理安排作息，早睡早起、不熬夜、不沉溺网络，学习、活动等时间安排有规律。保证充足睡眠，幼儿和小学生每天 10 小时，初中生每天 9 小时，高中生每天 8 小时。发展兴趣爱好，保持健康心态，主动参加家庭劳动，培养劳动实践和社交技能。多与家人朋友沟通，学会管控情绪。

六要防范安全隐患，避免意外伤害。独自居家时加强自我保护，熟记、学会拨打各类急救求助电话，遇到危险能够求助。乘车系好安全带。燃放烟花爆竹要遵守当地政府相关规定。规范用火、用气、用电，注意取暖安全，预防煤气中毒。外出时，应在大人视线可及范围内，避免走失。不去冰场以外的地方滑冰，进冰场防护用具佩戴齐全，预防冻伤、运动意外、溺水①。

2021 年学校卫生与健康教育工作十件大事

一、毫不放松、科学精准、从严从紧做好全国教育系统疫情防控工作

2021 年，教育部应对新冠肺炎疫情工作领导小组办公室坚决落实党中央、国务院决策部署，坚持把广大师生生命安全和身体健康放在第一位，科学制定、动态调整防控策略，精准有力有效实施防控举措，巩固拓展深化教育系统疫情防控重大战略成果。教育部

---

① 中国教育报 . 快乐寒假 健康生活［EB/OL］.（2022-01-15）［2022-11-18］. http://www.moe.gov.cn/jyb_xwfb/s5147/202201/t20220117_594815.html.

应对疫情工作领导小组召开第 10 次会议，部联防联控机制 16 次召开会议研究部署教育系统疫情防控工作。印发教育系统疫情防控工作通知 16 个。举办全国教育系统疫情防控视频调度会议和培训 8 次。联合国家卫生健康委印发《关于进一步加强新冠肺炎疫情防控常态化下学校卫生管理工作的通知》，印发《高等学校、中小学校和托幼机构新冠肺炎疫情防控技术方案》第三版和第四版，指导春、秋季开学和疫情防控工作。及时指导涉疫地区教育系统妥善处置突发疫情，科学精准做好新冠肺炎疫情常态化防控。

二、教育部等五部门印发《关于全面加强和改进新时代学校卫生与健康教育工作的意见》

《意见》是 1990 年颁发《学校卫生工作条例》30 多年来学校卫生与健康教育工作最重要的纲领性政策文件，具有开创性、突破性、指导性。《意见》立足新发展阶段、贯彻新发展理念、构建新发展格局，是站在新的历史起点谋划和推进新时代学校卫生与健康教育工作的制度政策集成创新，落实健康第一的教育理念，着眼长远为学生健康成长和终身发展奠定基础。《意见》共 4 部分 25 条，从强化组织领导、健全协作机制、优化发展环境、完善投入机制、纳入评价体系等方面，建立健全新时代学校卫生与健康教育工作体制机制。《意见》印发后，教育部通过举办新闻发布会、全国新时代学校卫生与健康教育工作峰会、全国新时代学校卫生与健康教育视频会议等形式，加大宣传、解读，推动各地教育部门和学校切实加强新时代学校卫生与健康教育工作，深化学校健康教育教学改革，构建高质量学校健康教育体系。

三、教育部、国家卫生健康委、国家体育总局、市场监管总局等四部门联合开展近视防控评议考核

2021 年 8 月，教育部、国家卫生健康委、国家体育总局、市场监管总局等四部门联合印发《关于反馈 2019 年度全国综合防控儿童青少年近视工作评议考核情况的函》《关于开展 2020 年度全国综合防控儿童青少年近视工作评议考核的通知》，完成 2019 年度评议考核，向国务院呈报评议考核报告，向各省份反馈评议考核结果。部署 2020 年度全国综合防控儿童青少年近视工作评议考核，举办评议考核研讨活动，总结评议考核经验。

四、教育部等十五部门联合实施儿童青少年近视防控光明行动

2021 年 3 月，召开全国综合防控儿童青少年近视工作联席会议机制第三次会议，审议通过《儿童青少年近视防控光明行动工作方案（2021—2025 年）》《2021 年全国综合防控儿童青少年近视重点工作计划》，部署下一阶段工作。4 月，教育部等十五部门联合印发《儿童青少年近视防控光明行动工作方案（2021—2025 年）》，聚焦近视防控的关键领域、核心要素和重点环节，联合开展引导学生自觉爱眼护眼、减轻学生学业负担、强化户外活动和体育锻炼、科学规范使用电子产品、落实视觉健康监测、改善学生视觉环境、提升专业指导和矫正质量、加强视力健康教育等 8 个专项行动。召开全国综合防控儿童青少年近视工作现场会，交流各地工作进展和经验，逐级精准落实近视防控政策要求。5 月，举办新闻通气会介绍《光明行动》、2021 年全国综合防控儿童青少年近视重点工作、《学前、小学、中学等不同学段近视防控指引》。6 月，发布《儿童青少年近视防控光明行动倡议书》。

五、联合国家卫生健康委印发《中小学生健康体检管理办法（2021 年版）》

2021 年 10 月，联合国家卫生健康委印发《中小学生健康体检管理办法（2021 年版）》，进一步加强中小学生健康体检管理。《办法》共 8 个部分，明确健康体检的组织管理、基本要求、体检内容、结果反馈与健康档案管理、机构资质、质量控制与感染管理、信息管理与安全、经费管理等方面要求，对于全面掌握儿童青少年生长发育状况、促进儿童青少年健康发展具有重要意义。

六、教育部、国家卫生健康委、国家体育总局、市场监管总局等四部门联合发布 3 年多来综合防控儿童青少年近视工作进展与成效

2021 年 10 月，举办新闻发布会，介绍 2018 年 8 月以来综合防控儿童青少年近视工作进展与成效，发布《综合防控儿童青少年近视实施方案》印发 3 周年大事记，儿童青少年近视防控向社会交出 3 年答卷，近视防控基本实现预期目标。中央主要媒体和教育媒体就"光明行动""综合防控实施成效"等话题刊发大量报道。"15 部门联合启动光明行动""总体近视率下降 0.9 个百分点""综合防控儿童青少年近视 3 周年大事记"等引发关注，社会各界充分认可，为深化近视防控工作营造了良好舆论氛围。

七、推进学校应急救护教育

2021 年 5 月，联合中国红十字会总会印发《关于进一步推进学校应急救护工作的通知》，扎实推进学生应急救护知识技能普及行动，加强教职员工救护培训力度，加强救护服务阵地建设。10 月，印发通知开展全国学校急救教育试点工作，实施青少年急救教育行动计划，开展全国学校急救教育试点工作，公布首批 201 所全国急救教育试点学校。

八、在人民日报整版刊发儿童青少年近视防控公益广告

在人民日报、中国教育报等媒体整版刊发儿童青少年近视防控公益广告，在机场、公交、地铁等交通要道窗口部位营造近视防控宣传氛围。在部门户网站"教育要闻""工作动态"栏目编发近视防控相关新闻稿 25 篇，在"中国教育报""微言教育"微信公众号推送儿童青少年近视防控科普知识、工作动态、新闻报道 68 篇。在教育部门户网站和报纸等媒体编发《综合防控儿童青少年近视实施方案》印发 3 年来地方近视防控典型经验做法综述，推介陕西省、山东省、浙江省温州市、湖北省武汉市、河南省平顶山市宝丰县等地近视防控工作经验做法。编发《教育部简报〔2021〕第 33 期：北京市着力构建"四大体系"切实做好儿童青少年近视防控工作》。

九、加强学校食品安全与营养健康管理

2021 年 9 月，联合市场监管总局、国家卫生健康委印发《关于加强学校食堂卫生安全与营养健康管理工作的通知》，明确加强学校食堂卫生安全与营养健康管理工作，提出规范食堂建设、加强食堂管理、保障食材安全、明确营养健康、制止餐饮浪费、强化健康教育、落实卫生要求、防控疾病传播、严格校外供餐管理等九条具体要求。教育部等五部门联合印发的《关于全面加强和改进新时代学校卫生与健康教育工作的意见》要求保障食品营养健康，倡导营养均衡、膳食平衡。联合市场监管总局办公厅等部门印发《关于报送落实〈学校食品安全与营养健康管理规定〉有关情况的通知》。联合国务院食品安全

办等部门印发《关于贯彻实施〈中华人民共和国反食品浪费法〉有关事项的公告》。遴选、公布全国学校食品安全与营养健康工作专家组专家。

十、部署全国中小学校每年春、秋季各报送一次中小学生定期视力监测主要信息

2021年6月，印发《关于做好中小学生定期视力监测主要信息报送工作的通知》，从2021年秋季学期开始，全国中小学校每年需开展两次视力监测并上报，要求各地教育部门按标准配备校医、视力监测检查设备。举办《国家学生体质健康标准》及视力监测数据上报培训，落实学生健康体检制度和视力监测制度。制作《视力和屈光度检查操作示范片》，指导和规范视力监测数据报送工作①。

湖北省《政府工作报告》提出：巩固提升"学生饮用奶计划"覆盖率

湖北省《政府工作报告》明确提出：全面建设健康湖北，巩固提升国家"学生饮用奶计划"覆盖率。为确保安全质量，支持国家大型龙头、省委省政府重点招商引资乳企向我省供应学生奶。湖北省第十三届人民代表大会第七次会议上，湖北省《政府工作报告》重点任务中明确提出——全面建设健康湖北，巩固提升国家"学生饮用奶计划"覆盖率。这是湖北省政府连续3年将此项工作写入《政府工作报告》。湖北省第十三届人民代表大会第七次会议现场政府主导——笃行不息的"国家专项计划"。国家"学生饮用奶计划"是我国第一个由中央政府批准，并组织实施的全国性中小学生营养干预计划，是落实"健康中国"战略的重要举措，也是落实"国民营养计划"的具体行动。

据悉，中共中央、国务院《"健康中国2030"规划纲要》《国民营养计划（2017—2030年）》等多个文件均要求，要努力培养学生健康生活方式，提高学生健康素养。

近年来，湖北省引导与监管并行，自上而下形成一股巨大合力，推动国家"学生饮用奶计划"全面开展。截至目前，湖北省逾200万学子受益此项计划。今年，"全面建设健康湖北，巩固提升国家'学生饮用奶计划'覆盖率"，再次写入湖北省《政府工作报告》，并纳入2022年省政府重点工作。多年来，在湖北省委、省政府的重视下，各级政府积极落实此项工作。武汉、襄阳、宜昌、黄冈、孝感、随州、荆门、鄂州等市均已将国家"学生饮用奶计划"写入《政府工作报告》。

2020年11月，武汉市政府印发《关于做好国家"学生饮用奶计划"推广工作的通知》（武政办〔2020〕102号）文件，提出"各区政府、各有关部门和单位应当支持市委、市政府重点招商引资乳企为我市供应学生奶"。中共武汉市委办公厅也曾下发督办件要求扩大"蒙牛"学生奶在武汉市属学校和各区覆盖面。2021年1月，"扩大国家'学生饮用奶计划'覆盖范围"纳入2021年武汉市委、市政府56项重点工作。2021年3月，黄冈市政府印发《关于进一步做好国家"学生饮用奶计划"推广工作的通知》，强调"教育行政部门要在加大义务教育阶段'学生饮用奶计划'推广力度的基础上，注重向高中、

---

① 人民网-人民健康. 2021年学校卫生与健康教育工作十件大事［EB/OL］.（2022－01－10）［2022－11－18］. http://www.moe.gov.cn/jyb_xwfb/s5147/202201/t20220111_593824.html.

中职及学前教育阶段延伸，引导中小学生每日饮奶"。同年8月，襄阳市政府印发《关于切实做好国家"学生饮用奶计划"推广工作的通知》（襄政办函〔2021〕47号）文件，要求"启动实施学生饮用奶三年提升计划，扩大各级各类学校覆盖面"。"大力推广国家'学生饮用奶计划'"被写入襄阳市《政府工作报告》，并纳入2022年市政府重点工作。

今年1月，黄冈市政府连续6年将国家"学生饮用奶计划"写入《政府工作报告》，明确提出"巩固提升国家'学生饮用奶计划'覆盖率"，特别是加大高中、幼儿园推广力度。"提升国家'学生饮用奶计划'覆盖率"写入孝感市《政府工作报告》，并纳入2022年孝感市委、市政府重点工作。"继续推行国家'学生饮用奶计划'"写入随州市《政府工作报告》，并纳入2022年随州市政府重点工作，由随州市政府督查室对完成进度开展专项督查，对工作进度长期滞后、未完成工作任务的，要严肃问责。2022年2月11日，随州市政府印发《关于切实做好国家"学生饮用奶计划"推广工作的通知》（随政办函〔2022〕6号）文件，要求实行严格的准入制度，要防止非定点企业乳品利用各种名目进入学校。为保证质量安全，征订选用产品优质、美誉度高的品牌，支持国家大型龙头企业为该市供应学生奶。各地要按照属地管理原则，细化工作措施。

社会共识——不可忽视的学生奶"力量"。牛奶是大自然赐予人类的天然食品，有着"白色血液""人类保姆"等美称。牛奶含有丰富的优质蛋白质，特别是钙，很容易消化吸收。中国著名营养学家于若木曾多次强调饮奶的重要性，更倡议我国中小学生"每天至少喝一杯牛奶"。国家"学生饮用奶计划"持续推进。营养专家介绍，青少年儿童坚持饮用高品质的学生奶，在促进骨骼发育、增强免疫力、控制体重上，作用尤为明显。上海新华医院临床营养中心通过对上海10所学校的学生调查发现，随着钙摄入量的增加，学生肥胖发生率减少，饮用学生奶的学生体重超标几率较低。北京大学公共卫生学院营养与食品卫生系教授马冠生也在采访中表示，对于正在成长发育中承担紧张课业的孩子来说，每天按时定量饮用牛奶，能有效缓解营养不足，补充因活动散失的大量能量，帮助增强免疫力。中国疾控中心研究员赵文华同时指出，牛奶含有少年儿童生长发育所需的多种营养物质，中小学生每天饮奶可以适时补充营养及能量，不但能满足孩子营养需要、提高学习效率，还有助于增强免疫力，促进身体健康成长。长期调查显示，上、下午大课间是最佳的营养吸收时段，此时让孩子们饮用学生奶，可以达到及时补充体能，保持正常血糖水平，维持良好学习状态的效果。

央企担当——高标准严要求赢得广泛认可。作为央企——中粮集团旗下的蒙牛集团是全球乳企八强之一，也是省委省政府、武汉市委市政府重点招商引资企业。多年来，蒙牛集团积极投身行业关键技术研发与创新，引领民族乳业不断取得新突破，2021年荣获中国科技界的最高荣誉——国家科学技术进步奖。同时作为首批国家学生奶定点生产企业，蒙牛集团始终以"助力少年强"为己任，从奶源基地、生产加工、配送服务、规范饮用等均按照国家标准作出了严格规定，严苛把控生产到派发的每一个环节，并在行业内首创"校外五模块，校内七步骤"的模式，以更高的标准、更优的品质、更好的服务赢得广泛支持、认可。

2020年7月，湖北省委书记应勇与中粮集团董事长吕军，中粮集团副总裁、时任蒙牛集团董事长陈朗等一行座谈交流，对中粮集团长期以来对湖北经济社会发展的大力支持，以及为湖北疫情防控工作作出的重要贡献表示感谢，欢迎中粮集团扩大在鄂投资布局，在提升农业产业化水平、培育农业龙头企业等方面加强合作。座谈后，湖北省政府与中粮集团签署了《战略合作协议》。

湖北省政府与中粮集团签署《战略合作协议》。蒙牛集团在湖北省委、省政府的关心支持下，积极参与经济建设、助力湖北高质量发展的同时，勇担社会责任，新冠肺炎疫情期间向全国捐赠款物总额达 7.4 亿元，其中，向湖北省医院、交警、社区、教育系统捐赠 7 529 万元。2021 年 9 月，武汉市政府领导在"全市重大项目"观摩拉练活动首站调研蒙牛（武汉）低温工厂，对蒙牛在武汉的发展给予充分肯定，强调要招引蒙牛这样具备"大市场、大平台、大品牌"特点的项目，政府要创造良好的营商环境，做好"店小二"服务。同时，希望蒙牛能把武汉作为立足全国的一个中心，加大投资力度，带动上下游产业发展，助力武汉经济社会高质量发展。同年 9 月，在随州市市长克克与中粮集团湖北区域办座谈会上，克克表示，随州市政府欢迎中粮集团扩大在随州的投资布局，市政府将全力支持中粮集团在随发展，并就学生饮用奶板块进行了对接洽谈，将大力支持省委、省政府重点招商引资的蒙牛集团全方位布局。

蒙牛作为争做国家"学生饮用奶计划"引领者，近年来，中粮集团、蒙牛集团持续加大对湖北的投资力度。2021 年 5 月，蒙牛集团在武汉投资的全球最大低温单体工厂、全国最大低温学生酸奶生产基地——蒙牛（武汉）低温工厂正式竣工投产，整个项目涵盖低温酸奶、鲜奶、奶酪三大品类，其中低温酸奶工厂和鲜奶工厂的设计产能、规模均为全球第一，将打造"百亿产业集群"。目前，工厂多条低温学生奶数智化生产线已设置完毕，年产能达 9.4 万吨，可供应和覆盖武汉、湖北、华中等地区的学生群体。同时，为做好国家"学生饮用奶计划"推广工作，蒙牛集团全国最大的学生奶（华中）推广中心已落户武汉。

学生饮用奶在校安全规范管理。2020 年，根据国务院〔2018〕43 号文件"大力推广国家'学生饮用奶计划'，增加产品种类，保障质量安全，扩大覆盖范围"的要求，中国奶业协会印发《关于增加学生饮用奶产品种类试点工作的通知》（中奶协发〔2020〕3号），蒙牛集团被确定为首批国家"学生饮用奶计划"新增产品种类"试点企业"。新征程、新担当、新作为，蒙牛学生奶将持续专注学生营养健康，以高品质、高标准的学生奶守护中小学生健康茁壮成长，做国家"学生饮用奶计划"引领者①。

《政府工作报告》再次明确：打造健康黄冈 巩固提升国家"学生饮用奶计划"覆盖率

"少年强则国强。"青少年儿童是国家和民族的未来，是健康中国行动的重点人群，全民健康要从娃娃抓起。2022 年 1 月 6 日，在黄冈市六届人大一次会议开幕会上，市长李军杰在《政府工作报告》中明确提出："打造健康黄冈。巩固提升国家'学生饮用奶计划'覆盖率。"

① 湖北日报. 湖北省《政府工作报告》提出：巩固提升"学生饮用奶计划"覆盖率 [EB/OL].（2022-02-15）〔2022-11-18〕. https://baijiahao.baidu.com/s?id=1724826175426641550&wfr=spider&for=pc.

　　黄冈是湖北省内较早启动国家"学生饮用奶计划"推广工作的地区之一，历届市委市政府都对此项工作给予高度重视和支持，也取得了较好效果。近年来，随着《"健康中国 2030"规划纲要》《国民营养计划（2017—2030 年）》等一系列重大决策的深入推进，国家"学生饮用奶计划"推广受到越来越广泛的关注和支持。2020 年、2021 年，国家"学生饮用奶计划"推广连续两年列入省政府工作报告。

　　"国家'学生饮用奶计划'是旨在改善学生营养、促进青少年健康成长的国家计划，政府主导、政策扶持，是这项工作的显著特点和重要推手。"2021 年 6 月，农业农村部、中国奶协专家组来黄冈，就国家"学生饮用奶计划"实施推广情况开展专题调研，中国奶业协会副秘书长李栋高度评价黄冈的工作："黄冈国家'学生饮用奶计划'"推广成绩突出，市委市政府对这项工作的重视和支持，功不可没。"

　　国家计划，22 年笃行不息。青少年儿童的健康成长，历来受到党和政府的高度重视，一直是健康中国行动的重中之重。2000 年，党中央、国务院全面研判国际国内大势，充分借鉴国际通行做法，作出了启动实施国家"学生饮用奶计划"的重大决策。2000 年 8 月 29 日，农业部、教育部等国务院七部门联合启动实施国家"学生饮用奶计划"，并列入《中国儿童发展纲要》。22 年来，国家"学生饮用奶计划"推广踔厉奋发，笃行不息。

　　2011 年，我国启动实施的农村义务教育学生营养改善计划，"学生饮用奶"不仅进入政府实施的农村义务教育学生营养改善计划学校，还走进了中国小康牛奶行动 D20 牛奶助学公益活动、中国扶贫基金会的爱加餐项目、实事助学基金会面向贫困学生的资助项目、地方政府组织实施的学生营养餐工程等。

　　2013 年，中国奶业协会制定颁布了《国家"学生饮用奶计划"推广管理办法》和学生饮用奶系列团体标准，全面提升学生饮用奶计划推广工作。

　　2016 年 10 月，中共中央、国务院印发《"健康中国 2030"规划纲要》，明确提出要加强对学校、幼儿园、养老机构等重点区域、重点人群实施营养干预。

　　2017 年 6 月，国务院办公厅下发《国民营养计划（2017—2030 年）》，提出指导学生营养就餐，对学生超重、肥胖情况进行针对性的综合干预；同年，国家卫健委制订《学生营养餐指南》，明确要求 6 至 17 岁学龄人群每天应供应牛奶及奶制品 200～250 克。

　　2018 年 6 月，国务院办公厅印发《关于推进奶业振兴保障乳品质量安全的意见》，明确要求"大力推广国家'学生饮用奶计划'，扩大覆盖范围。"

　　2020 年 12 月，中国奶业协会发布《国家"学生饮用奶计划"推广规划（2021—2025年）》：力争到 2025 年，国家"学生饮用奶计划"日均供应量达到 3 200 万份，饮奶学生数量达到 3 500 万人，社会影响力进一步提升，学生身体素质和营养健康水平得到有效提高和改善。

　　世界共识，1.6 亿儿童受益。牛奶是仅次于人类母乳的营养成分最全、营养价值最高的天然食品，有着"白色血液"之称。牛奶中富含蛋白质、脂肪、氨基酸、糖类、盐类、钙、磷、铁等营养元素，最容易被人体消化吸收；牛奶中的乳蛋白不仅氨基酸组成均衡、易于吸收，还具有抑菌、缓解机体炎症、改善肠道健康、增强机体免疫力等多种生理功效。对于正处在身体成长和智力发育关键时期的孩子们来讲，牛奶的作用更为重要。中国疾控中心研究员赵文华指出，牛奶含有少年儿童生长发育所需的多种营养物质，中小学生每天饮用适量的牛奶可以适时补充营养及能量，不但能满足孩子营养需要、提高学习效率，还有助于增强免疫力，促进身体健康成长。2020 年 4 月，国家卫生健康委员会发布《新冠肺炎防治营养膳食指导》，明确提出：尽量保证每天一个鸡蛋、300 克奶及奶制品。为在校学生提供学生奶，是世界各国的通行做法。据联合国粮农组织统计，目前包括中国在内，世界上有 70 多个国家开展了"学生饮用奶计划"，其中发达国家与发展中国家大体各占一半，全世界超过 1.6 亿儿童受益。

2000 年，联合国粮农组织征求世界各国的意见，为牛奶设定了两个世界性的主题日：一是将每年的 6 月 1 日国际儿童节确定为"世界牛奶日"；二是将每年 9 月最后一周的星期三确定为"世界学生奶日"，提醒全世界各国，重视牛奶对全社会人群、首先是对少年儿童健康的重要性。

2021 年 12 月 18 日，在"投资儿童营养 铸就健康未来——营养改善计划十周年国际研讨会"上，教育部财务司会同中国发展研究基金会联合发布了《农村义务教育学生营养改善计划十周年评估报告》。

根据全国 832 个脱贫县的收集信息和 91 个县的抽样数据，2012 年至 2020 年，随着肉、蛋、奶的持续供给，我国欠发达地区农村 15 岁男生、女生身高分别比 2012 年高出近 10 厘米和 8 厘米，受益学生的体质健康合格率从 2012 年的 70.3% 提高至 2021 年的 86.7%，营养不良问题从 2012 年的 20.3% 下降到 10.2%，贫血率由 2012 年的 19.2% 下降到 9.6%；农村学生上课注意力更加集中，上课积极发言，探索问题的意愿和能力不断增强，缺勤率显著下降，数学成绩提升了约 14 分，英语成绩提升了约 12.5 分。农业农村部专家组赴湖北黄冈伊利乳业有限公司黄州分公司调研新产品试生产。

黄冈作为，"学生饮用奶"推广兴产业强少年。2008 年，伴随中国最大乳企——伊利集团的投资进驻，黄冈全面启动国家"学生饮用奶计划"推广，成为湖北较早启动这项工作的地区之一。14 年推广，黄冈学子的变化随处可见。黄冈小天使幼儿园园长张惠娟介绍，冬春之际，学前儿童易发流感，严重时一个班缺勤率可达三分之一到二分之一；自从两年前幼儿园推广了"学生饮用奶"后，缺勤率大幅下降。在黄州区陶店中心小学，从教多年的副校长喻琳介绍，学校推广"学生饮用奶"10 多年，最明显的变化，就是孩子个头"蹿了一大截"。

2021 年，黄冈的国家"学生饮用奶计划"推广揭开了全新的一页：自秋季开学起，伊利集团旗下首款低温学生酸奶产品——湖北黄冈伊利乳业黄州分公司生产的伊利 QQ 星酸奶在黄冈试生产，黄冈学子首次喝上了黄冈产的"学生饮用奶"。为做好这项工作，伊利投入 300 多万元，为学校添置了加热箱和冷柜，保证学生饮用奶冷天可以喝上热的，热天可以喝到凉的；在每个县市区都建了 1 座学生饮用奶专用冷库，建成学生饮用奶冷链运输车队。湖北黄冈伊利乳业黄州分公司还对黄冈学生低温酸奶产品实行订单生产，将酸奶产品的流转时间压缩一半。14 年推广，受益的不仅仅是黄冈少年儿童。经过 10 多年发展，现在黄冈已拥有伊利旗下最大的单体工厂——湖北黄冈伊利乳业股份有限公司和亚洲最先进的酸奶工厂——湖北黄冈伊利乳业股份有限公司黄州分公司。2021 年，战胜疫情的不利影响，这两家企业年产值超过 40 亿元，创下近年来的又一个高峰。其中湖北黄冈伊利乳业股份有限公司 2021 年 1 月至 11 月实现产值 26.77 亿元，同比增长 17.58%；已纳税 1.01 亿元，同比增长 30.76%。2021 年 5 月，市委书记张家胜会见伊利集团总裁助理包智勇时表示，支持伊利继续深耕黄冈，希望双方不断深化拓展新的合作领域，实现互利共赢①。

梅州市《政府工作报告》：加大国家"学生饮用奶计划"推广力度

2022 年 1 月 11 日，梅州市第八届人民代表大会第一次会议胜利召开。今年的梅州市政府工作报告明确提出——"建设健康梅州。落实国民营养计划，加大国家'学生饮用奶计划'推广力度。"

国家"学生饮用奶计划"是我国第一个由中央政府批准，并组织实施的全国性中小学生营养干预计划，是落实"健康中国"战略的重要举措，也是落实"国民营养计划"的具体行动。2016 年、2017 年，中共中央、国务院相继出台《"健康中国 2030"规划纲要》《国民营养计划（2017—2030 年）》，均明确提出要全面改善中小学生营养状况。国办发〔2018〕43 号、广东省农业农村厅等十部门粤农〔2019〕215 号文件均明确要求：大力推广国家"学生饮用奶计划"，扩大覆盖范围。

作为一项利国利民、造福后代的民生工程，梅州市委、市政府历来高度重视国家"学生饮用奶计划"实施推广，市有关部门合力抓，推动国家"学生饮用奶计划"在我市的顺利开展，有效提升了全市中小学生营养健康水平。2019 年，广东省政府印发《粤府信息》第 33 期——《梅州市实施"学生饮用奶计划"效果好》，充分肯定梅州的经验做法。同年，中国学生营养与健康促进会、中国奶业协会联合授予梅州 5 所学校"国家学生饮用奶计划推广标准学校"荣誉称号，广东省人民政府网站、《南方日报》曾专门报道和转载。截至目前，全市 1 027 所学校已实施推广国家"学生饮用奶计划"。

国家"学生饮用奶计划"的深入推广，不仅得益于市委、市政府的高度重视，同时也离不开企业的积极参与。作为梅州市委、市政府重点招商引资的世界乳业五强、亚洲第一的国家龙头企业——伊利集团，始终以"助力少年强"为己任，不忘初心，笃行不怠，以卓越的品质和优质的服务赢得广泛赞誉。2021 年荣获中国科技界的最高荣誉——国家科学技术进步奖。伊利学生奶坚持健康优奶牛、甄选优牧场、全面优营养的"三优"品质，已成为深入人心的"亮丽名片"。

梅州伊利公司是伊利集团华南生产基地战略布局的关键，拥有亚洲最高标准的冷饮生产项目，自 2014 年正式投产以来，年产能达到 5 万吨，2021 年实现产值 5 亿多元，税收近 3 000 万元，为推动梅州经济发展做出贡献。同时，也为梅州进一步实施推广国家"学生饮用奶计划"提供了强有力的产业支撑。

新起点，新征程。随着"落实国民营养计划，加大国家'学生饮用奶计划'推广力

---

① 黄冈日报.《政府工作报告》再次明确：打造健康黄冈 巩固提升国家"学生饮用奶计划"覆盖率［EB/OL］.（2022 - 01 - 09）［2022 - 11 - 18］. http://www.hg.gov.cn/art/2022/1/9/art _ 7082 _ 1547271. html.

度"写进今年梅州市政府工作报告，必将有力推动全市广大学子茁壮成长①。

《政府工作报告》明确提出：扩大国家"学生饮用奶计划"实施覆盖面

2022年1月12日，清远市第八届人民代表大会第一次会议胜利召开。清远市《政府工作报告》明确提出——"更好地保障和改善民生，扩大国家'学生饮用奶计划'实施覆盖面。"为贯彻落实国家"学生饮用奶计划"这项民生工程。2020年，清远市政府下发了《关于印发"学生饮用奶计划"实施意见的通知》，要求相关部门重视并做好"学生饮用奶计划"工作，2022年初，在刚结束的清远市两会上，政府工作报告中提出：更好地保障和改善民生，扩大国家"学生饮用奶计划"实施覆盖面②。

"健康益阳"，大力推广实施"国家学生饮用奶计划"

"让益阳的孩子能喝上健康、放心的奶是企业的最高宗旨！"2022年1月13日上午，益阳市市政府主持召开中粮集团来益开展国家"学生饮用奶"计划工作座谈会，市政府办公室、市教育局、赫山区教育局、市市场监督管理局分管领导参加会议，中粮集团湖南区域办、蒙牛乳业学生奶中南大区、蒙牛乳业学生奶湖南区域办相关负责人列席会议，现场气氛温情浓厚。会上，中粮集团湖南区域办负责人就推行"营养普惠计划"在益阳市开展捐赠活动，特别是蒙牛乳业按照去年初益阳市政府关于实施国家"学生饮用奶计划"的工作要求所进行的试点推广情况作了汇报。会议围绕2019年中央一号文件中明确实施奶业振兴行动内容精神，就落实《湖南省人民政府与中粮集团有限公司战略合作协议》、推动中粮集团旗下蒙牛乳业学生奶在益阳实施国家"学生饮用奶计划"的相关事宜进行深入讨论和研究。

一、改善青少年营养与健康，让孩子健康成长

孩子的健康成长始终牵挂着社会各界的心。为了改善我国青少年儿童的身体营养与健康状况，各级政府不断探索各种解决方法。2000年，七部委联合发文实施的"国家学生饮用奶计划"，就是对青少年儿童身体营养改善的一项重要措施。"国家学生饮用奶计划"经过22年的发展，截至2021学年春季学期，目前全国在册学生饮用奶生产企业123家，日均供应生鲜乳12 000多吨。全国学生饮用奶在校日均供应量从2001年的50万份，增长到2019—2020学年的2 130万份，惠及2 600万名中小学生，覆盖全国31个省（自治区、直辖市）的63 000多所学校。"学生饮用奶计划"的顺利实施，对改善和提高我国

①　今日湖北杂志社旗下账号.梅州市《政府工作报告》：加大国家"学生饮用奶计划"推广力度［EB/OL］.（2022-02-02）［2022-11-18］. https：//baijiahao. baidu. com/s？id＝1723665161051860145&wfr＝spider&for＝pc.

②　清远市人民政府办公室.《政府工作报告》明确提出：扩大国家"学生饮用奶计划"实施覆盖面［EB/OL］.（2022-01-27）［2022-11-18］. http：//www. gdqy. gov. cn/xxgk/zzjg/zfjg/qysrmzfbgs/bmyw/content/post_1508125. html.

中小学生营养健康水平、促进乳品消费和奶业振兴都起到了积极作用。

二、政策密集出台，各级政府关注"国家学生饮用奶计划"

青少年儿童的健康成长，历来受到党和政府的高度重视，一直是健康中国行动的重中之重。2000 年，党中央、国务院全面研判国际国内大势，作出了启动实施国家"学生饮用奶计划"的重大决策。2000 年 8 月 29 日，农业部、教育部等国务院七部门联合启动实施国家"学生饮用奶计划"，并列入《中国儿童发展纲要》。2011 年，我国启动实施的农村义务教育学生营养改善计划，"学生饮用奶"不仅进入政府实施的农村义务教育学生营养改善计划学校，还走进了中国小康牛奶行动 D20 牛奶助学公益活动、中国扶贫基金会的爱加餐项目、实事助学基金会面向贫困学生的资助项目、地方政府组织实施的学生营养餐工程等。2013 年，中国奶业协会制定颁布了《国家"学生饮用奶计划"推广管理办法》和学生饮用奶系列团体标准，全面提升学生饮用奶计划推广工作。2016 年 10 月，中共中央、国务院印发《"健康中国 2030"规划纲要》，明确提出要加强对学校、幼儿园、养老机构等重点区域、重点人群实施营养干预。2017 年 6 月，国务院办公厅下发《国民营养计划（2017—2030 年）》，提出指导学生营养就餐，对学生超重、肥胖情况进行针对性的综合干预；同年，国家卫健委制订《学生营养餐指南》，明确要求 6 至 17 岁学龄人群每天应供应牛奶及奶制品 200~250 克。2018 年 6 月，国务院办公厅印发《关于推进奶业振兴保障乳品质量安全的意见》，明确要求"大力推广国家'学生饮用奶计划'，扩大覆盖范围。"2019 年 6 月，湖南省人民政府《关于健康湖南行动的实施意见》提出：引导学生养成健康生活习惯，到 2022 年和 2030 年，学生体质健康标准优良率分别达到 50% 及以上和 60% 及以上。2020 年 12 月，中国奶业协会发布《国家"学生饮用奶计划"推广规划（2021—2025 年）》：力争到 2025 年，国家"学生饮用奶计划"日均供应量达到 3 200 万份，饮奶学生数量达到 3 500 万人，社会影响力进一步提升，学生身体素质和营养健康水平得到有效提高和改善。

三、坚持饮用学生奶 改善营养促健康

专家介绍，少年儿童坚持饮用高质量的学生奶，在增强免疫力、促进骨骼发育、控制体重上，作用尤为明显。上海新华医院临床营养中心汤庆娅教授通过对上海 10 所学校的 3 000 多名学生的调查发现，随着钙摄入量的增加，学生肥胖的发生率减少，饮用学生奶的学生体重超标的几率较低。北京大学公共卫生学院营养与食品卫生系教授马冠生也在采访中表示，对于正在成长发育中承担紧张课业的孩子来说，每天按时定量地饮用牛奶，能有效缓解营养不足，补充因活动散失的大量能量，帮助增强免疫力。2020 年初新冠肺炎疫情发生以后，国家卫生健康委员会发布《新冠肺炎防治营养膳食指导》，其中明确提出：尽量保证每天一个鸡蛋，300 克奶及奶制品。中国疾控中心研究员赵文华同时指出，牛奶含有少年儿童生长发育所需的多种营养物质，中小学生每天饮用适量的牛奶可以适时补充营养及能量，不但能满足孩子营养需要、提高学习效率，还有助于增强免疫力，促进身体健康成长。长期调查还显示：上午 10:00 是最佳的营养吸收时段，此时让孩子们在校饮用学生奶，可以达到及时补充体能，保持正常血糖水平，维持良好学习状态的效果。同时，牛奶中的乳糖在体内分解为半乳糖，对儿童的智力发育具有重要作用。

四、企业担当：社会责任与爱心同行

在益阳，为确保少年儿童喝上安全营养的学生奶，学生饮用奶由中粮集团旗下蒙牛乳业未来星学生奶供应，从奶源基地、生产加工、配送服务、规范饮用等均按照国家标准作出了严格规定，在整个生产过程中设置了一系列严格的检测监管标准。蒙牛未来星学生奶还通过多种方式和途径，普及宣传营养知识、开展营养与健康教育，规范校内饮奶流程操作，从征订、配送、储存、领取、分发、饮用、回收的全过程，设定了独有的系统管理流程及规范标准。在学校建设高标准学生奶储藏室，做到安全可靠。同时，蒙牛未来星学生奶把握服务对象的需求，企业不断创新，做好精准化、精细化服务，为让学生冬天能喝上热牛奶，蒙牛特别为实施"学生饮用奶计划"的学校配备牛奶加热箱，保证孩子冬天喝上有温度的学生奶。蒙牛学生奶践行社会责任，2020年疫情期间对南县教育系统抗疫一线人员捐赠价值25万元牛奶，提高一线工作者免疫力；公益先行，心系益阳市特殊儿童和贫困学生的营养健康状况，在益开展了蒙牛"营养普惠计划"捐赠活动，2019至2021年连续3年对南县特殊儿童和贫困学生捐赠价值40万学生奶，2022年进一步持续捐赠价值20万元学生奶，使全市更多的特殊儿童和贫困学生感受到蒙牛"营养普惠计划"的关爱。少年强则国强。青少年健康成长关系到国家、民族根本利益；益阳市推广国家"学生饮用奶计划"必将助力益阳学生健康成长，更好地全面推进健康益阳①。

全面建设健康随州　巩固提升国家"学生饮用奶"计划覆盖率

2022年1月20日，在湖北省第十三届人民代表大会第七次会议上，湖北省《政府工作报告》重点工作任务中明确提出：全面建设健康湖北，巩固提升国家"学生饮用奶计划"覆盖率。这是湖北省政府继2020年、2021年之后第3次将此项工作写入《政府工作报告》。

2022年1月6日，在随州市第五届人民代表大会第一次会议上，《政府工作报告》明确提出：着力保障和改善民生，继续推行国家"学生饮用奶计划"。这也是我市连续3年将国家"学生饮用奶计划"写进市《政府工作报告》。

一、世界公认不容忽视的学生奶"力量"

牛奶是大自然赐予人类的天然食品，有着"白色血液""人类保姆"等美称。牛奶含有丰富的优质蛋白质，特别是钙，很容易消化吸收。中国著名营养学家于若木曾多次强调饮奶的重要性，更倡议我国中小学生"每天至少喝一杯牛奶"。为在校学生提供学生奶，是世界各国的通行做法。据联合国粮农组织统计，目前包括中国在内，世界上有70多个国家开展了"学生饮用奶计划"，其中发达国家与发展中国家大体各占一半，全世界超过1.6亿儿童受益。

营养专家介绍，中小学生坚持饮用高品质的学生奶，在促进骨骼发育、增强免疫力、控制体重上作用尤为明显。上海新华医院临床营养中心通过对上海10所学校的学生调查

---

① 魅力梅山企鹅号."健康益阳"，大力推广实施"国家学生饮用奶计划"[EB/OL]．(2022-01-17)[2022-11-18]．https://new.qq.com/rain/a/20220117a0615g00.

发现，随着钙摄入量的增加，学生肥胖发生率减少，饮用学生奶的学生体重超标几率较低。北京大学公共卫生学院营养与食品卫生系教授马冠生也在采访中表示，对于正在成长发育中承担紧张课业的孩子来说，每天按时定量饮用牛奶，能有效缓解营养不足，补充因活动散失的大量能量，帮助增强免疫力。中国疾控中心研究员赵文华指出，牛奶含有少年儿童生长发育所需的多种营养物质，中小学生每天饮奶可以适时补充营养及能量，不但能满足孩子营养需要、提高学习效率，还有助于增强免疫力，促进身体健康成长。长期调查显示，上午、下午大课间是最佳的营养吸收时段，此时让孩子们饮用学生奶，可以达到及时补充体能，保持正常血糖水平，维持良好学习状态的效果。

二、国家计划高标准严要求赢得广泛支持

"少年强则国强。"中小学生是国家和民族的未来，是健康中国行动的重点人群，历来受到党和政府的高度重视，一直是"健康中国"行动的重中之重。

2000年，党中央、国务院全面研判国际国内大势，充分借鉴国际通行做法，作出了启动实施国家"学生饮用奶计划"的重大决策。2000年8月，国务院七部门联合启动实施国家"学生饮用奶计划"并列入《中国儿童发展纲要》。2016年10月，中共中央、国务院印发《"健康中国2030"规划纲要》，明确提出要加强对学校、幼儿园等重点人群实施营养干预计划。2017年6月，国务院办公厅下发《国民营养计划（2017—2030年）》，提出指导学生营养就餐，对学生超重、肥胖情况进行针对性的综合干预；同年，国家卫健委制订《学生营养餐指南》明确要求6～17岁学龄人群每天应饮用牛奶及奶制品至少200～250克。2018年6月，国务院办公厅印发国办发〔2018〕43号文件，明确要求：大力推广国家"学生饮用奶计划"，扩大覆盖范围。培育具有国际影响力和竞争力的品牌。2020年12月，中国奶业协会发布《国家"学生饮用奶计划"推广规划（2021—2025年）》：力争到2025年，国家"学生饮用奶计划"日均供应量达到3200万份，饮奶学生数量达到3500万人，社会影响力进一步提升，学生身体素质和营养健康水平得到有效提高和改善。

三、政府主导大品牌更易接受认可

长久以来，湖北省引导与监管并行，自上而下形成一股巨大合力，推动国家"学生饮用奶计划"全面开展。截至目前，湖北省逾200万学子受益此项计划。国家"学生饮用奶计划"2008年正式在我市启动，各县市区积极响应，广泛宣传发动，精心组织实施，跟踪协调服务，推动国家"学生饮用奶计划"在我市顺利开展。

2020年7月，湖北省委书记应勇与中粮集团董事长吕军，中粮集团副总裁、时任蒙牛集团董事长陈朗等一行座谈交流，对中粮集团长期以来对湖北经济社会发展的大力支持，以及为湖北疫情防控工作作出的重要贡献表示感谢，欢迎中粮集团扩大在鄂投资布局，在提升农业产业化水平、培育农业龙头企业等方面加强合作。座谈后，省政府与中粮集团签署了《战略合作协议》。2021年9月，随州市政府与中粮集团湖北区域办公室举行座谈会，欢迎中粮集团扩大在随州的投资布局，市政府将全力支持中粮集团在随发展，并就学生饮用奶等板块进行了对接洽谈。会议强调，为确保安全质量，支持国家大型龙头、省委省政府重点招商引资企业向全市供应学生奶。随着国家"学生饮用奶计划"走入越来越多的校园，对改善我市中小学生营养健康状况、提高身体素质发挥了显著作用。2022

年1月6日，"继续推行国家学生饮用奶计划"写入随州市《政府工作报告》，并纳入2022年随州市政府重点工作，由随州市政府督查室对完成进度开展专项督查。2022年1月12日，随州市政府办公室下发《关于分解落实〈政府工作报告〉的通知》，要求各地各部门认真抓好贯彻落实，并明确由随州市教育局牵头，各县市区政府及管委会参与，提升教育供给质量，继续推行国家"学生饮用奶计划"。2022年2月11日，随州市政府印发《关于切实做好国家"学生饮用奶计划"推广工作的通知》（随政办函〔2022〕6号）文件，要求：实行严格的准入制度，要防止非定点企业的乳品利用各种名目进入学校。为保证质量安全，征订选用产品优质、美誉度高的品牌，支持国家大型龙头企业为随州市供应学生奶。

四、传递温暖责任与爱心同行

不是所有的牛奶都是学生奶。国务院和国家七部委文件明确规定，学生饮用奶由获得定点生产学生奶资质的大型骨干乳品企业进行规模化生产。学生奶有专用的产品包装和标志，指定在校推广专供特殊人群（学生）在特殊场所（学校）"定时、定点、集中"饮用。"安全、营养、方便、价廉"是学生奶区别于其他奶制品的显著特征。学生饮用奶的奶源、品质与市场上的高档奶相当，但其价格低于市场同类产品。质量是学生饮用奶的生命线。学生饮用奶的品质是推广工作的第一要务。我国对学生饮用奶的奶源、加工、储存、配送、饮用每一环节都提出了要求，并建立了质量安全保障机制，概括为八个"专"：专供牧场、专罐贮奶、专线加工、专区存贮、专车配送、专职人员、专门制度、专用标志。

在随州，为确保中小学生喝上"安全、营养"的学生奶，市教育局、市市场监督管理局等部门严格按照国务院、国家七部委有关学生饮用奶的质量和安全要求，严格学生饮用奶推广准入机制，选用产品优质、美誉度高的伊利、蒙牛品牌，确保质量和安全，对奶源基地、生产加工、配送服务、规范饮用等均按照国家标准作出了严格规定，在整个生产过程中设置了一系列严格的检测监管标准。随州学生饮用奶推广中心还通过多种方式和途径，普及宣传营养知识、开展营养与健康教育，规范校内饮奶流程操作，从征订、配送、储存、领取、分发、饮用、回收的全过程，设定了独有的系统管理流程及规范标准。青少年是祖国的未来，民族的希望，为孩子们送去健康与营养是对他们最好的关爱。随州市学生饮用奶推广中心持续向各特殊教育学校、留守儿童、生活困难学生捐款捐物，积极践行社会责任，为孩子们的学习和健康助力①。

湖北宜昌改革供餐模式，破解学生在校午餐难题

板栗烧鸡、千张肉丝、椒盐藕夹、清炒小白菜、冬瓜虾米汤、蒸南瓜、酸奶……在湖北省宜昌市深圳路小学的"桃李苑"食堂里，记者看到，热腾腾的午餐十分丰盛，孩子们正吃得津津有味。这一幕正是宜昌市全面实施中小学生营养午餐工程的缩影。为破解学

---

① 随州日报. 全面建设健康随州 巩固提升国家"学生饮用奶"计划覆盖率［EB/OL］.（2022-02-23）［2022-11-18］. http://www.suizhou.gov.cn/zwgk/xxgk/qtzdgknr/hygq/202202/t20220223_970789.shtml.

生在校午餐难题，宜昌市委、市政府高度重视，作为"一号民生工程"高位统筹，市教育局在全市范围内实施义务教育公办学校学生营养午餐工程，交出了一份让学生满意、让家长放心地答卷。

一、如何做到全覆盖？

创新供餐模式赢得民心，"以前下雨天还要回家吃饭，既赶时间也不方便，现在每天可以在学校里慢慢吃，不用着急，还吃得特别好，我最喜欢吃的就是'微厨房'里的大鸡腿。"深圳路小学四（4）班学生冯玥涵对记者说。学生口中的"微厨房"，正是宜昌市创新推出的"中央厨房+微厨房"供餐新模式中的关键一环。宜昌市学校后勤管理办公室主任兰四新介绍，宜昌市目前没有食堂供餐的义务教育阶段公办学校有 61 所，其中 46 所在主城区，受校园面积狭小限制，没有条件建设标准化食堂。企业集中送餐虽然能解决"有饭吃"的问题，但不能解决"吃好饭"的问题，家长和学生的满意度不高。

让学生满意、让家长放心，是宜昌市实施营养午餐工程的初心。在全面摸清学校现状和学生需求的基础上，宜昌市委、市政府印发了《宜昌市中小学生营养午餐工程实施方案》，以"市级统筹、分县（市、区）实施、一校一案、限时达标"为总体要求，积极推进营养午餐工程，通过"传统食堂""中央厨房+微厨房"及过渡性的"集中配送"3 种模式，推进全市中小学生在校午餐服务全覆盖。其中，"中央厨房+微厨房"的供餐新模式解决了没有条件建设标准化食堂学校学生在校午餐难题，打通了在校午餐的"最后一公里"。该供餐模式由托管企业在校外"中央厨房"完成食材初级加工（洗、切、配）、食品贮存、餐具清洗消毒等环节，并由冷链（冷冻）专用车辆运输半成品至学校。学校在校内"微厨房"进行食材终端加工、现场炒制，让学生一下课就能吃到既热乎又可口的新鲜饭菜。据初步统计，2022 年春季学期，宜昌主城区营养午餐覆盖率达 78%。市委、市政府对此予以充分肯定，市委主要负责人指出，营养午餐工程是最得民心的民生工程。

二、如何保障食品安全？

"中央厨房"坚守安全底线，"这是'互联网+明厨亮灶'智慧管理系统，可以与食品生产各环节的摄像头相连，点击 12 个显示屏的任何一个，都能看到食品生产所有点位的实时操作情况。"服务于宜昌市伍家岗区实验小学的"中央厨房"总管刘云季介绍道。在智慧管理系统上，晨检人数、食堂清洁、餐具消毒、环境消毒、检疫检测、食品添加剂使用等各项安全指标一览无余。记者在现场看到，"中央厨房"食材加工的流程同样严谨有序。"分拣、清洗、筛拣、第二次清洗、筛拣、第三次清洗、脱水、真空包装，每一种食材都要经过严密的 8 道程序，丝毫马虎不得，这样才能真正确保卫生安全。"刘云季表示，整个加工过程中不允许走"回头路"，有效避免人流、物流交叉污染。

民以食为天，安全是底线。食品安全是实施营养午餐工程的首要前提。目前，各学校的传统食堂和"微厨房"已全部实现"明厨亮灶"，全面实施智慧监管。学校安装了"中央厨房"加工区域、冷链运输环节、"微厨房"加工区域的视频监控系统，实时进行网络监控。在食堂的墙壁上，整齐有序地悬挂着"五员"制一览表、餐具消毒记录表、餐厨处理记录表、肉蛋禽索证索票等文件，把食品安全真正做到了实处。

三、如何保证营养健康？

逐步打造营养午餐新格局，走进宜昌市第八中学的食堂大厅，映入眼帘的高清大屏上清晰展示着营养食谱及食谱分析报告。"我们每天根据营养食谱分析报告，搭配不同种类的食材，确保午餐的营养总成分达到 85 分以上，保障学生的营养均衡。如果没有搭配好，能量、蛋白质、脂肪等摄入量都会相对下降。"该校校长薛元华介绍，家长可以通过手机 App 实时查看当天学生食用的午餐种类、营养报告等信息，一目了然，公开透明。可以说，实施营养午餐工程，营养健康是根本追求。宜昌市教育局按照国家膳食营养指南和"健康中国 2030"要求，对学生膳食营养提出了具体要求：一是菜品种类要丰富多样，中餐品种不少于两荤两素，每周内食谱不完全重复；二是蛋、奶、果、蔬、肉、豆等要均衡配置，刚性规定生鲜食材不低于 65% 的食材总量，每周至少供应一次新鲜牛肉和随餐牛奶。

"我在学校试吃过营养午餐，饭菜比我自己做得丰富多了，孩子更愿意在学校吃饭，我们既省心又放心。"宜昌市第八中学八（9）班家长郭芹满意地对记者说。"目前，主城区 46 所学校已全面实现供餐服务全覆盖，我们将力争在今年 12 月底，让其他 15 所学校实现供餐服务全覆盖。"宜昌市教育局相关负责人表示，作为切实解决人民群众急难愁盼问题的具体行动，作为"学党史、办实事"的重要举措，营养午餐工程取得显著成效。下一步，宜昌市将着手制定符合中小学生实际的带量营养食谱，逐步实现按食谱采购、按含量配菜、按营养配餐、按需求自选的营养午餐新格局[①]。

胶州：实现中小学标准食堂全覆盖 农村娃 1 元钱吃上营养午餐

在胶州市马店小学，当地政府投资 270 万元建设的学校新食堂刚刚投入使用，1 500 多平方米的新食堂可以同时容纳 600 名学生就餐。运营团队根据学生身体发育和健康成长需求制定了营养食谱。开学第一天，孩子们就吃上了热气腾腾的午餐。

"今天我们食堂的饭有茭瓜炒鸡蛋、冬瓜、鸡腿、热大米，我最喜欢吃的就是这个茭瓜炒鸡蛋。"胶州市马店小学六年级学生高辰露告诉记者，"现在有了食堂就比较方便，而且吃的饭都是热乎的，像之前没有食堂就只能吃盒饭。"

像这样一份荤素搭配、10 多块钱标准的营养午餐，农村中小学学生家长只需要支付一元钱就可以了，其余费用由政府财政予以补贴。"每年投入 1 200 多万元，每天免费为 3 万名农村中小学生提供一盒营养奶。每年投入 3 000 多万元，实施农村中小学营养午餐工程，让农村学生花一块钱就能吃到营养可口的饭菜。"胶州市教育和体育局局长马加波介绍。

截至今年 2 月份，胶州市累计投入 7 200 多万元，建设中小学标准化食堂 103 处，实现中小学标准化食堂全覆盖。其中，25 所农村小规模中小学食堂，每年还能获得总共 210 万元的财政补贴。

"学校食堂从人员、环境卫生、原料采购，到加工过程、清洗消毒，每一个环节都严格按照国家规定的标准严格执行。"胶州市马店小学校长徐洪涛介绍说，"食堂还按照'五谷搭配，粗细搭配，荤素搭配，多样搭配'的基本原则，使营养午餐达到合理营养和

---

① 中国教育报．湖北宜昌改革供餐模式，破解学生在校午餐难题［EB/OL］．（2022-02-28）［2022-11-18］．https://baijiahao.baidu.com/s?id=1725989494112861079&wfr=spider&for=pc.

平衡膳食的要求。真正做到让师生放心，让家长放心，让社会放心。"

在胶州，"上午一盒营养奶，中午一顿营养餐，放学校内有托管，来回校车有接送"已经成为农村中小学生的标配，城乡教育优质均衡发展的理念落到了实处①。

学生饮用奶拟实行目录备案 浏阳市教育局召开食品安全管理座谈会

"将出台《学校学生饮用奶及自助服务系统管理暂行办法》，学生饮用奶运营服务商实行目录备案管理，全力确保学校学生饮用奶及自助服务系统管理规范。"2022 年 3 月 1 日上午，浏阳市教育局组织召开学校学生食堂和饮用奶安全管理座谈会，集思广益、共商措施、商谋治理、提升效能。

会上，监察科和审计科分别就食堂管理中纪检巡查和内审情况进行了通报，分析了存在的问题，并对相关纪律要求和规定进行强调。后勤产业服务中心组织解读了《浏阳市中小学校食堂托管服务监管办法》和《学校学生饮用奶及自助服务系统管理暂行办法》，从后勤管理专业、专心、专注三个维度，对学校后勤管理工作重要性进行强化，对细化管理、落实管理措施等工作进行安排部署。

与会人员介绍了本单位校园食品安全管理基本情况，深刻剖析了现今食堂托管、食堂劳务托管、自营模式存在的优势与弊端，并就如何更好地办好人民满意食堂提出建议。市教育局党委委员、总督学李筱端强调，在新时代、新政策的背景下，要服务育人、拔高坐标；要防范风险，强化治理；要整章建制，闭环管理；要敬畏法纪，以人为本，保障饮食安全。浏阳市教育局后勤产业服务中心、监察科和审计科负责人，部分市直属学校、教育发展中心、初级中学和小学负责人参加会议②。

投资儿童未来 | 营养餐如何保障教育，并助力摆脱饥饿和不平等

2022 年 3 月 10 日，国际学校营养餐日，世界粮食计划署全球学校供餐计划处主任卡门·布尔巴诺（Carmen Burbano）表示，如果不对下一代的健康和福祉进行投资，我们就没有实现粮食安全的希望。

在新冠肺炎疫情大流行期间，低收入国家的儿童超过两年不能接受教育。在此期间，由于学校停课，3.7 亿儿童错过了营养餐和基本卫生服务。如今，仍有 1.5 亿学生无法获得营养餐。

布尔巴诺说，投资于年轻一代的教育、健康和营养对于改善未来的经济增长和发展前

---

① 闪电新闻. 胶州：实现中小学标准食堂全覆盖 农村娃 1 元钱吃上营养午餐［EB/OL］.（2022-02-17）［2022-11-18］. https://baijiahao. baidu. com/s?id=1724993214459294001&wfr=spider&for=pc.

② 浏阳教育. 学生饮用奶拟实行目录备案! 浏阳市教育局召开食品安全管理座谈会［EB/OL］.（2022-03-01）［2022-11-18］. https://view. inews. qq. com/k/20220301A0BVYH00? web_channel=wap&openApp=false.

景至关重要，因为年轻人有创造"人力资本"的潜力。"以高收入国家为例——它们大约70%的财富来自人民，来自人民的创造，来自他们的发明和生产。"相比之下，"早期不投资于教育、健康和营养的国家在未来将失去生产力。在低收入国家，只有大约30%的财富来自人民，其余70%的人实际上没有能力提高生产力，以及为经济增长做出贡献。"她说，"为每个人提供体面的生活"需要一种全局性的方法，"需要关注这一点的不仅仅是教育部门，这也是许多部门共同的责任——例如健康行业、社会保障、农业等。"学校营养餐项目是这些部门的交叉点。这一项目不仅仅提供食物，而且可以支持当地农业和市场，同时改善健康、营养和教育，使社区更具恢复力。如果我们希望这些投资能够持续下去，政府要发挥关键作用，政府要提高对学校供餐计划的财政投入和政策扶持，这些都是需要高层做出的决定①。

铜官区市监局开展学生饮用奶专项抽检工作

为加强校园食品安全监管工作，保障"学生奶"质量安全，2022年3月4日下午，铜官区市监局开展学生饮用奶专项抽检工作，对铜陵市"学生奶"集中配送站进行监督抽检。

现场，执法人员检查了该公司的相关证照、进货台账等资料。在执法人员的陪同下，第三方检验机构的抽样人员对仓库中的"学生奶"进行了抽样。本次检验项目既包含三聚氰胺等非食用物质、致病微生物、地塞米松等兽药残留、山梨酸及其钾盐等添加剂和重金属等食品安全指标，也包括蛋白质含量等营养指标，共计30个检验项目。

学生饮用奶的质量安全是"学生饮用奶计划"推广工作的第一要务，是事关青少年的身体健康、人身安全的头等大事。此次专项抽检就是为了把好"学生奶"质量关，杜绝不合格的产品进入校园，抽检结果后续将对外公示。下一步，铜官区市监局将继续会同教育等部门共同维护校园食品安全，守护好"祖国花朵"②。

中国扶贫基金会·爱加餐为民族学生营养加餐

为帮助边远贫困民族学生改善营养状况，2022年3月14日，中国扶贫基金会·爱加餐公益项目为宣威市倘塘镇法宏民族小学271名学生在校期间每天提供"一个蛋、一盒奶"的营养加餐。

"一个蛋、一盒奶"对边远贫困民族学校学生来说是不可多得的"美味佳肴"，可保障学生每天吃上规律早餐。首次发放仪式上，看着孩子们吃着鸡蛋、喝着牛奶的纯真笑脸，该完小校长代表学生及家长向中国扶贫基金会·爱加餐公益项目表示真诚的感谢，并承诺加强对"爱加餐"项目后勤人员培训，制定详实的领用、食用细则，合理安排每天

① 中国奶业协会. 投资儿童未来 ┃ 营养餐如何保障教育，并助力摆脱饥饿和不平等［EB/OL］. (2022-04-04)［2022-11-18］. http://www.ytpp.com.cn/data/2022-04-04/102244.html.

② 铜官区市场监督管理局. 铜官区市监局开展学生饮用奶专项抽检工作［EB/OL］. (2022-03-04)［2022-11-18］. https://scjgj.tl.gov.cn/6052_7025_6056/202203/t20220307_1795095.html.

早餐食用时间。

中国扶贫基金会·爱加餐公益项目聚焦儿童营养改善，促进了边远贫困地区儿童营养均衡发展，助力边远贫困地区儿童健康成长，推动了巩固拓展脱贫攻坚成果同乡村振兴的有效衔接①。

襄阳市学校食堂和商店禁用不可降解一次性塑料制品

襄阳市2022年中小学校后勤保障工作的主要目标为：持续推动"互联网+明厨亮灶"工程建设，全市50%学校食堂完成智慧监管平台接入任务；持续推动全市营养带量食谱推广工作，完成襄阳市中小学生营养餐标准制定和发布，实现全市中小学校食堂全覆盖；持续推动国家"学生饮用奶计划"宣传推广工作，实现学校全覆盖；开展全市中小学食堂管理人员培训200人次，从业人员培训200人次；完成市级"健康食堂"创建40所，省级"健康 食堂"6所。

按照《襄阳市校园食品安全守护行动实施方案（2020—2022年）》要求，各校要严格落实校长（园长）食品安全第一责任人和学校相关负责人陪餐制度；建立学校食品安全风险责任清单，制定可操作的防控措施；积极落实学校食堂大宗食品公开招标、集中定点采购制度；积极推广色标管理、五常（常组织、常整顿、常清洁、常规范、常自律），6T（天天处理、天天整合、天天清扫、天天规范、天天检查、天天改进），管理法等食品安全管理方法，提升学校食堂食品安全风险防控管理水平②。

胶州发布 2022 年重点办好城乡建设和改善人民生活方面 10 件实事

2022年4月13日，胶州市政府发布通知称，为进一步加快城乡一体化建设，着力解决人民群众最关心、最直接、最期盼的问题，胶州市政府决定，2022年在城乡建设和改善人民生活方面重点办好10件实事，包括以下方面。

增强教育保障能力，开工建设中小学4所，在全市农村中小学实施营养午餐工程和学生饮用奶计划，选派城区200名优秀教师到农村（薄弱）学校支教，建设"互联网+"校园安全综合防控管理系统，对1 018间普通教室进行照明达标改造，建设人工智能实验室70个、开工建设中小学4所。在全市农村中小学实施营养午餐工程。在全市农村中小学实施学生奶饮用计划。选派城区200名优秀教师到农村（薄弱）学校支教。建设"互联网+"校园安全综合防控管理系统。完成22所学校和局端防控平台"互联网"校园安全综合防控管理系统建设。对1 018间普通教室进行照明达标改造。建设人工智能实验室70个。加强公共安全保障，修缮提升向阳市场及农贸市场，开展食品定性定量检测4 200批

---

① 曲靖珠江网. 中国扶贫基金会·爱加餐为民族学生营养加餐［EB/OL］.（2022-03-16）［2022-11-18］. https://baijiahao.baidu.com/s?id=1727409648197991466&wfr=spider&for=pc.

② 襄阳市人民政府. 襄阳市学校食堂和商店禁用不可降解一次性塑料制品［EB/OL］.（2022-03-27）［2022-11-18］. http://www.xiangyang.gov.cn/zxzx/jrgz/202203/t20220327_2758826.shtml.

次，为 198 所学校（托幼机构）安装快检室，对重点集体聚餐单位实施"互联网+明厨亮灶"监管。修缮提升向阳市场和农贸市场。修缮老旧设施，铺设强弱电线路，更换消防、空调设施及老旧大棚等。开展食品安全定性定量检测 4 200 批次。为 198 所学校（托幼机构）安装快检室。对全市学校及托幼机构原材料进行快检，为学生饮食安全把关，确保全市师生饮食安全。对重点集体聚餐单位实施"互联网+明厨亮灶"监管。在全市 326 所学校（托幼机构）、23 家养老机构食堂安装监控摄像设备和物联设备①。

毕节市开展国家"学生饮用奶计划"试点工作

2022 年初以来，毕节市在七星关区、黔西市和金沙县开展国家"学生饮用奶计划"试点工作，经过 4 个多月的试点，效果明显，得到许多学生和家长好评。

据悉，为贯彻落实《国务院办公厅关于推进奶业振兴保障乳品质量安全的意见》（国办发〔2018〕43 号）和《省教育厅等五部门转发〈教育部 国家发展和改革委 财政部国家卫生健康委 市场监督管理总局关于进一步加强农村义务教育学生营养改善计划有关管理的通知〉的通知》（黔教函〔2020〕15 号）精神，结合具体实际，毕节市教育局于2021 年 12 月发出文件通知，决定在七星关区、黔西市、金沙县开展国家"学生饮用奶计划"试点工作。

文件要求，试点工作必须坚持两个基本原则：一是坚持严格准入原则。学生饮用奶必须符合《食品安全法》等法律法规的要求并严格按照食品安全管理规定进行管理。各试点县（市、区）原则上要选用行业龙头、一线品牌企业生产的产品。学生饮用奶必须使用印制有"中国学生饮用奶"标志（中国学生饮用奶标志是由示意奶滴加上"学"字图形，"中国学生饮用奶"和"SCHOOL MILK OF CHINA"中英文字体组成的图形图案，用红、绿、白三种颜色着色）进行标识或明确专供中小学生在校饮用的标注。严禁以实施国家"学生饮用奶计划"名义组织学生饮用未经国家有关部门认定和审批的牛奶。二是坚持学生及家长自愿原则。国家"学生饮用奶计划"试点工作必须坚持自愿征订原则，严禁强制或变相强制学生及家长征订饮用。学生家长通过"毕节市学生饮用奶服务平台"自愿扫码订购，学校不得代替供奶企业向学生家长收费。

同时还要求各试点县（市、区）教育科技局要成立推广国家"学生饮用奶计划"试点工作领导小组，明确分管领导和责任股室，负责辖区内国家"学生饮用奶计划"试点工作的组织实施，及时协调和解决试点工作中出现的问题，有序推进国家"学生饮用奶计划"试点工作。各学校要明确一名校级领导负责"学生饮用奶计划"推广工作，根据学校规模提供适当房间用作学生奶专用储存室，监督并配合供奶企业做好学生奶订购、储存、分发、集中饮用、废弃包装物的收集处理等工作。

各试点县（市、区）教育行政部门要加强对辖区内学校国家"学生饮用奶计划"推广工作的正确指导，讲清讲透国家相关政策要求。学校要面向家长、学生做好政策宣传和

---

① 半岛新闻客户端. 胶州发布 2022 年重点办好城乡建设和改善人民生活方面 10 件实事［EB/OL］.（2022－04－14）［2022－11－18］. https：//view. inews. qq. com/k/20220414A09ZBK00? web_channel = wap&openApp=false.

学生饮用奶营养健康知识宣讲，争取学生和家长的认可与支持。宣传引导工作要做到认真细致，切忌过程粗放、方法简单。要定期开展国家"学生饮用奶计划"试点工作督导检查，及时纠正在国家"学生饮用奶计划"推广实施过程中存在的问题。要及时总结经验，推广好的措施、模式、经验和做法，为下一步在全市推广国家"学生饮用奶计划"提供有力保障[①]。

一个山区县的 5 元自助营养餐实践

2022 年 5 月 25 日清早，在广西柳州市融水苗族自治县第三小学食堂餐台上，摆放着牛奶、猪肉粉、牛肉粉、肉粥、包子、馒头、面包、鸡蛋、香肠、蛋糕、筒骨汤等 10 多个品类的早餐，供学生自助选择。

据了解，目前融水全县已有 15 所中小学实行"5 元自助餐"模式。这是 2011 年融水县被纳入国家农村义务教育学生营养改善计划后，当地创造性探索出一种适合本地实际的学生用餐模式。仅仅 5 元的资金（不含人工水电燃料费——记者注），不但能让学生吃得饱吃得安全，而且菜谱还比较丰富，口味和营养都达到学生的膳食要求。像融水这样一个 2 年前才脱贫摘帽的山区少数民族县，是如何做到的？5 元够用吗？融水县中小学实行"5 元自助餐"模式后，引来社会的广泛关注，一些外界人士不禁感到好奇：要做出这样品类丰富的自助餐，5 元够用吗？

"开自助餐的食材采购品种要比不开自助餐多一点，但总量变化不大，关键是政府、学校要愿意做。"负责学生营养改善计划工作的融水县教育局资助办副主任卢凤艳说，只要认真按照上级要求管理好学生食堂，不对外承包或变相承包，采购环节不出现腐败问题，不浪费食材，5 元够用。自 2015 年春季学期开始，融水县通过公开招标，让中标企业为全县中小学和公立幼儿园，统一配送一天三餐所需的食材和调味品。并由县纪委监委、教育局、财政局、市场监督管理局、发改局等部门，对食材质量、价格、资金、票据等进行全程精准监督，构筑了一道严密的食品安全和廉政防线。融水县还会定期组织学生家长参观学生营养餐的配送企业。按照当地政府要求，配送企业送到学校食材的品类、新鲜程度、营养价值都有严格要求。由于总的采购量大，即便加上运送到学校的油费，企业配送食材的价格仍低于市场价。地方领导的重视与否，是影响各地营养餐执行质量和改善力度的关键因素。据了解，前几年猪肉价格疯涨时，为了保障营养餐正常开展，柳州市政府从 2020 年开始，在每生每天 4 元的基础上（从 2021 年秋季学期起，农村义务教育学生膳食补助标准由 4 元提高至 5 元——记者注），对下辖 12 个试点县区受益学生给予 1.5 元的额外过渡性补助。

为了让国家补助资金的每一分钱都吃到孩子们嘴里，融水县通过地方财政每年投入610 万元用于支付食堂厨师、工勤人员工资，学校食堂的水电煤气等费用则由学校公用经费开支。近年来，随着易地扶贫搬迁等政策的实施，融水县城学校接收了大量进城务工农村劳动者子女。按照规定，国家农村义务教育学生营养改善计划的资金只覆盖到农村学

---

① 中国食品安全网. 毕节市开展国家"学生饮用奶计划"试点工作 [EB/OL]. (2022-05-17) [2022-11-18]. https://www.cfsn.cn/front/web/mobile.newshow?newsid=84105.

校，县城学校不能享受这一补助，为了照顾这部分学生，融水县委、县政府决定从有限的县本级财政中拿出资金，将县城中小学校纳入营养改善计划。

让学生吃自助餐不浪费的诀窍？2018 年 6 月 11 日，丹江中学在融水率先试行"4 元（当时的标准——记者注）四荤两素一饭一汤"自助用餐模式，实现了菜品多样化的初步目标。菜品丰富了，还可以让学生自主选择，却依然存在浪费的现象。调研时，学生们普遍反映，菜煮得不够好吃，不合胃口。原来，当时学生食堂的工友多数没有经过系统、专业的烹饪技术培训。为此，融水县教育主管部门在广泛调研的基础上，决定加大对食堂工友烹饪技能的培训，让学生吃上可口的饭菜。

如何让营养餐更"营养"？提升自助餐的品类和口味，让学生爱吃多吃，是实施好学生营养改善计划的前提，要想真正达到营养改善的目的，还须在提升营养搭配的科学性上下功夫。融水县永乐镇东阳小学是全县第一个实行自助用餐的村级小学。校长蓝正立回忆，之前都是由学校的老师为学生制订每天的食谱，并列出每天的食材采购清单。但是，老师们在营养学方面是"门外汉"，只能凭个人经验采购食材。"对我们的老师而言，拟订一次学生午餐的营养食谱，比备一节课更加困难。"为解决这一问题，该县聘请了持营养师证书的专业人士为"学生营养顾问"，根据学生成长发育的营养需求，为学生拟订每周的食谱计划。"原来我们的食谱比较简单，以猪肉、白菜等常规食谱为主。在营养师的指导下，现在学生能吃上牛肉、鸡蛋、胡萝卜、洋葱等以前很少吃的菜品。"良寨乡中心小学校长贾朝晖介绍。该校地处广西与贵州交界处，于 2018 年秋季学期开始，率先在乡镇学校实行自助用餐模式，现在学生的营养水平和学业成绩都得到提升。柳州市营养学会了解到融水一些学校推行营养自助用餐模式后，主动前来丹江中学，义务提供学生营养顾问服务。"下一步，我们还要在营养改善计划上做加法。"融水县教育局资助办副主任卢凤艳表示，在让广大学生吃得饱、吃得好的基础上，融水县将在各个学校加强"食育"教育，让学生在自助就餐的过程中养成文明礼让、崇尚节约、感恩社会的品德①。

我国儿童健康水平整体提高

《国务院关于儿童健康促进工作情况的报告》于 2022 年 6 月 21 日提请十三届全国人大常委会第三十五次会议审议。报告显示，党的十八大以来，我国儿童健康工作投入力度持续加大，政策体系不断完善，儿童健康水平整体明显提高。

促进儿童健康成长，将为我国的可持续发展提供宝贵资源和不竭动力。报告数据显示，2021 年全国婴儿死亡率、5 岁以下儿童死亡率分别为 5.0‰和 7.1‰，较 2012 年下降 51.5%和 46.2%，总体优于中高收入国家平均水平。6 岁以下儿童生长迟缓率和低体重率等指标逐步改善，儿童常见传染病得到有效控制，神经管缺陷、唐氏综合征等严重致残出生缺陷得到初步控制。

儿童健康事关家庭幸福和民族未来。我国先后制定和修改了疫苗管理法、基本医疗卫生与健康促进法等法律，为儿童健康促进工作提供了基本的法律依据，儿童健康促进工作

---

① 中国青年报. 一个山区县的 5 元自助营养餐实践［EB/OL］.（2022-05-30）［2022-11-18］. ht-tp://zqb. cyol. com/html/2022-05/30/nw. D110000zgqnb_20220530_3-05. htm.

在法规政策、保障机制等方面成效明显。

报告介绍，我国两次修订人口与计划生育法，不断强化提高出生人口素质，加强母婴保健和婴幼儿照护服务。修订药品管理法，进一步明确鼓励儿童用药的研制和创新，对儿童用药予以优先审评审批。同时，儿童健康促进保障机制不断健全。报告指出，我国将预防接种、儿童健康管理、儿童中医药健康管理纳入国家基本公共卫生服务项目免费向 0~6 岁儿童提供。儿童专用药和适用药占国家医保目录内药品种类的 20.13%，经谈判新进入目录的 34 个独家儿童用药品平均降价 55.6%。2012 年以来，累计救助 0~6 岁残疾儿童 140 余万人。

近视肥胖防控、重大疾病救治、心理健康等事关儿童健康的重点问题牵动人心。报告显示，我国全面加强儿童青少年近视防控，2020 年，0~6 岁儿童眼保健和视力检查覆盖率 91.8%。持续实施艾滋病、乙肝母婴阻断，艾滋病母婴传播率下降到 2021 年的 3.3%，降至历史最低点。将免疫性溶血性贫血、中枢神经系统肿瘤等 12 个病种纳入儿童血液病、恶性肿瘤救治管理病种范围。2021 年，全国儿童肿瘤患者省域内就诊率达到 85% 以上。将儿童青少年心理健康纳入健康中国行动统筹推进，初步缓解了基层儿童心理服务短缺问题①。

2022 年中小学生膳食指导和营养教育网络视频培训顺利举行

为进一步推动农村义务教育学生营养改善计划（以下简称"营养改善计划"）的顺利实施，结合历年营养健康监测评估结果，开展有针对性的膳食指导和营养宣传教育，2022 年中小学生膳食指导和营养教育网络视频培训班于 2022 年 6 月 23 日线上召开。会议由中国疾病预防控制中心营养与健康所和全国农村义务教育学生营养改善计划领导小组办公室联合主办。来自全国 31 个省（自治区、直辖市）和新疆生产建设兵团的各级疾控中心、教育部门及学校的相关工作人员约 98 万余人次通过网络参加培训。

培训班由中国疾病预防控制中心营养与健康所党委副书记李新威主持。全国农村义务教育学生营养改善计划领导小组办公室、教育部财务司副司长刘景指出，各地在实施学生营养改善过程中，要综合分析历年监测评估结果，落实《学生餐营养指南》的要求，用好"学生电子营养师"等配餐工具。国家卫生健康委员会疾病预防控制局慢病与营养处副处长段琳强调，受食物环境和新冠肺炎疫情的影响，儿童的膳食指导和营养教育要更加有针对性，从"大水漫灌"转向"精准滴灌"。中国疾病预防控制中心营养与健康所丁钢强所长指出，对学生合理供餐，并开展系统的营养健康教育是提高人力资本最具成本效益的措施之一。

全国学生资助管理中心营养改善计划实施管理处副处长吕杰系统地介绍了农村义务教育学生营养改善计划的实施进展和管理要求。中国疾病预防控制中心营养与健康所学生营养室研究员张倩、许娟等专家介绍了 2022 年 6 月刚刚发布的《农村义务教育学生营养改善计划膳食指导与营养教育工作方案》和《农村义务教育学生营养改善计划营养干预试

---

① 中华人民共和国中央人民政府. 我国儿童健康水平整体提高［EB/OL］.（2022-06-21）［2022-11-18］. http://www.gov.cn/xinwen/2022-06/21/content_5696991.htm.

点方案"），并讲解了"学生电子营养师"配餐平台和《中/小学营养健康教育教师指导用书》核心信息及使用方法。

培训班也邀请了中国营养学会理事长杨月欣、中国疾病预防控制中心营养与健康所首席专家赵文华、北京大学公共卫生学院教授马冠生、安徽医科大学教授陶芳标，广西医科大学教授李春灵分别介绍了近期发布的中国居民和儿童的膳食、身体活动、肥胖防控和近视防控相关指南及宣传教育方法。

本次培训班强调，各地要以历年的营养监测评估结果为基础，开展有针对性的膳食指导和营养教育，落实营养干预试点。与会人员纷纷表示将在今后的工作中继续探索多种形式的营养健康教育，更好地促进我国儿童青少年健康成长[①]。

《中国居民膳食指南（2022）》在京发布

膳食指南是健康教育和公共政策的基础性文件，是国家实施《健康中国行动（2019—2030年）》和《国民营养计划（2017—2030年）》的一个重要技术支撑。2022年4月26日上午，《中国居民膳食指南（2022）》发布会在京举行。

来自国家卫生健康委食品司、中国科协科普部、中国疾控中心、中国健康教育中心、国家食品安全风险评估中心、农业农村部食物与营养发展研究所、国家体育总局体育科学研究所的有关领导和专家，中国居民膳食指南修订专家委员会成员以及中华预防医学会、中国医师协会、中国学生营养与健康促进会、中国食品工业协会、中国营养保健食品协会、中国健康促进与教育协会的领导，以及人民日报、新华社、中央电视台、光明日报等主流媒体代表参加。

自1989年首次发布《中国居民膳食指南》以来，我国已先后于1997年、2007年、2016年进行了三次修订并发布，在不同时期对指导居民通过平衡膳食改变营养健康状况、预防慢性病、增强健康素质发挥了重要作用。在国家卫生健康委等有关部门的指导和关心下，中国营养学会组织近百位专家对膳食指南再次进行修订，经过近三年的努力，在对近年来我国居民膳食结构和营养健康状况变化做充分调查的基础上，依据营养科学原理和最新科学证据，结合当前疫情常态化防控和制止餐饮浪费等有关要求，形成《中国居民膳食指南研究报告》，并在此基础上顺利完成《中国居民膳食指南（2022）》。

国家卫生健康委食品司张磊时一级巡视员、中国科协科普部信息化处刘俊处长、中国健康教育中心吴敬副主任、国家食品安全风险评估中心李宁主任、中国疾控中心营养与健康所丁钢强所长、农业农村部食物与营养发展研究所王济民副所长、国家体育总局体育科学研究所王梅研究员与中国营养学会理事长、膳食指南修订专家委员会主任杨月欣教授一起启动了《中国居民膳食指南（2022）》发布仪式。

中国营养学会理事长对《中国居民膳食指南（2022）》主要内容和修订意义进行了解读。《中国居民膳食指南（2022）》提炼出了平衡膳食八准则：一、食物多样，合理搭配；二、吃动平衡，健康体重；三、多吃蔬果、奶类、全谷、大豆；四、适量吃鱼、禽、

---

① 中国疾病预防控制中心.2022年中小学生膳食指导和营养教育网络视频培训顺利举行［EB/OL］.（2022-07-09）［2022-11-18］.https://www.chinacdc.cn/zxdt/202207/t20220709_260163.html.

蛋、瘦肉；五、少盐少油，控糖限酒；六、规律进餐，足量饮水；七、会烹会选，会看标签；八、公筷分餐，杜绝浪费。《中国居民膳食指南（2022）》包含 2 岁以上大众膳食指南，以及 9 个特定人群指南。为方便百姓应用，还修订完成《中国居民膳食指南（2022）》科普版，帮助百姓做出有益健康的饮食选择和行为改变。同时还修订完成了中国居民平衡膳食宝塔（2022）、中国居民平衡膳食餐盘（2022）和儿童平衡膳食算盘（2022）等可视化图形，指导大众在日常生活中进行具体实践。

发布会上，与会领导和专家还就指南修订的重要意义、新版指南的新变化，以及宣贯推广等问题，国家卫生健康委食品司一级巡视员张磊时、中国健康教育中心副主任吴敬、国家食品安全风险评估中心主任李宁、农业农村部食物与营养发展研究所副所长王济民、国家体育总局体育科学研究所研究员王梅、中国科协科普部信息化处处长刘俊进行了座谈交流。

《中国居民膳食指南（2022）》是近百名专家对营养和膳食问题的核心意见和科学共识，将为全体营养和健康教育工作者、健康传播者提供最新最权威的科学证据和资源，在落实健康中国行动中发挥重要作用。启动仪式现场还举办了《中国居民膳食指南（2022）》图书捐赠仪式。中华预防医学会秘书长冯子健、中国学生营养与健康促进会会长陈永祥、中国营养保健食品协会执行副会长厉梁秋、中国健康促进与教育协会副会长王玲玲、中国医师协会副秘书长郭海鹏、中国食品工业协会副秘书长徐坚以及从事健康传播和教育的专家、媒体代表接受赠书，并纷纷表示做好组织动员，推动新版中国居民膳食指南在全国宣贯推广和贯彻落实①。

2021 年学校供餐与学生营养研讨会顺利举办

保证儿童青少年获得均衡的膳食是持续提高人民健康水平、全面推进健康中国建设的基础。在新冠肺炎疫情防控的过程中，全社会对儿童营养健康的关注日益增加。为促进我国中小学生合理供餐，改善儿童青少年的营养健康，2021 年学校供餐与学生营养研讨会于 2021 年 12 月 28—29 日在北京召开。会议由国家卫生健康委疾控局和教育部体卫艺司指导，中国疾病预防控制中心营养与健康所和中国学生营养与健康促进会联合主办。

国家卫生健康委疾控局、教育部体卫艺司、国务院妇女儿童工作委员会办公室等相关单位领导，以及来自全国 31 个省（自治区、直辖市）和新疆生产建设兵团的省、市、县级疾控中心、教育部门、学校的学校供餐与学生营养工作负责人，以及相关领域的专家、社会团体和企业约 12 万人通过线上或线下参加会议。

研讨会由中国疾病预防控制中心营养与健康所党委副书记兼纪委书记李新威和副所长赖建强主持。中国学生营养与健康促进会会长陈永祥在开幕致辞时指出，保障儿童青少年的营养健康是实现中华民族复兴的基础。教育部体卫艺司副司长刘培俊强调，全国各地、各级教育系统、各类学校以及社会各界要将大力促进青少年健康作为当前和今后一段时期的共同任务，呼吁社会各界凝聚共识，做好青少年健康促进工作，帮助青少年健康成长。

---

① 中国营养学会.《中国居民膳食指南（2022）》在京发布［EB/OL］.（2022-04-27）［2022-11-18］. https://www.chinanutri.cn/xwzx_238/xyxw/202204/t20220427_258627.html.

国务院妇女儿童工作委员会办公室贺连辉副主任在解读《中国儿童发展纲要（2021—2030）》时，提出要进一步缩小儿童发展的城乡、区域和群体之间差距，健全基层儿童保护和服务机制，保证儿童健康权利。

中国疾病预防控制营养与健康所党委书记兼所长丁钢强指出，我国儿童青少年面临着的营养健康问题已经从传统的"吃不饱"带来的营养不足，转变为"吃不对"带来的超重肥胖。国家卫健委、教育部等六部委2020年联合发布了《儿童青少年肥胖防控实施方案》，将学校作为预防与控制儿童肥胖的重要场所，将学校合理供餐和营养教育作为重要的措施之一。教育部体卫艺司体育与卫生教育处樊泽民副处长对近年来出台的学校供餐和学生营养政策进行了解析，要求基层学校严格遵守国家出台的相关政策规定、落实责任分工，积极推进各方联动，提高学校营养配餐和科学管理能力，保障学生餐的安全、营养。中国工程院院士陈君石在报告中指出，虽然我国在学生营养和学校供餐方面的政策已经齐全，更重要的是加强落实，要在营养均衡的基础上兼顾学生的口味和地方饮食习惯。国家卫生健康委疾控局慢病与营养处副处长段琳结合新冠肺炎疫情防控，解析了我国儿童肥胖防控面临的挑战，鼓励基层要结合各地特点，做到防范新冠肺炎疫情和促进儿童健康协同推进。

教育部全国学生资助管理中心王振亚处长介绍了2021年"学生营养改善计划"最新工作进展，结合社会关注的热点问题，鼓励各地采用信息化技术、集中采购等方式加强学校供餐的监管，切实按照国家出台的文件落实各方责任，保证学生营养改善工作的有序推进。来自联合国世界粮食计划署的Edward Lloyd-Evans博士通过视频分享了全球学校供餐的现状和发展。另外，中国疾病预防控制中心营养与健康所研究员张倩、中国农业大学全球食物经济与政策研究院的樊胜根院长、北京大学临床研究所的武阳丰常务副所长及中国奶业协会的李栋副秘书长，分别解析如何在学校供餐过程中，如何通过《学生电子营养师》等信息化技术推进均衡膳食，并将学校供餐与粮食供应系统、减盐策略和学生饮用奶计划结合，促进校农结合，推广信息化手段，保证学校供餐的卫生安全与营养健康。

国家卫生健康委食品安全标准与监测评估司食品营养处处长徐娇分享了今年出台的营养与健康示范学校创建思路，强调各地要积极探索，形成具有地方特色的营养与健康示范学校。中国疾病预防控制中心营养学首席专家赵文华对比了我国儿童过去30年间膳食结构变迁，倡导吃动平衡、积极运动促进儿童营养与健康的理念。刘爱玲研究员从儿童营养健康教育国际经验出发，强调要加强社会、学校、学生多层面的营养健康教育，提高全社会营养健康素养。何宇纳研究员分享了均衡膳食，以及控制盐、油、糖摄入促进儿童健康的科学证据。随后，来自基层疾控中心的营养工作者以及学校校长，分享了各地学校供餐工作和营养健康教育的经验和思考①。

---

① 学生营养室.2021年学校供餐与学生营养研讨会顺利举办［EB/OL］.（2022-01-06）［2022-11-18］.https://www.chinanutri.cn/xwzx_238/gzdt/202201/t20220106_255826.html.

《小学生营养教育教师指导用书（2021）》和《中学生营养教育教师指导用书（2021）》出版

由中国疾病预防控制中心营养与健康所组织编撰的《小学生营养教育教师指导用书（2021）》和《中学生营养教育教师指导用书（2021）》正式出版，两书以教育部规定的中小学各阶段健康教育中的营养健康内容为基础，结合中小学生营养健康突出问题编定课程，主要包括食物、营养素、饮食行为、营养相关性疾病和健康生活方式、传统饮食文化、食品安全六个方面内容，覆盖小学、初中、高中各阶段，各年级课程逐步递进、螺旋上升、有主有次。两书共 52 课时，其中必讲课 40 节为核心内容，拓展课 12 节，可以按需选择；小学分册共 36 节课，从一年级到六年级，每个年级 6 节，包括 4 节必讲课和 2 节拓展课；中学分册共 16 节课，其中初中一、二年级每个年级 5 节，包括 4 节必讲课和 1 节拓展课，初三至高二年级每个年级 2 节，均为必讲课。为方便教学，每节课包括教学目标和重点、教学内容、课堂实践和拓展、扩展阅读四部分，兼顾知识传授和实践应用①。

中疾控专家：我国贫困地区学生生长迟缓率从 8.0%降到 2.5%

国家卫健委于 2022 年 6 月 27 日召开"一切为了人民健康——我们这十年"系列新闻发布会，介绍党的十八大以来食品安全和营养健康工作进展与成效。"监测评估显示，我国贫困地区中小学生贫血率从 2012 年的 16.7%下降到 2021 年的 11.4%，学生的生长迟缓率下降更多，从 2012 年的 8.0%下降到 2021 年的 2.5%。"中国疾控中心营养与健康所所长丁钢强在会上表示，为了改善贫困地区中小学生的营养状况，我国从 2011 年开始启动农村义务教育学生营养改善计划，为贫困农村义务教育学生提供营养膳食补助。从最初的每学习日每人补助 3 元增加到现在每学习日每天每人 5 元。开发了学生电子营养师等营养配餐的平台，编制了学生餐营养指南、学龄儿童膳食指南等标准指南，还有系列的科普书籍，并开展系统培训，逐步提升基层疾控中心、教育部门、学校、供餐人员等等配餐的营养能力，学生的营养健康知识也有了很大提升。

另外，为了改善贫困地区婴幼儿营养状况，在中央财政支持下，国家卫生健康委从 2012 年起启动了贫困地区儿童营养改善项目，为国家集中连片特殊困难地区的 6~24 月龄的婴幼儿每天提供 1 包营养包，营养包富含蛋白质、维生素和矿物质作为辅助的营养补充品。同时，开展儿童知识的宣传和看护人喂养的指导咨询活动，项目依托妇幼健康系统的县乡村三级网络，开展营养包发放和科普知识宣传教育，有效提高了这个项目的覆盖率，营养包发放率，喂养知识也得到了广泛的普及。截至 2021 年，项目已实施对 832 个原国家级的贫困县的全覆盖，累计受益的儿童人数达到 1 365 万。

丁钢强介绍，监测结果显示，2021 年项目持续监测地区 6~24 月龄婴幼儿平均贫血率和生长迟缓率与 2012 年基线调查相比，分别下降了 66.6%和 70.3%。项目的实施有效改

---

① 赵文华，张倩，胡小琪，等. 小学生营养教育教师指导用书（2021）[M]. 北京：人民卫生出版社，2021.

善了贫困地区儿童营养与健康状况，促进了儿童生长发育，受到了各级政府和广大群众的高度认可和欢迎。联合国儿童基金会等国际组织也对项目给予高度评价，YYB（"营养包"的拼音首字母缩写）已经成为专有名词，在国际社会具有广泛的影响力。也有很多公益机构和社会爱心人士在贫困地区开展了许多改善儿童营养状况的项目①。

国家卫健委：近几年校园食品安全形势稳定向好

国家卫健委食品安全标准与监测评估司司长刘金峰表示，近几年校园食品安全形势稳定向好，食源性疾病发病呈下降趋势，未发生涉及校园的重特大食品安全事件，无死亡病例发生。国家卫健委于 2022 年 6 月 27 日举行新闻发布会，会上，有记者问：校园食品安全非常重要，一旦发生，可能是群体性的。请问在预防和控制学校食源性疾病、防范和杜绝学生食物中毒事件方面，国家有哪些有效的举措，近几年趋势如何？刘金峰回应称，学生饮食安全是全社会关注的焦点，学校也是容易发生聚集性食源性疾病的场所。国家卫健委始终将校园食品安全和防范学生食物中毒作为工作重点。

一是将学校食品安全和食源性疾病监测作为国家食品安全风险监测的重要内容。动态研判监测发现隐患问题，并及时通报会商教育、市场监管等部门，协同强化风险防控措施（例如：要求学校食堂重点防范食源性致病菌污染，特别是沙门氏菌、副溶血性弧菌等 5 种致病菌，以上这方面的食源性疾病事件占学校食品安全事件总数的 80.61%，主要原因是存储不当、生熟交叉污染等原因导致）。

二是协同教育、市场监管等部门抓好《学校食品安全与营养健康管理规定》的落实。围绕采购、贮存、加工、配送、供餐等关键环节，健全学校食品安全风险防控体系；同时，组织疾病预防控制、社区卫生、妇幼保健等专业机构，加强学生营养监测，指导学校和幼儿园等做好食育进课堂，提升师生食品安全与营养健康素养。

三是组织开展主题宣教活动，动员全社会守护校园食品安全。在每年的全国食品安全宣传周、全民营养周和"5·20"中国学生营养日主题宣传活动中，采取多种形式，开展校园食品安全与营养健康相关科普宣传，预防和控制学校食源性疾病，防范学生食物中毒。

刘金峰指出，总体来看，近几年校园食品安全形势稳定向好，食源性疾病发病呈下降趋势，未发生涉及校园的重特大食品安全事件，无死亡病例发生②。

2022 中国学生营养与健康发展大会在呼和浩特市成功召开

2022 年 7 月 23 日，由中国学生营养与健康促进会、呼和浩特市人民政府共同主办，蒙牛集团承办的"2022 中国学生营养与健康发展大会"在内蒙古自治区呼和浩特市成功

---

① 人民网.中疾控专家：我国贫困地区学生生长迟缓率从 8.0% 降到 2.5%［EB/OL］.（2022-06-27）［2022-11-18］. https：//baijiahao. baidu. com/s？id＝1736764688064032138&wfr＝spider&for＝pc.

② 中国新闻网.国家卫健委：近几年校园食品安全形势稳定向好［EB/OL］.（2022-06-27）［2022-11-18］. https：//baijiahao. baidu. com/s？id＝1736760293530373649&wfr＝spider&for＝pc.

召开。

教育部体育卫生与艺术教育司副司长、一级巡视员刘培俊，中国学生营养与健康促进会会长陈永祥，中国奶业协会副秘书长李栋，青岛市人民政府副市长赵胜村，内蒙古自治区教育厅总督学张喜荣，呼和浩特市人民政府副市长晓芳，蒙牛集团党委副书记、执行总裁、内蒙古蒙牛公益基金会理事长李鹏程等出席会议。

此次大会以"点滴营养，绽放每个未来；呵护少年，共筑健康中国"为主题，旨在汇聚各方智慧，动员各方力量，践行营养健康理念，全面落实《国民营养计划（2017—2030 年）》，助推少年儿童营养健康成长。会议围绕"学生营养健康及健康中国战略"主题开展交流与研讨，解读食品安全、营养健康相关政策法规，探讨牛奶营养与学生体质健康关系，分享国家"学生饮用奶计划"推广成果及青少年视力保护方法，探索新时期学生营养健康的发展前景，促进学生营养与健康事业科学发展。

大会上，教育部体育卫生与艺术教育司副司长、一级巡视员刘培俊肯定了大会的战略意义，同时表示，学生营养改善与健康促进工作是一项教育工程、健康工程、民生工程，更是一项社会系统工程，需要社会各方面的大力支持，并肩聚力把工作做得更实、更细、更好，确保学生舌尖上的安全、食谱上的健康和餐桌上的文明，为青少年健康成长、全面发展，也为如期实现教育强国和健康中国目标作出贡献。

中国学生营养与健康促进会会长陈永祥指出，儿童青少年是祖国的未来和希望，中国学生营养与健康促进会一直致力于提高儿童青少年健康素质，普及健康知识，编制《中国儿童青少年营养与健康指导指南》，研究制定并推广满足学生营养健康需求的标准指南，以实际行动践行儿童青少年营养改善计划和健康促进行动。同时，他也希望社会各界集思广益、群力群策，共同促进儿童青少年健康成长，助力更好实现第二个百年奋斗目标！

中国奶业协会副秘书长李栋随后分享了国家"学生饮用奶计划"的战略意义与推广成果，他肯定了蒙牛在计划推广过程中做出的贡献，并表示奶业惠及亿万人民身体健康，可以帮助青少年及时补充营养，强健体魄，对青少年健康至关重要。

呼和浩特市人民政府副市长晓芳向参会嘉宾介绍了呼市建设发展成果。目前，呼市人民政府高度重视学生营养与健康工作，深入推进健康呼和浩特 2030 行动和五宜城市建设，持续加大学生体育锻炼、卫生健康事业等相关设施的投入力度，并凭借本地区乳业基础，深入推进学生营养工程建设，以实际行动助力中国学生营养与健康事业的高质量发展。

蒙牛集团党委副书记、执行总裁、内蒙古蒙牛公益基金会理事长李鹏程回顾了蒙牛二十年持之以恒的公益之路，并分享了蒙牛在营养健康领域的初心与展望。他强调，学生营养健康事业离不开社会各界的大力支持，蒙牛将通过蒙牛公益基金会，面向未来投入更多的人力、物力、财力，与社会各界公益伙伴一起，守护中国少年儿童的健康成长。

在本届大会上，蒙牛公益基金会正式发布了"蒙牛营养普惠工程"三年公益规划（2023—2025 年），将在未来三年向全国的学校捐赠价值 3 000 万元的蒙牛学生奶，进一步推动少年儿童营养健康事业持续创新发展，多维助力少年儿童拥有阳光健康的未来。

为了更好地保障学生课后饮食营养健康，中粮集团、中粮营养健康研究院、蒙牛集团共同成立了"中粮营养健康研究院·蒙牛（呼和浩特）营养研究分院"，深耕儿童营养健康产业，定向研发，扩展"牛奶+"理念，为万千儿童的健康成长保驾护航。

今年是第三届中国学生营养与健康发展大会，前两届分别在张家口、通辽市举办，备受业内人士、专家学者及媒体关注，在全国各地同时联动，对保障学生营养普及普惠工作积极贡献力量。未来，蒙牛集团将在各地有关政府部门、中国学生营养与健康促进会和中国奶业协会等有关组织的支持与指导下，更广泛地联合社会各界力量，积极搭建学生营养健康行业沟通平台，推动学生营养与健康事业发展和学术交流，助力《国民营养计划（2017—2030 年）》落实落地，为国家下一代的健康成长夯实基础①!

这项国家"计划"，在钟山县持续推进……

2022 年 6 月 10 日，钟山县教科局召开关于进一步做好学生饮用奶推广实施工作会议，进一步贯彻落实《贺州市人民政府办公室关于推广全市中小学生饮用"学生饮用奶"工作的通知》精神，加强做好推广实施学生饮用奶工作，确保安全稳妥推进。

会议深入学习了《"健康中国 2030"规划纲要》《国民营养计划（2017—2030 年）》《广西国民营养计划（2017—2030 年）实施方案》，以及《关于推进奶业振兴打造南方奶业强区的实施意见》等国家、自治区、贺州市有关文件精神，使大家全面理解国家推广"学生饮用奶计划"的重要性和迫切性。广泛宣传饮奶的重要性，切实加强组织领导，高度重视学生饮用奶的推广工作，正确引导学生饮奶。

钟山县县直学校和各乡镇中小学校（幼儿园）认真实施国家"学生饮用奶计划"，进一步做好推广学生饮用奶的宣传工作，广泛开展形式多样的宣传普及教育活动，充分利用教育教学资源，向学生普及饮奶营养健康知识，不断提升学生合理营养的认知水平，使学生从小树立良好的平衡膳食意识，养成自觉饮奶的良好习惯。

为确保学生饮用"安全、营养、方便、价廉"的学生饮用奶，目前贺州市选定家长和学生普遍认可，满意度高的伊利集团、蒙牛集团、皇氏乳业三家国家龙头企业生产的学生饮用奶产品供学生选择②。

建始专项审计学生膳食资金 护航 3 万学生营养

"这次审计是对教育部门管好用好营养改善计划专项资金的全面监督，我们一定按学生建议抓落实，强监管，确保学生'饭盒'里的食物更营养。"2022 年 5 月 27 日，建始县教育局后勤人员向县审计局审计人员表示。

对学生"营养餐"资金进行专项审计，是恩施州 2022 年安排的重点民生审计项目。建始审计局派出审计组，对全县农村义务教育学生营养改善计划专项资金开展专项审计。

建始县是农村义务教育学生营养改善计划试点县，2012 年开始实施学生营养改善计划，惠及全县 86 所学校 29 053 名学生。

---

①　中国网．2022 中国学生营养与健康发展大会在呼和浩特市成功召开［EB/OL］．（2022－07－26）［2022－11－18］．https://baijiahao.baidu.com/s?id=1739386673724086267&wfr=spider&for=pc.

②　贺州日报．这项国家"计划"，在钟山县持续推进……［EB/OL］．（2022－06－13）［2022－11－18］．https://view.inews.qq.com/k/20220613A09J6700?web_channel=wap&openApp=false.

审计组抽取了业州镇、红岩寺镇、花坪镇三个乡镇30所学校全覆盖审计。重点查台账资料，看账目管理；查专项资金运行情况，看享受营养餐人数、餐饮登记表册；查营养餐标准，看营养餐物资出入库、存放、库存管理情况。通过"三查三看"，对管理薄弱环节提出整改建议，确保"营养餐"全额足额用于学生营养改善，让"营养餐"真正有营养。

审计人员通过问卷调查、与师生座谈、入户走访征求家长意见等方式，重点了解实施中有无侵占学生利益，虚报套取资金，改变资金用途，挪作他用等情况。

"对学生营养餐专项资金审计的初衷，旨在让学生满意、家长放心、社会认可，确保营养改善计划每一分钱用到学生餐碗里。"该审计组负责人说道①。

长春市三方面整治学生餐饮安全

2022年6月，吉林省长春市召开全市学生餐"微腐败"等问题专项整治工作动员部署会议，此次专项整治分集中自查、监督检查、查办案件、以案促改四个阶段进行。

近日，吉林省长春市召开全市学生餐"微腐败"等问题专项整治工作动员部署会议。会议表明，从现在起至11月中旬，长春市纪检委将在全市范围内开展学生餐"微腐败"等问题专项整治工作。

此次专项整治工作范围为全市公办大、中、小学校和教育行政、市场监管等部门，围绕学校食堂经营管理、校外配餐管理、行业主管监管责任落实等三个方面展开。其中，在学校食堂经营管理方面，重点整治学校食堂违规招标、违规对外承包或委托经营，在食堂食材等物资采购中收取"回扣"，贪污、挪用、挤占学生餐费或食堂经费，中小学学生营养餐降低营养标准，学校食品安全管理制度不健全或不执行等问题；在校外配餐管理方面，重点整治违规校外配餐企业，收取校外配餐企业"回扣"，贪污、挪用、挤占学生餐费，校外配餐低质高价等问题；在行业主管监管责任方面，重点整治教育行政、市场监管等部门有关人员违规插手学校食堂经营或校外配餐谋取私利，教育行政部门在学校食品安全教育和日常管理监督方面失职失责问题。

此次专项整治分集中自查、监督检查、查办案件、以案促改四个阶段进行。6月10日至30日为集中自查阶段，全市纪检监察机关，围绕专项整治工作重点，督促教育行政、市场监管等部门自查自纠，推动各学校同步自查自纠，摸清问题底数。7月1日至8月31日为监督检查阶段，结合教育行政、市场监管及各学校自查自纠情况，协调审计、财政等部门开展专项监督检查，着重发现学生餐"微腐败"问题。7月1日至10月31日为查办案件阶段，对集中自查、监督检查、信访举报、线索起底中发现的问题线索进行严肃查办。7月1日至11月15日为以案促改阶段，针对集中自查、监督检查和查办案件中发现的突出问题，采取切实有效措施，督促党委政府、学校及教育行政、市场监管等部门落实整改责任，加强教育、强化监管、堵塞漏洞、完善制度，有效根治学生餐"微腐败"

① 湖北日报．建始专项审计学生膳食资金 护航3万学生营养［EB/OL］．（2022-05-31）［2022-11-18］．http://news.hubeidaily.net/pc/741635.html.

等问题，确保取得持久性成效①。

湖北"学生饮用奶计划"将延伸至高中阶段学校

2022 年 7 月，湖北省教育厅印发《关于进一步做好国家"学生饮用奶计划"推广管理工作的通知》（以下简称《通知》），要求各级教育行政部门在加大幼儿园、义务教育阶段国家"学生饮用奶计划"推广力度的基础上，逐步向高中阶段学校延伸，让更多的学生受益此项计划。

《通知》明确，国家"学生饮用奶计划"是在全国中小学校（幼儿园）实施的学生营养改善专项计划，充分体现了党中央、国务院对儿童青少年营养健康的高度重视和关怀，是落实"健康中国"战略和国民营养计划的重要举措，对改善中小学生营养状况、促进健康发育、提高身体素质具有长远战略意义。

《通知》要求，各级教育行政部门要进一步强化思想认识，切实增强责任感和使命感，巩固提升国家"学生饮用奶计划"覆盖率。要严格准入机制，优先选用产品优质、美誉度高的行业龙头、国家一线乳业品牌，防止非定点企业利用各种名目进入学校。学生饮用奶直供各校（园），不得在校内设置自动售奶机。为方便家长、服务学生，鼓励学生家长通过"学生饮用奶交费系统平台"自愿订购交费。

《通知》强调，各级教育行政部门和学校要严肃工作纪律，主动回应社会关切。要严把学生饮用奶准入关口，对有令不行、有禁不止、失职渎职、擅自订购和组织学生饮用非准入企业产品的违规行为，要严格依法依规追究相关单位和个人的责任②。

靖西：推广"学生饮用奶计划"助力中国少年强

2022 年 8 月，靖西市教育局召开推广全市中小学生及幼儿园"学生饮用奶"工作布置会，做到早部署、早落实，积极推动国家"学生饮用奶计划"在全市稳步开展。

会议深入学习了《"健康中国 2030"规划纲要》《国民营养计划（2017—2030 年）》《广西国民营养计划（2017—2030 年）实施方案》，以及《关于推进奶业振兴打造南方奶业强区的实施意见》等国家、自治区、百色市有关文件精神，使大家全面了解国家推广"学生饮用奶计划"的重要性和迫切性。

会议指出，推广国家"学生饮用奶计划"是教育部门的重要职责，也是学生健康的迫切需求。各学校和幼儿园一定要认清形势、密切配合、精心组织、各司其职，提高教师、学生、家长对其重要性的认识，确保国家"学生饮用奶计划"顺利推广；要深刻理解政策，做好组织、宣传、征订工作，积极引导学生养成饮奶的好习惯。

为确保食品安全，靖西市教育局要求，各中小学及幼儿园要密切配合，加强管理，选择安全可靠且家长和学生认可的大品牌学生奶，优先选择国家级龙头企业生产的学

①　中国食品安全报. 长春市三方面整治学生餐饮安全［EB/OL］.（2022-06-27）［2022-11-18］. https://www. cfsn. cn/front/web/site. newshow?newsid=85413.

②　中国教育新闻网. 湖北"学生饮用奶计划"将延伸至高中阶段学校［EB/OL］.（2022-07-20）［2022-11-18］. https://baijiahao. baidu. com/s?id=1738860693683782896&wfr=spider&for=pc.

生饮用奶①。

2022 全民营养周暨"5·20"中国学生营养日主场宣传活动在京启动

2022 年 5 月 13 日，2022 全民营养周暨"5·20"中国学生营养日主场启动会顺利启动。启动会由国家卫生健康委员会、国民营养健康指导委员会、国家食物与营养咨询委员会主办，中国营养学会、中国学生营养与健康促进会等承办。启动会由国家卫生健康委食品司司长、国民营养健康指导委员会办公室主任刘金峰主持。

国家卫生健康委副主任、国民营养健康指导委员会常务副主任雷海潮出席启动会并讲话。雷海潮指出，组织此次主题宣传活动，是推进健康中国建设、贯彻落实健康中国行动和国民营养计划的重要举措，也是将"大食物观"融入营养健康工作的良好契机。

雷海潮指出，4 月 26 日，《中国居民膳食指南（2022）》发布，修订提出了 8 项准则，对各类人群践行合理膳食行动提出具体建议，各地方、各部门要积极动员各方关注国民生命全周期、健康全过程的营养健康，有序参与、各尽其责，持续提升全民健康水平。一是强融合、建机制。要强化医防融合、体卫结合，积极将营养工作融入"大食物观"和健康中国战略格局，着力解决我国慢性病高发以及儿童生长发育营养缺乏等健康问题。充分利用国家级和省级国民营养健康指导委员会、专家委员会力量，围绕近期和远期目标，建立行政统筹、专家支撑、部门协调、各地联动的全国"一盘棋"工作机制。二是建平台、育人才。荟萃专业机构、科研院所、高校、行业协会等方面的资源和优势，瞄准营养健康基础关键问题，支持产业技术攻关、创新应用。推动临床营养科室建设，提升医务人员临床营养诊疗能力，为患者提供良好的膳食营养服务；逐步在养老机构、中小学校及幼儿园、妇幼保健机构等社会基层培养一批营养专业服务人才队伍，切实提升营养健康服务水平。三是重实效、广宣传。围绕"一老一小"等重点人群和食堂、餐厅、学校等重点点位，开展营养健康场所试点建设，总结典型经验与做法，以点带面逐步推广。针对人民群众的知识盲点和误区，以标准、指南为抓手，拓宽传播渠道，打造精品品牌，提供多元化、精准化指导，推动健康教育，持续提升人民群众参与度和获得感。

国家食物与营养咨询委员会主任陈萌山表示，巩固来之不易的疫情防控成果，既要从大处着手，加强公共卫生治理体系建设，又要从小处做起，大力提倡合理膳食，以持续增强全民健康，提高公民的身体素质，提升人体免疫功能。"全民营养周"活动已成功举办 7 届，传播形式多样、内容丰富、形式新颖，一年比一年精彩、完满。我们坚信，这一国家制度性安排的品牌活动，将不断创新发展，推动一个万众参与、活力奔涌，人人懂营养、处处讲健康的健康中国新局面。

今年全民营养周的宣传主题是"会烹会选 会看标签"，同时，"5·20"中国学生营

---

① 靖西融媒中心. 靖西：推广"学生饮用奶计划"助力中国少年强［EB/OL］.（2022-08-30）［2022-11-18］. https://mp.weixin.qq.com/s?__biz=MzUyMDAwNjU2NA==&mid=2247651913&idx=4&sn=1bba184dc6f44354462220117ba8f7e2&chksm=f9fc2c82ce8ba594e223079f16b4e04b9d2e8224c29aafaa4e9d338a0e3a16362c12931760c4&scene=27.

养日的宣传主题是"知营养 会运动 防肥胖 促健康"。中国营养学会理事长杨月欣解读了2022全民营养周和"5·20"中国学生营养日核心传播信息。杨月欣理事长表示，民以食为先，每个人的幸福感都藏在一日三餐里，食物的日积月累也体现在我们的体格和健康状况中。要依托全民营养周和"5·20"中国学生营养日契机，宣传贯彻新版中国居民膳食指南核心信息，推动健康家庭、健康餐厅、健康食堂、健康学校落地，促进国民健康饮食习惯的形成和巩固，培养健康选择、健康烹饪行为，将合理膳食行动落到实处。

启动仪式环节，国家食物与营养咨询委员会陈萌山主任、国家市场监管总局食品协调司李政副司长、中国科协科普部庞晓东副部长、中国营养学会杨月欣理事长、中国学生营养与健康促进会陈永祥会长、国家食品安全风险评估中心李宁主任，共同启动2022全民营养周和"5·20"中国学生营养日主题宣传活动。

2021年6月，国家卫生健康委、教育部、市场监管总局、体育总局联合发布《营养与健康学校建设指南》，受国家卫生健康委委托，促进会在四省市的17所中小学校开展了营养与健康学校建设试点工作并初见成效，启动会上播放了试点工作展播。

随后，中国营养学会会同国家食品安全风险评估中心、中国学生营养与健康促进会、中国食品工业协会、中国营养保健食品协会、新华网发起了"营养惠选行动"倡议。还进行了"膳食指南科普星辰计划"签约仪式。

启动仪式后，举办了"首届营养惠选行动论坛"。通过探讨"营养惠选"的实现路径，新创"5·18"营养节，助力全民营养周升级，推动"人人参与的健康行为塑造"在亿万家庭落地生根。在"食物健康选择云座谈"环节，教育部体卫艺司原巡视员廖文科、国家卫生健康委食品司原副司长张志强、联合国儿童基金会营养专家常素英、中国学生营养与健康促进会副会长、北京大学公共卫生学院教授马军、消费品论坛中国首席代表徐扬颖、美团（北京）党委书记、副总裁陈荣凯、中国营养学会副秘书长姚魁就食物健康选择、儿童肥胖等热点健康问题深入探讨，从多个方面提出建议，为不断提高国民生命全周期、健康全过程的营养健康提出可行性指导。

主题报告环节，中国农业大学食品学院副教授范志红作"科学烹饪 少盐少油"报告；中国疾控中心营养所与健康所刘爱玲研究员作"知食善食 合理搭配"报告；国家食品安全风险评估中心副主任樊永祥作"会看标签 预防慢病"；中国学生营养与健康促进会营养监测与评估分会副主任委员于冬梅以"会吃会动 远离肥胖"为题，解读了《中国儿童青少年营养与健康指导指南（2022）》，今年《指南》主题聚焦中国儿童青少年膳食营养摄入与超重肥胖情况，依据2015—2017年中国居民营养与健康监测数据，描述6~17岁儿童青少年的食物摄入量、能量和营养素摄入量，以及其饮食行为、身体活动和静态行为、体格发育、超重和肥胖等状况，旨在为科学指导我国6~17岁儿童青少年的营养与健康提供参考。

启动会在新华网、人民网、人民日报健康客户端、光明网、腾讯新闻、中国移动咪咕视频等平台同步直播，650余万受众在线参与了2022全民营养周暨"5·20"中国学生营养日启动会①。

---

① 中国学生营养与健康促进会.2022全民营养周暨"5·20"中国学生营养日主场宣传活动在京启动［EB/OL］.（2022-05-13）［2022-11-18］. http://1912305266. pool601-site. make. site. cn/news/140. html.

《中国学龄儿童膳食指南（2022）》发布 提倡孩子天天喝奶、足量饮水、吃好早餐

2022 年 5 月 19 日，中国营养学会组织编写的《中国学龄儿童膳食指南（2022）》（以下简称《指南》）正式发布，众多营养专家在现场针对学龄儿童的膳食行为和身体活动，提出了科学、权威有针对性的膳食指导。

一、6~18 岁是关键时期

国家卫生健康委食品司副司长宫国强指出，近年来我国学龄儿童营养与健康状况有很大改善，但仍面临诸多问题，一方面学龄儿童营养不足依然存在，钙、铁、维生素 A 等微量元素营养素摄入不足还十分常见。另一方面，超重肥胖检出率持续上升，增长趋势明显，高血脂、高血压、糖尿病等慢性非传染性疾病低龄化问题日益突出。

学龄儿童是指从 6 岁到不满 18 岁的未成年人。中国营养学会副理事长、新版《指南》修订专家委员会副主任马冠生表示，在这期间孩子生长发育迅速，充足的营养是其智力和体格正常发育，乃至一生健康的物质基础。同时，这也是一个人饮食行为和生活方式形成的关键时期，从小养成健康的饮食行为和生活方式将使他们受益终生。

二、"学龄儿童版"新增 5 条准则

本次发布的《指南》是在《中国居民膳食指南（2022）》的基础上，根据我国学龄儿童的营养与健康状况，新增了以下五个原则的内容。

（1）主动参与食物选择和制作，提高营养素养。学习食物营养相关知识。认识食物，了解食物与环境及健康的关系，了解并传承中国饮食文化；充分认识合理营养的重要性，建立为自己的健康和行为负责的信念。主动参与食物选择和制作。会阅读食品标签，和家人一起选购和制作食物，不浪费食物，并会进行食物搭配。家庭和学校构建健康食物环境。

（2）吃好早餐，合理选择零食，培养健康饮食行为。清淡饮食、不挑食偏食、不暴饮暴食，养成健康饮食行为。做到一日三餐、定时定量、饮食规律。早餐食物应包括谷薯类、蔬菜水果、动物性食物以及奶类、大豆和坚果等四类食物中的三类及以上。可在两餐之间吃少量的零食，选择清洁卫生、营养丰富的食物作为零食。在外就餐时要注重合理搭配，少吃含高盐、高糖和高脂肪的食物。

（3）天天喝奶，足量饮水，不喝含糖饮料，禁止饮酒。天天喝奶，每天 300 毫升及以上液态奶或相当量的奶制品。主动足量饮水，每天 800~1 400 毫升，首选白水。不喝或少喝含糖饮料，更不能用含糖饮料代替水。禁止饮酒和喝含酒精饮料。

（4）多户外活动，少视屏时间，每天 60 分钟以上的中高强度身体活动。每天应累计至少 60 分钟中高强度的身体活动。每周至少 3 次高强度的身体活动，3 次抗阻力活动和骨质增强型活动。增加户外活动时间。减少静坐时间，视屏时间每天不超过 2 小时，越少越好。保证充足睡眠。家长、学校、社区共建积极的身体活动环境，鼓励孩子掌握至少一项运动技能。

（5）定期监测体格发育，保持体重适宜增长。定期测量身高和体重，监测生长发育。

正确认识体型，科学判断体重状况。合理膳食、积极身体活动，预防营养不足和超重肥胖。个人、家庭、学校、社会共同参与儿童肥胖防控。马冠生解释道，吃营养充足的早餐既可以改善孩子的认知能力，还可以降低超重肥胖发生的风险；研究发现奶制品可以促进学龄儿童的骨骼健康，而水摄入不足会影响儿童的认知能力，所以新版《指南》对学龄儿童每天摄入足量奶制品和足量饮水都提出了明确的建议。

另外，户外活动有益于学龄儿童的身心健康，在预防近视方面也能发挥重要作用，所以新版《指南》也提出了对儿童每天完成一定量的中强度身体活动的建议。

三、定制三种平衡膳食宝塔

根据新版《指南》内容，结合中国儿童膳食的实际情况，中国营养学会还为学龄儿童"量身定制"了6~10岁、11~13岁、14~17岁三个年龄段的儿童平衡膳食宝塔，不同年龄段有不同的营养需求。在盐和油摄入方面：6~10岁年龄组为每日摄入少于4克的盐、20~25克的油；11~13岁年龄组和14~17岁年龄组均为每日少于5克的盐和25~30克的油。在饮水方面：三个年龄组的每日饮水量不尽相同，分别为每日800~1 000毫升、1 100~1 300毫升、1 200~1 400毫升。在坚果摄入量方面：6~10岁年龄组为每日摄入50克，而11~13岁、14~17岁年龄组一样，每日摄入推荐量则有所增加，达到50~70克。

此外，谷类、水果类的每日推荐摄入量有共同点，那就是根据年龄从小到大，三个年龄组的推荐摄入量逐渐增加；而奶及奶制品的推荐摄入量，三个年龄组数字相同，都是300克/天。大豆、畜禽肉、水产品、蛋类、蔬菜类、薯类的摄入要求，也根据不同年龄组的实际营养需求做出了调整①。

情系山村教育、爱助困难儿童——中华慈善总会雷锋专项基金为南阳市黑虎庙小学捐赠营养餐费35万元

2022年1月10日上午，中华慈善总会雷锋专项基金捐赠南阳市镇平县黑虎庙小学学生营养餐费受赠仪式，在黑虎庙小学举行。河南省南阳市镇平县教体局副局长时海波等一行，受中华慈善总会雷锋专项基金办公室的委托，特意来到位于伏牛山深处的黑虎庙小学，向"时代楷模"、该校张玉滚校长转达了中华慈善总会雷锋专项基金对全体师生的问候，希望广大师生懂得感恩社会，用好每分善款，弘扬雷锋精神，让山区的孩子们既要吃好、更要学好，努力把学校建设成为优质的乡村教育基地。时海波副局长还亲手将由中华慈善总会雷锋专项基金捐赠给该校师生的2021年下半年学生营养餐费，转交给张玉滚校长。

据悉，黑虎庙小学位于豫西伏牛山深处，海拔1 600多米，一座破旧的两层教学楼，一栋两层的宿舍、三间平房，就是这个学校的全部家当。学校虽说在村里中间位置，但住得远的学生步行需要3小时。2018年，政府筹资加上社会捐助为黑虎庙小学捐资300多万元，改善了学校的办学条件，教学楼粉刷一新，还建成了学生餐厅、图书室、塑胶跑

---

① 新华网.《中国学龄儿童膳食指南（2022）》发布 提倡孩子天天喝奶、足量饮水、吃好早餐［EB/OL］.（2022-05-26）［2022-11-18］. https://baijiahao.baidu.com/s?id=1733843695491757657&wfr=spider&for=pc.

道等。

2020年5月，雷锋杂志社和中华慈善总会雷锋专项基金的领导到该校考察，了解到由于当地留守儿童和家庭困难者较多，有些孩子因交不起伙食费辍学。于是，中华慈善总会雷锋专项基金决定开展捐资助学，全力支持乡村教育。从2020年至今，中华慈善总会雷锋专项基金共为黑虎庙小学捐资学生营养餐费约35万元，极大减轻了学生的生活负担。"得到雷锋专项基金的资助后，学校的学生不仅从过去的61名新增到目前的93名，而且，师生的精神面貌也发生了很大变化，成立了十几个社团组织，极大丰富了学生的文化生活，学生在快乐中成长、学习，社团组织编排的节目多次获奖，学校被南阳市评为文明校园，被镇平县评为先进单位。"张校长对记者如数家珍地说①。

不花钱就能吃饱吃好，"营养改善计划"普惠了石门农村娃

牛肉炖扁豆、肉炖冬瓜、辣椒炒茄子、家常炒豆腐、西红柿蛋汤……2021年10月8日中午，远离石门县城区110多公里的壶瓶山镇中心完小的学生们在学校食堂就餐，"四菜一汤"不仅看着食欲大增，吃起来也是美味可口。石门县地处湘西北边陲，2012年5月起，该县启动实施农村义务教育学生营养改善计划。计划实施近10年来，孩子们吃得越来越好，越来越放心。欢声笑语成了这里的一道午餐风景线。

一、"科学配餐"全覆盖，让学生吃饱吃好

"每天中午都有四菜一汤，可开心啦！"10月8日，壶瓶山镇中心完小五年级一班程祥瑞又胃口大开。在该校的周菜谱公示栏上，记者看到每天午餐菜品"花样"都不相同。按现行政策规定，中央财政为享受"营养改善计划"的学生提供每人每天4元的膳食补助。"我县巧借'互联网+校园食堂'服务平台，实行科学配餐。"县教育局党组成员、主任督学朱益龙介绍，县教育局要求学校每周至少5个荤菜品种、25个素菜品种，中餐两荤两素一汤，每天都安排鸡蛋、猪肉、牛肉、鸡肉、鸭肉、鱼、虾轮番上餐桌。

来到壶瓶山镇中心完小总务室，登录办公电脑上的"智慧食堂"服务平台系统，就能查看到该校本学期第四周的食谱营养元素分析，包含能量、蛋白质、碳水化合物、脂肪、钙、铁、锌、维生素等11种营养成分的指标，还显示有本周各类食材及宏量元素每天供应量达标天数"柱状图"和食谱品种分布、蛋白质来源"扇形图"，营养表一目了然，综合评价显示为优等。壶瓶山镇中心学校校长郑家武介绍，每隔一段时间，学校还会结合孩子们的饮食习惯等，及时优化菜谱，确保学生营养均衡。"我喜欢肉炖冬瓜""我喜欢西红柿蛋汤""今天还吃上了我爱吃的香蕉"……吃过饭，学生们争先恐后地分享自己最喜欢的午餐。"学校的黄瓜炒肉丝和奶奶做的一样好吃。"三年级一班卢金洋幸福满满地说。

二、"明厨亮灶"全覆盖，让学生吃得放心

怎样让学生吃得放心呢？"完善食品质量安全监管机制，牢固树立食品安全'红线'

---

① 余超凤，陈运军. 情系山村教育 爱助困难儿童 中华慈善总会雷锋专项基金为南阳市黑虎庙小学捐赠营养餐费35万元［J］. 雷锋，2022（2）：68.

意识，全县中小学食堂'明厨亮灶'覆盖率达100%。"朱益龙介绍，2018年年底前，全县共投资150万元，200多所中小学校（园）全部建成学校（园）食堂"互联网+明厨亮灶"平台并投入使用。在宝峰街道中心学校食堂外的"明厨亮灶"显示屏上，储藏室、保管室、操作间、餐厅等12个部位的情况一目了然。"实施'明厨亮灶'，同时建立监控抽查、实地巡查和问题整改监管机制，从而'倒逼'学校食堂从业人员规范操作，学生食品安全得以保证。"县教育局勤管办主任王锋雷介绍，2021年该县"明厨亮灶"学校食堂操作违规问题几乎归零。

如何守住食品安全"红线"和资金安全"底线"，石门县除了巧借"明厨亮灶"监管外，还从制度建设、日常管理、监管体系上严把关，确保国家营养膳食补助"每一分钱都能放心地吃到学生嘴里"。"营养餐资金实行校财局管，学校校长见账不见钱。"县勤管办工作人员介绍，"营养改善计划"由国家专项资金支持，根据上学天数、在校人数，按学期拨到县教育局，再按月据实下拨到学校，学校跟中标的供菜商直接对接。各校每月初通过营养餐勾选系统实名认证，据实上报学生数和开餐天数，同时公开公示营养餐资金的使用情况、带量食谱、享受营养餐学生姓名等，接受师生、家长监督。每个学期，学校都会利用"家长开放日"邀请膳食委员会和学生家长到学校试餐。"让大家都参与到对学校食堂的监督中来，保证供餐质量。"所街乡中心学校计财副校长郑章红说。

三、"技能培训"全覆盖，让学生吃得有味

"给学生们吃的饮食，既要安全也要有味，因此，食堂厨师的安全意识和厨艺尤为重要。"王锋雷说。面向校园食堂厨师，采取理论授课、实践操作和面点烹饪比武等多种方式展开培训提高，特邀多位专家从职业道德、食品卫生安全、营养健康、餐饮操作规范、各种中式面点实践操作等诸多方面进行授课……该县自2016年起，连续6年都举办这样的活动。目前，全县已有316名工人获得中式烹饪师技能证书，95名工人获得中式面点师技能证书。"学校聘我在食堂里当厨师，我还通过暑假培训学到了面点制作手艺。看到娃儿们喜欢吃我做的包子馒头，心里美滋滋。"宝峰街道中心学校食堂工人孙继奎拿出技能证书满脸自豪。

四、"绿色食品"全覆盖，让学生吃得开心

在一节劳动课上，学生们扛着锄头、薅锄、耙子等农具，兴奋地来到学校的东南角，锄草、挖地、起垄、播种……这里是雁池乡杨柳学校的8亩"开心农场"，也是学校的劳动社会实践基地。在这里，学生们通过亲身体验耕种，感受劳动的艰辛与快乐，更丰富了农业知识和劳作技能，根据时节种植的黄瓜、南瓜、马铃薯、西红柿、白菜、萝卜等"绿色食品"更是丰富了师生们的餐桌。在食堂储藏室里，大大的橙黄色南瓜、上了白灰的冬瓜堆得像小山似的。一个工人正在把南瓜切成薄片后晒干。"晒干的南瓜片好储存，炖在肉里学生最爱吃。"校长覃佐忠介绍，学校今年劳动基地采摘各类瓜菜2 000多千克、玉米400多千克、黄豆100多千克，利用食堂的剩饭剩菜和基地种植的红薯、玉米、菜叶喂养生猪，出栏了20多头。

"劳动社会实践基地建设是石门县的一大亮点特色。"朱益龙介绍，全县有中小学学生劳动实践基地57个，其中种植基地有21个、养殖基地有36个。种植的农产品有脐橙、柑橘、茶叶以及各种本地季节蔬菜，养殖的有生猪、土鸡等，其中存栏达100头以上的猪

场就有 12 个、散养土鸡 1 000 羽的鸡场一个。没有劳动实践基地的学校则采取租种或校农合作的模式开展活动，就连一人一校的教学点，老师或其家属都利用校园的空隙地种瓜栽菜，让"人少难开"的中餐丰富可口。"都说'天底下没有免费的午餐'，可是，近 10 年来，石门县农村学生人人都享受到'免费午餐'。"石门县教育局党组书记、局长李世辉介绍，国家"营养改善计划"普惠了石门农村娃，仅 2021 年下学期，全县农村义务教育阶段的 29 019 名学生都能不花钱就吃饱吃好①。

我国十年来累计资助学生近 13 亿人次

从教育部获悉：10 年来，各方面共同努力，坚定践行党和政府"不让一个学生因家庭经济困难而失学"的庄严承诺，形成了中国特色学生资助体系，为助力打赢脱贫攻坚战，促进教育公平作出了重要贡献。一是资助范围更广。10 年来，全国累计资助学生近 13 亿人次，年资助人次从 2012 年的近 1.2 亿人次，增加到 2021 年的 1.5 亿人次，实现了资助政策"所有学段、所有学校、所有家庭经济困难学生"全覆盖。二是资助力度更大。10 年来，全国学生资助金额累计超过 2 万亿元。其中，财政投入资金累计达 1.45 万亿元，占资助资金总额的 72%。年资助金额从 2012 年的 1 322 亿元，增加到 2021 年的 2 668 亿元，翻了一番。财政投入资金从 2012 年的 1 020 亿元，增加到 2021 年的 2 007 亿元，增长 97%。

目前，我国学生资助已形成投入上以政府资助为主、学校和社会资助为辅，对象上以助困为主、奖优为辅的中国特色学生资助体系，涵盖 28 个中央政府资助项目，"奖、助、贷、免、勤、补、减"多元政策相结合，年资助 1.5 亿人次，年资助金额 2 600 多亿元，为世界提供了学生资助的中国方案。

学生资助是脱贫攻坚的重要内容，也是脱贫攻坚的重要阵地。据教育部相关负责人介绍，10 年来，学生资助坚持将建档立卡家庭学生、最低生活保障家庭学生、特困供养学生、孤儿、残疾学生等特殊困难群体作为重点保障对象，结合实际给予较高档次资助，加快了这些家庭摆脱贫困的步伐。2020 年，共资助建档立卡学生 1 472 万人，资助金额 344 亿元。脱贫攻坚任务完成后，2021 年，继续资助脱贫家庭和脱贫不稳定家庭学生 1 400 多万人，资助低保家庭学生 700 多万人、特困救助供养家庭学生 10 余万人、孤儿学生 20 余万人、残疾学生 100 多万人，年资助金额 572 亿元②。

---

① 湖南日报. 不花钱就能吃饱吃好，"营养改善计划"普惠了石门农村娃［EB/OL］.（2021-10-09）［2022-11-18］. https://www.hunantoday.cn/news/xhn/202110/14081255.html.

② 中国日报网. 我国 10 年来累计资助学生近 13 亿人次［EB/OL］. 2022-09-05［2022-11-18］. https://baijiahao.baidu.com/s?id=1743109409375498997&wfr=spider&for=pc.

◎ 其他媒体报道清单

澎湃新闻，惠州日报．全国人大代表丁明建议：将校园配餐食品安全纳入校长考核指标．

潇湘晨报．两会好声音丨政协委员殷建军：让学生喝上真正的学生奶．

腾讯网．国家"学生饮用奶计划"在郑州市惠济区启动实施．

腾讯网．全国3 797.83万学生受益营养改善计划，肥胖问题成新挑战．

潇湘晨报．教育部：鼓励各地采取措施加强学校供餐监管．

食品世界．《辽宁学生奶试点企业和奶源基地评估标准》研讨会在沈阳召开．

游戏全视点．国家"学生饮用奶计划"，全面提升青少年儿童的健康．

网易．2022中国学生营养与健康发展大会在呼和浩特市成功召开．

澎湃新闻．农村义务教育学生营养改善计划评估和改进建议．

第五部分

有关报告与论文摘要

◎ 有关报告

乳品与儿童营养共识

目的：基于乳及乳制品（以下简称乳品）对儿童营养健康的重要作用，综合分析我国儿童膳食营养状况和乳品消费现状，结合专家意见形成《乳品与儿童营养共识》。方法：组织儿童营养、乳品科学等科技界与产业界专家，通过文献检索分析与专题研讨的方式开展共识研究。结果：儿童期营养会影响生命全周期的健康；乳品是保障儿童营养需求的优质食物选择；乳品营养强化可作为改善儿童营养健康状况的有效措施；我国儿童乳品摄入量与消费量严重不足，应通过创新食用方式，加强科普及多方引导促进儿童群体的乳品消费。结论：该共识将为我国儿童营养的改善提出方向性建议，为标准法规的完善提供科学依据，为乳品行业的创新与发展提供指导意见[①]。

儿童营养是生命全周期健康状况的基石。儿童处于生长发育的关键阶段，其对于营养素的需求量通常高于成人，需要多样化的均衡膳食满足生长发育的合理需要。随着经济发展，我国3~17岁儿童营养健康状况虽有所改善，但饮食结构不合理，微量营养素缺乏，超重肥胖等问题仍不容忽视。乳类是哺乳动物出生后赖以生存与发育的完美食物。随着乳类食品科学和技术的发展，乳及其制品（以下简称"乳品"）作为人类可获得的食物资源及多样化膳食的重要组成部分得到广泛的利用，其对儿童生长发育的重要作用已被研究证实，并被公认为满足儿童营养需求的理想膳食构成。本共识中的乳品特指以乳为主要原料的全乳及其加工制品，包括但不限于液态乳（灭菌乳、巴氏杀菌乳、调制乳、发酵乳）、乳粉、炼乳、奶酪及再制奶酪等产品，不包括乳清粉、乳糖等单一乳成分的产品。本共识汇集科技界与产业界专家智慧，针对目前我国儿童营养现状与乳品消费情况提出重要的共识性内容，旨在为我国儿童群体的营养改善提供方向，为乳品行业的创新与发展提供指导意见。

一、儿童期均衡营养对保障其生长发育及维持生命全周期健康至关重要

儿童期的营养状况对成年期健康有着长远影响。大量研究表明，成年期很多疾病的发生都与其儿童期营养不良密切相关。例如，儿童期营养状况欠佳会影响成年后的骨骼健康。儿童期是骨密度增长最快的阶段，钙和维生素D等多种营养素摄入不足会减少儿童时期峰值骨量的获得，进而影响成年后骨质疏松的发生与发展。儿童期体格发育状况同样会影响成年期的体格形态、生理和心理健康。儿童期的体质指数对青春期的体质指数有重要影响，儿童期腹型肥胖会显著增加其成年期发生腹型肥胖、原发性高血压和心血管疾病的风险，同时肥胖儿童也容易出现心理行为偏离和心理创伤等问题，对其心理健康可能造成终身伤害。

---

① 中国食品科学技术学会食品营养与健康分会. 乳品与儿童营养共识［J］. 中国食品学报，2021，21（7）：388-395.

饮食行为是影响儿童营养健康状况的重要因素之一。研究显示儿童普遍存在挑食、偏食，进餐不规律，零食偏多，高糖、高油、高盐食物摄入过量等不健康饮食行为。儿童期不良的饮食行为会影响其成年后的食物偏好与饮食行为，并对成年后的健康状况产生重要影响。研究显示，儿童期培养良好的饮食行为有助于预防成年期糖尿病、心脑血管疾病等慢性疾病的发生。3 岁儿童开始具备学习与理解能力，是培养良好饮食行为的关键时期。指导儿童建立正确的食物选择方法与理解健康饮食的概念，有助于培养其良好的饮食行为，使其受益终生。

二、我国儿童营养状况虽明显改善，但超重肥胖和微量营养素缺乏问题突出

《中国居民膳食指南科学研究报告（2021 年）》数据显示：2017 年我国 5 岁以下儿童的生长迟缓率和低体重率分别为 4.8% 和 1.9%，已实现 2020 年规划预设目标；6~17 岁男孩和女孩中各年龄组身高均较 2015 年相比有所增加，儿童营养健康水平得以提高。然而，超重与肥胖是目前我国儿童面临的另一重要营养问题。《中国居民营养与慢性病状况报告（2020 年）》数据显示，我国 6 岁以下儿童超重率与肥胖率分别为 6.8% 和 3.6%，6~17 岁儿童分别为 11.1% 和 7.9%，与上轮监测相比均显著升高。

伴随着经济发展和居民生活水平的提高，我国儿童营养不足状况得到很大改善，而膳食微量营养素摄入不足或缺乏问题凸显。全国营养监测数据显示，近十年我国儿童膳食维生素与矿物质摄入不足情况依然存在，其中膳食钙摄入不足的比例最高，约有 87.5%~99.7% 的个体每日膳食钙摄入量低于平均需要量（EAR）；6~11 岁儿童每日膳食维生素 A、维生素 B_1、维生素 B_2 和维生素 C 摄入量低于 EAR 的比例均高于 66.0%。实验室检测结果显示，我国 6~17 岁儿童的维生素 A 缺乏率与边缘缺乏率分别为 0.96% 与 14.7%，维生素 D 缺乏率为 53.2%，铁缺乏率为 11.2%，其中 12~17 岁女孩铁缺乏率高达 27.6%。《中国居民膳食指南科学研究报告（2021 年）》数据显示，我国儿童蔬果、乳品、大豆及其制品摄入量均未达到《中国居民膳食指南（2016）》的推荐量，其膳食中缺乏乳品或其摄入量低是导致钙、维生素 A 等营养素摄入不足的直接原因。

三、膳食多样化是营养均衡的保障，儿童适量饮奶十分必要

儿童正处于快速生长发育阶段，对营养素特别是微量营养素的需求相对高于成人，发生微量营养素缺乏性疾病的风险也相对较高。母乳可以为 6 个月以内的婴儿提供充足而全面的营养，然而，从添加辅食开始，如果过分依赖特定食物就会造成儿童营养素摄入失衡，影响身体健康。《中国居民膳食指南（2016）》科学依据的关键事实指出"食物多样是实践平衡膳食的关键，只有多种多样的食物才能满足人体的营养需要"。儿童的健康成长尤其需要多样化的膳食来获得全面营养。

在世界各国的膳食指南中，乳品摄入在每日膳食推荐中均占据重要的地位。乳品摄入量过低或过高均不利于膳食平衡。我国长期以来主要存在乳品摄入量过低的问题，这是由于千百年来受地域环境的限制和生产力的影响，我国大多数地区奶类资源匮乏，其膳食中多缺乏奶制品，居民亦没有饮奶的习惯。有限的哺乳动物乳汁仅作为营养品用于患者或婴幼儿。在经济发展，生产力和生活水平提高，食物日益丰富的当今，奶类作为重要的食物资源已进入普通家庭，其健康作用正在被广泛认知。在《中国居民膳食指南（2016）》

推荐的第 3 条，多吃蔬果、奶类和大豆中明确指出"奶类富含钙，是优质蛋白质和 B 族维生素的良好来源，增加奶类摄入有利于儿童、少年生长发育，促进成人骨骼健康""奶类是一种营养成分丰富、必需氨基酸组成比例适宜、易消化吸收、营养价值高的天然食品""奶类钙含量丰富，是儿童钙的最佳来源""为满足骨骼生长发育的需要，要保证儿童每天喝奶"。同时，指南明确指出 2~5 岁和 6 岁以上儿童每日乳品推荐摄入量分别为 300~400 毫升和 300 毫升。

四、乳品可以有效促进生长发育，是保障儿童健康成长的理想食品

乳品中含有人体所需的大多数营养物质，是满足儿童生长发育需求，改善儿童营养状况的理想食品。乳品作为食品工业中的重要品类，经过多年创新发展，乳品产量大幅增长，产品质量稳定向好，在提升我国不同人群尤其是儿童营养健康上发挥了不可替代的重要作用。

乳品有益于儿童的体格生长。研究显示，儿童每日摄入 245 毫升乳品可贡献每年 0.4 厘米的身高增长。相较于不饮奶的人群，每日饮奶可使身材矮小的发生率降低 28.0%。乳品同样有助于儿童适宜的体重增加。儿童期乳品摄入可以促进瘦体重的增加，与体脂量的增长呈负相关。乳品摄入较多的膳食模式可以减少儿童体脂含量，并可将儿童期超重或肥胖的发生风险降低约 40.0%。

乳品中丰富的钙质有益于儿童骨骼健康。基于 1926 年至 2018 年临床干预试验的系统性综述显示，充足的乳品摄入可有效增加儿童骨密度，该效应在乳品摄入较低的群体中更为显著。基于 21 项临床随机对照试验的荟萃分析显示，在乳品摄入较低的儿童亚组中，增加乳品的摄入可有效增加骨密度。我国乳品干预临床试验也证实，每日课间饮用乳品可有效促进儿童骨密度增加和身高增长。

乳品有益于儿童免疫功能的发展。牛乳中的免疫球蛋白具有广谱的抗菌和抗病毒的能力，同时可通过与致敏原的结合降低过敏性疾病的发生风险。发酵型乳品中含有丰富的益生菌，可以通过调节肠道菌群促进肠道免疫功能，降低呼吸道感染及腹泻的发生率。此外，采用现代工艺，在基础乳源中添加乳铁蛋白、益生菌及益生元等可进一步提升乳品的免疫调节功能。

乳品富含多不饱和脂肪酸与磷脂，有助于促进儿童的认知功能发育，提高其智力水平。研究显示，有长期饮奶习惯的 10~12 岁儿童，其图像自由回忆能力和记忆商都优于无饮奶习惯的儿童；儿童 2~3 岁阶段的饮奶水平与其 10 岁时的认知发育水平呈正相关。

五、我国儿童乳品摄入严重不足，乳品消费量亟待提高

受中国历史与传统饮食文化的影响，食用乳品并非多数家庭由来已久的饮食习惯。尽管对于儿童饮奶的科普工作不断开展，目前我国儿童的乳品摄入还远未达到推荐水平。监测数据显示，我国 2~5 岁儿童乳品食用率为 44.6%，食用人群中饮奶量中位数为 106.7 毫升/天；6~17 岁儿童乳品平均摄入量为 34.5 毫升/天，仅达到推荐摄入量的 13.5%。此外，有 13% 的 6~17 岁儿童从不食用乳品，仅有 4.2% 的 6~17 岁儿童每日乳品摄入量能达到推荐量的 80% 以上。

我国儿童乳品摄入情况存在较大的城乡差异。监测数据显示，我国城市地区 2~5 岁

儿童的乳品食用率为 63.4%，饮奶儿童的饮奶量中位数为 133.3 毫升/天，而农村地区 2~5 岁儿童中的乳品食用率仅为 31.8%，饮奶儿童的饮奶量中位数仅为 87.3 毫升/天，均远低于城市地区。在我国 6~17 岁儿童中，城市儿童乳品平均摄入量为 51.5 毫升/天，农村儿童乳品平均摄入量为 18.9 毫升/天，仅为城市水平的三分之一；城市地区和农村地区 6~17 岁儿童乳品摄入水平分别仅达到推荐摄入量的 23.4% 和 6.6%。农村地区儿童乳品摄入不足的问题较城市儿童更为严峻。

常见市售的乳品种类具有不同的营养特点，可为儿童选择纯牛奶、奶粉、酸奶、奶酪等，按需搭配。其中，纯牛奶中富含优质蛋白及微量营养素，易于人体吸收；奶粉是对液态奶的重要补充，其粉状的形式更便于保存和运输；酸奶保留了奶的基本营养，绝大多数利用益生菌发酵了其中的乳糖，有利于轻度乳糖不耐受人群的消化吸收，并减轻其肠道不良反应，同时酸奶中的益生菌有益于改善肠道微生态，维持肠道的健康。奶酪是浓缩奶制品，蛋白质、矿物质等含量最高可达原料乳的 10 倍，同时具有低致敏性的特点。分析显示，与欧美人群的奶酪消费量差距可能是导致我国人均乳品消费量低的重要因素之一。欧美国家奶酪消费量约为年人均 15 千克以上，而我国奶酪消费量仅年人均 0.1 千克左右。提高我国乳品消费量可从鼓励奶酪消费入手，提倡在传统"饮奶"的基础上增加"吃奶"的选择。此外，一些强化 DHA、维生素 A、维生素 D、铁、锌、益生元等的儿童专用乳品不仅保留了乳的原有营养特性，还强化了膳食缺乏或摄入不足的某种或某些营养素，可预防控制儿童膳食微量营养素缺乏。

六、科学认识儿童乳蛋白过敏与乳糖不耐受，倡导终身不断乳

乳蛋白质过敏和乳糖不耐受是儿童乳品摄入量低的重要原因。二者在临床表现上有一定的交叉。对于确诊的牛奶蛋白质过敏的儿童，首要的是回避牛奶及制品，视病情严重程度，经 1 年左右的低敏配方治疗，部分可以形成免疫耐受，并重新接受牛奶，多数患儿在 3 岁时牛奶蛋白质过敏的问题可以得到缓解。低龄儿童乳糖不耐受常继发于喂养不当、感染及各种原因的腹泻所致肠黏膜损伤和脱落，新裸露的肠黏膜细胞因不成熟而不能分泌乳糖酶，从而出现继发性乳糖不耐受。儿童一旦出现相关临床症状，需到医院小儿消化或过敏专科检查并明确诊断然后遵医嘱选择治疗方案。对诊断为继发性乳糖不耐受的患儿，应短期回避含乳糖的乳品，使肠黏膜细胞恢复健康后再尝试含乳糖的乳品，不可轻易"断奶"。乳品是儿童所需优质蛋白质、钙等多种营养素的重要膳食来源，有研究显示当乳糖不耐受人群伴随着乳品摄入量减少或完全不食用时，可能会导致其骨密度降低，给骨健康带来一定的负面影响。

美国卫生与公共服务部的研究表明，一餐中饮用 60~120 毫升牛奶（乳糖含量 3~6 克），每天 2~3 次，持续 3 周，有助于诱导肠道菌群分解消化乳糖的能力，使得肠道逐渐接受牛奶中的乳糖，提高乳糖的耐受性，因此推荐乳糖不耐受的儿童及成人以少量多次的方式食用乳品。"断奶"会加速人体肠黏膜细胞乳糖酶分泌能力的退化。因此，不断乳是解决乳糖不耐受的最佳方式。应在生命全周期培养饮奶习惯，倡导适量饮奶，终身不断乳。

此外，乳糖不耐者应避免空腹食用乳品。食用乳品前应先吃一些含蛋白质或碳水化合物的食物，如谷类、麦片、全麦面包或鸡蛋等，或者将上述食物与乳品同时食用，以此来延长食物在胃肠道停留时间，减少肠道黏膜细胞的负担，从而减轻肠胃不适症状。严重乳

糖不耐受者可选择无乳糖乳品进行营养补充。在乳品中添加乳糖酶也是解决乳糖不耐受的措施之一。

七、乳品是营养强化的重要食物载体，适于儿童微量营养素缺乏的预防控制

乳品具有乳化及亲水的理化特性，适于脂溶性或水溶性营养素的营养强化。多数国家允许在3岁以上儿童食用的乳品中进行微量营养素强化，最常见的强化乳品是液态乳及乳粉，其中有些是强制性的，要求液态乳或乳粉中必须强化维生素A和维生素D等；有些则为自主性的，鼓励维生素A、维生素D、维生素K、钙、硒、核苷酸等的强化。

营养强化是营养干预的主要措施之一，在改善人群营养状况中发挥着巨大的作用。营养素的目标强化是指针对特殊人群进行的食物强化，旨在增加这些特殊人群的营养素摄入量，例如：婴幼儿辅食、学生营养餐、儿童和孕妇专用食品等。我国相关标准中规定儿童专用调制乳粉和调制乳中允许多种营养素的强化，其强化水平按膳食推荐的饮奶量可达到儿童补充营养素的目的，属于目标强化。依据"精准营养"理论，结合我国儿童营养健康现状，应鼓励针对儿童群体食用的乳品进行维生素、矿物质等多种营养素的协同强化。此外，多不饱和脂肪酸、膳食纤维等对儿童营养与健康的重要作用已被研究证实。在法规限定范围内，可鼓励在乳品中进行有益于儿童生长发育的食品配料或营养强化剂的使用与添加，并制定目标强化应用的儿童专用乳品的指南或标准。特别需要注意的是，应鼓励儿童膳食多样性，乳品强化应根据膳食摄入状况按需进行，不提倡将3岁以上儿童食用的乳品强化为全营养食品。

当前我国食品科技界依据食物强化原则，开展了一系列营养强化技术研究，为儿童专用乳品的营养强化提供了更多技术支持，满足了乳品行业的创新发展需求。

八、多方联动合力推进，营造促进儿童乳品消费的良好支持性环境

我国乳业发展与乳品消费已被国家列为重要的发展目标和任务。2021年《中共中央国务院关于全面推进乡村振兴加快农业农村现代化意见》中明确提出我国"继续实施奶业振兴行动"，同时合理膳食，普及营养健康知识，推广学生饮用奶计划，双蛋白工程已被分别列入《健康中国行动（2019—2030年）》的重大行动、《国民营养计划（2017—2030年）》的实施策略与《国务院办公厅关于推进奶业振兴保障乳品质量安全的意见》，为社会各行业创造了全链条、多角度的儿童乳品消费的支持性政策环境。政府、行业组织、企业、学校、幼儿园、妇幼保健机构等均可通过国家营养和食品安全科普平台，以全国科普宣传周等为契机，与"农村义务教育学生营养改善计划"等营养干预项目深入衔接，加大营养健康科普宣教活动，增强对"学生饮用奶计划"的响应与推进力度，合理引导儿童群体的消费需求。

健康教育是推动乳品合理消费的有效措施。行业组织、企业、专家、媒体、等都应作为营养宣教的主体责任人，向消费者传播正确的营养信息，指导乳品科学消费。个人是健康的第一责任人，3岁及以上儿童可在家长的指导下逐渐了解和实践乳品营养与消费相关知识。目前，多数城市地区的家长都了解乳品对儿童营养与健康的有益作用，然而，这种认知向行为的转变尚有待提升，同时家长的营养知识水平尚存有较大的城乡差异。乳品科普可结合地域、民族、饮食习惯等多重背景进行，有针对性地设置重点地区及特色方案，

通过普及科学知识，纠正错误认知，提出建议与操作方案等多角度引导儿童家长进行乳品合理消费。

优质产品是营造良好乳品消费环境的基础。全面推动乳品产业发展，不断提升创新水平，为消费者提供具有充分选择空间的优质产品是乳品产业发展的目标。乳品行业应重视产品质量安全控制体系建设，在生产工艺、产品配方设计、产品流通等环节加强创新，严把产品质量关，为市场提供优质乳品，提高国内乳业公信力。科技界与产业界应加大对乳品营养基础研究的力度，紧密结合营养改善计划的目标与需求，以科学研究为基础，围绕"精准营养"理论与儿童营养现状、儿童的口味及饮食行为加强产品研发力度，注重科研成果转化，丰富市场乳品品类，为提高我国乳品消费，为改善儿童营养助力。同时，应鼓励以改善儿童营养健康状况为目标进行乳品开发，完善相关标准体系建设，规范并促进儿童营养强化乳品的健康发展。

4 000 万学生受益，这钱花得值 农村学生营养改善计划 10 周年调查

从"鸡蛋牛奶加餐"到"校校有食堂"，10 年来，我国农村义务教育阶段学生营养改善计划（下称"营养餐"）覆盖 29 个省份 1 762 个县，惠及学生 4 060.82 万人。如今，这一政策，正由让学生"吃得饱"向"吃得营养"迈进①。

一、从"黄豆蒸饭"到"顿顿有肉"

10 年前，一些学生体质瘦弱、营养不良的情况，让在贵州省黔西市花溪彝族苗族乡花溪小学从教的陈安贵揪心。"那时乡里孩子吃午饭没有保障，有的用辣椒拌饭吃，有的烧土豆充饥。"如今担任花溪小学校长的陈安贵回忆。

在广西都安瑶族自治县三只羊乡，"黄豆蒸饭"是 10 年前孩子们常见的午饭。那时，三只羊小学学生平均身高和体重均大大低于全国平均水平。

如今，营养餐带来巨变。半月谈记者在贵州农村中小学走访了解到，最初的"鸡蛋牛奶加餐"已被"食堂供餐"所替代，绝大多数学校食堂设施齐备，米油果蔬统一配送，顿顿有肉、荤素搭配成营养餐标配。

"校校有食堂，人人吃午餐"，贵州农村孩子的体质发生明显变化。贵州省卫健委最新监测数据显示，从 2013 年到 2020 年，6～12 岁儿童青少年的身高、体重都有不同程度增加，中小学生贫血率均大大下降。

从"加餐"到"正餐"，从中央财政每餐每人补助 4 元到不少地区探索"4+X"提标……10 年来，营养餐成效显著。

二、多措并举守护"舌尖上的安全"

实施营养餐的同时，各地非常重视食品安全、资金安全等问题。

在贵州省遵义市正安县行政中心的教育系统视频指挥中心，半月谈记者看到，视频

---

① 骆飞.4000 万学生受益，这钱花得值 农村学生营养改善计划 10 周年调查 [J]. 半月谈，2021（16）：2.

实时监控全县所有实施营养餐的学校食堂，工人操作、食材储藏、保管留样等全过程透明。

正安县教育局负责营养餐的工作人员介绍，县里一方面对营养餐专项资金一律实行"校财局管"，学校"见账不见钱"；另一方面，对所有食材实行统招、统购、统配、统送，守护孩子"舌尖上的安全"。

2020 年以来，贵州校园食堂"明厨亮灶"覆盖率达 99.5%；学生集体用餐配送企业"互联网+明厨亮灶"覆盖率达 94.3%。除了完善工作制度和硬件设施，一些地方还积极探索引入信息化技术，加强营养餐管理。如贵州省铜仁市推出"学生营养餐智慧云"平台，学校可以在手机终端上实现食堂管理、食材采购等。

在甘肃、广西等地，政府对学生营养餐食材实行"统一招标、统一采购、统一配送"管理，部分交通不便的农村地区实行生鲜食品定点采购。基层教育人士认为，政府"包办"食材能最大限度为学生营养餐提供安全可靠的食品来源。

三、营养餐仍需做"加法"

半月谈记者了解到，由于多年补助偏低、物价人工不断上涨，地方政府和学校投入压力增大，一些经济落后地区出现营养餐运行费用挤占学校公用经费、餐厨设备老旧无法及时更换、食堂工作人员收入低等困境。而且，营养餐由政府补助实施，多渠道筹资难，影响营养餐提质。

对此，基层工作人员建议，原先每人每天 4 元的补助标准有必要视情况作适当提高。同时，进一步完善政府、家庭、社会力量共同承担膳食费用机制，探索建立膳食补助标准动态调整机制。

半月谈记者调查中还发现，由于基层缺乏专业膳食营养人才，大锅炖、大锅煮比较常见，保障营养餐"吃得营养"仍有较大差距。而有的家长、学生认为营养餐免费，挑食、浪费等情况增多。

受访人员建议，各地教育、卫健部门加强营养餐膳食指导，加大对食堂从业人员培训力度，建立健全营养配餐制度；积极推广"食育"，增强家长学生的节约意识和对膳食营养的认知。

十年健康监测 见证营养改善——农村义务教育学生营养改善计划营养健康状况变迁（2012—2022）

2012 年 5 月，卫生部办公厅和教育部办公厅联合发布了《农村义务教育学生营养改善计划营养健康状况监测评估工作方案（试行）》，正式启动农村义务教育学生营养改善计划（以下简称"营养改善计划"）试点地区学生营养健康状况的监测评估工作。十年来，在各级卫生健康和教育部门的大力支持下，中国疾病预防控制中心营养与健康所同各级疾控中心通力合作，开展了较为全面、系统、科学的营养健康监测评估。近日，全国农村义务教育学生营养改善计划领导小组办公室会同中国疾病预防控制中心营养与健康所，对 2012 年以来的农村学生营养健康状况监测情况进行了对比分析，并对营养改善计划实施效果等开展了综合评价①。

一、监测范围及方法

（一）监测范围

2012 年至 2020 年，监测范围覆盖中西部 22 个省（自治区、直辖市）和新疆生产建设兵团的 699 个国家试点县。其中，50 个县开展重点监测，其他县实施常规监测。

为进一步加强营养健康监测评估工作，从 2021 年开始，在实施营养改善计划的 726 个国家试点县全面实施常规监测，鼓励地方试点县开展常规监测；并将重点监测县增加到 160 个，包括 70 个国家试点县、60 个地方试点县和 30 个未实施营养改善计划的县（区），确保重点监测范围覆盖全国 31 个省（自治区、直辖市）和新疆生产建设兵团。

在监测对象上，每个监测县抽取 10% 左右的小学和初中，每个年级抽 1 个班级的学生。监测县、学校和学生保持相对固定，实施跟踪监测。从 2012 年到 2016 年，每年秋季开展现场调查。从 2017 年到 2022 年，每两年为一个周期，第一年开展现场调查和数据录入，第二年进行生化指标检测和数据分析等，并针对监测发现的问题，开展膳食指导和营养健康宣传教育。

（二）监测方法

在常规监测县，测量学生身高和体重，按照《学龄儿童中小学生青少年营养不良筛查》（WS/T 456—2014）和《学龄儿童中小学生青少年超重与肥胖筛查》（WS/T 586—2018），依次筛查生长迟缓、消瘦、超重和肥胖。在重点监测县，进一步评估学生的饮食习惯和全血血红蛋白，分析贫血状况；部分学生采集少量静脉血，测定血清维生素 A 等易缺乏的微量营养素。

二、主要结果

（一）营养状况逐步改善

1. 身高体重

身高和体重是反映学生生长发育和营养状况的基础指标。十年来，各年龄段男女生的平均身高和体重水平逐年升高（图 1、图 2）。其中，13 岁的男生平均身高和体重增量最多，达到 7.5 厘米和 6.6 千克；女生为 12 岁增量最多，身高和体重增量分别达到 6.3 厘米和 5.8 千克，增长速度均高于同年龄段全国农村学生的平均水平。

2. 营养状况

中小学生的营养不均衡会影响他们的生长发育和认知能力，增加疾病风险，还会导致成年后体能和智力的损失，给社会发展带来沉重的经济负担。其中，学生的生长迟缓率通常作为反映长期膳食营养摄入不足的主要指标。

2021 年监测数据显示：从生长迟缓率看，监测地区 6~15 岁学生生长迟缓率为 2.3%，比 2012 年的 8.0% 下降了 5.7 个百分点。从消瘦率看，监测地区 6~15 岁学生消瘦率为 9.8%。

同时，监测地区中小学生也存在超重、肥胖现象。2021 年，监测地区中小学生超重

---

① 十年健康监测 见证营养改善 [N]. 中国食品安全报，2022-10-15（C03）.

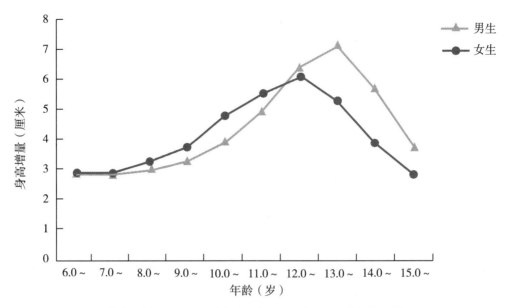

图1 十年来监测地区6~15岁各年龄段学生平均身高增量

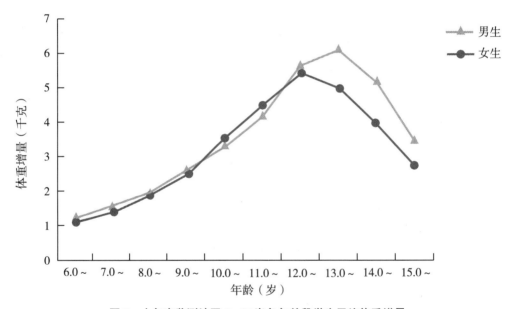

图2 十年来监测地区6~15岁各年龄段学生平均体重增量

肥胖率为18.7%，与同期"中国0~18岁儿童营养与健康系统调查与应用"项目中的6~17岁中小学生平均超重肥胖率26.5%相比，低7.8个百分点。

3. 贫血状况

贫血是我国经济欠发达地区中小学生常见的营养相关疾病，会降低抗感染能力，阻碍生长发育，影响学习和运动能力。随着营养改善计划的逐步推进，农村中小学生贫血率总体呈下降的趋势。2021年，监测地区学生贫血率为12.0%，比2012年的16.7%下降了

4.7 个百分点。其中，西部地区学生贫血率的下降幅度达到 6.0 个百分点。

（二）膳食摄入更加丰富

1. 畜禽鱼类

适量地摄入鱼禽肉蛋奶及豆制品可以满足中小学生迅速生长发育对优质蛋白质的需要。2021 年，监测地区 50.3% 的中小学生吃畜禽鱼等肉类（包括猪肉、牛肉、羊肉、鸡肉、鱼虾等）的频率达到每周 5 次以上。

2. 新鲜蔬菜和水果

新鲜的蔬菜和水果可以为中小学生提供丰富的维生素、矿物质和膳食纤维，是均衡膳食的重要组成部分。2021 年，监测地区 33.3% 的中小学生每天吃 3 种及以上新鲜蔬菜；30.8% 的中小学生可以做到每天吃水果。

3. 奶及奶制品

奶及奶制品可以为生长发育迅速的中小学生提供丰富的钙和优质蛋白质。2021 年，监测地区 32.8% 的中小学生每天喝牛奶等奶制品（包括牛奶、羊奶、马奶、鲜奶、奶粉、酸奶等）；该比例较 2014 年的 13.8% 有较大幅度增长。

同时，监测地区中小学生也存在一定比例的吃零食、喝饮料等现象。2021 年，每天喝 1 次及以上饮料的中小学生占 4.9%，每天吃 1 次及以上零食的学生占 12.0%，这些比例均低于 2015 年的监测结果，也低于同期 6~17 岁中小学生的零食和饮料消费频率。

（三）供餐模式更为合理

1. 食堂条件

营养改善计划实施过程中，各地不断加大食堂建设力度，为推进食堂供餐提供保障。2021 年，在 11 857 所监测学校中，90.9% 的监测学校有食堂，食堂有餐厅的比例为 84.4%，餐厅有餐桌、椅凳的比例为 83.1%。监测结果显示，监测学校中有食堂的比例逐年增高，从 2012 年的 60.6% 增长到 2021 年的 90.9%。详见图 3。

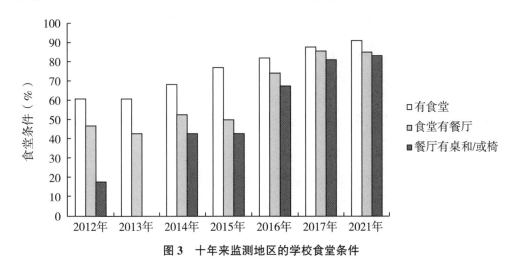

图 3　十年来监测地区的学校食堂条件

2. 供餐模式

营养改善计划实施过程中，强调以学校食堂供餐为主。2021 年，在 7 607 所实施了营养改善计划的监测学校，83.4%的学校采用学校食堂供餐，16.4%为企业供餐，还有 0.2%为家庭托餐。

监测结果显示，学校食堂供餐的比例逐年增长，从 2012 年的 46.1%增长到 2021 年的 83.4%。企业供餐的比例由 2012 年的 47.1%下降至 2021 年的 16.4%。

（四）健康教育更加普及

1. 健康教育情况

学校开展健康教育有利于帮助中小学生学习营养知识，树立科学的健康理念。2021 年，在 11 776 所监测学校中，97.6%的学校组织了健康教育相关课程或活动。其中，81.7%的学校既开设健康教育相关课程，也组织学生参与式的活动，该比例高于 2012 年。

2. 营养健康知识得分

掌握科学的营养健康知识有利于中小学生从小培养健康的饮食行为，养成良好的生活习惯，为一生的健康奠定基础。2021 年，监测地区中小学生营养健康知识的平均正确率为 60.2%，比 2012 年的 51.4%高 8.8 个百分点。

三、总结与建议

农村义务教育学生营养改善计划是助力学生健康成长、阻断贫困代际传递、促进教育公平发展的重要举措，对于全面提高国民素质、建设人力资源强国具有重大的现实意义和深远影响。营养改善计划实施以来，农村学生营养状况得到明显改善，平均身高、体重逐步上升；同时，生长迟缓或贫血的儿童逐步减少。农村学校食堂供餐率不断提高，软硬件设施逐步完善，在一定程度上为促进均衡膳食奠定了良好基础。今后，要继续坚持以学生为中心，持续推进学校食堂供餐，科学开展营养健康监测，因地制宜开展膳食指导，多层次多形式开展营养健康宣传教育，培养中小学生良好的饮食行为和生活习惯，逐步落实"健康中国行动"和"国民营养计划"有关要求，进一步促进农村中小学生营养均衡、健康成长，为实现中华民族伟大复兴的中国梦奠定更为坚实的基础。

《利乐包装回收计划》项目化学习课程报告

项目名称：利乐包装回收计划

实施人：张家港市实验小学教育集团西校区 STEM 社团

邓秉承、徐曼文、焦浩宇、宋若汐、赵梧皓、陈诗瑶、李静娴、王俊杰、朱梓涵、温博为、赵浩辰、马昕雅、陈　露、郭城旭、赵雨晴、葛翼源、张晨皙、褚乐怡、葛明睿、张子成

项目共同体如下。

科学教师：陈喜燕、韩神娇、陈烨禾

劳技教师：杜羽凡

语文、道德与法治教师：侯星羽

美术教师：周楠、杨莉

信息技术教师：陈丽伊

数学教师：王杰、邱艳芳

综合实践教师：侯星羽

水电技术员：陶航

梁丰集团副总经理：季万兰、吴栋平

利乐集团：王正宇

张家港市实验小学西校区校长：陈一叶

项目周期：一学年

1. 项目背景

张家港市的各个学校每学期都会为孩子们提供征订梁丰学生奶的服务，目的是让学生们在学校里能够补充一天内所需要的营养物质。但是喝完以后，孩子们发现一般的处置方式就把它扔到垃圾袋里，最后当成其他垃圾丢掉，但实际上牛奶包装盒是可以回收利用的。梁丰集团就一直想要做牛奶盒利乐包的回收利用，但是之前的回收学生们只是简单的喝光压扁，按班级收集后就送到他们的回收场地，后期他们还需要进行大量的清洗，费时费力费人工，使得他们的回收成本很高昂，很难维继下去。为什么会这样呢？是因为这是学生喝完之后没有及时剪开清洗，在包装盒的内部产生了凝固的残留物，使得后期再去清洗就会异常艰难，所以这个工作一直没有开展成功。那么孩子们怎样才能真正利用起这份可回收资源，让利乐包装顺利回收，并实现它的别样重生呢？

2. 研究方向

学生奶是学生校园生活的重要组成部分。一方面，我们想要在培养孩子们的环保理念的同时，利用现有资源，完成利乐包装的顺利回收；另一方面，我们还想进一步挖掘利乐包装的价值，把利乐包装的在校园中的再利用发挥到最大！针对利乐包装何"从"何"去"的思考，我们展开了项目式学习研究。问题框架如下（表1）。

表1 问题框架

情景问题	本质问题	驱动问题	学习问题	具体问题
开学初，家长们大多给孩子们征订了梁丰集团的利乐三角包学生奶，孩子们喝完的大量牛奶盒每天都会变成垃圾，产生了巨大的资源浪费，这该怎么解决呢？	如何通过资源的回收利用，培养孩子们的环保理念？	如何实现利乐包装的回收再利用？	利乐包装的回收现状是怎样的？	什么是利乐包装？
				为什么要回收利用利乐包装？
				目前利乐包装的回收现状是怎样的？
			利乐包装能再利用吗？	利乐包装的材料结构是怎样的？
				利乐包装的哪些原材料可再利用？
			如何在校内实现利乐包装的回收与再利用？	如何回收每天喝完的利乐包装盒？
				如何处理回收的利乐包装盒？
				利乐包装有哪些再生利用的方法？
			怎样推广利乐包装研究项目的成果？	如何在校内外推广利乐包装回收利用项目，深化环保理念？
				如何寻找新的技术支撑来促进利乐包装的高效回收与再利用？

3. 项目目的

（1）观察校园垃圾分类，体会资源的循环、再利用是社会发展的重要组成部分，培养学生的责任意识，懂得爱护环境，节约资源，从而了解可持续发展和循环经济的理念。

（2）考察利乐包装的回收利用价值，积极思考并提出以生活真实问题为基础、比较有意义的问题；能将问题简洁、明确地表述出来，初步形成反思、探究问题的习惯。

（3）多途径挖掘和搜集资料，了解利乐包装的相关知识。掌握资料收集的技巧，能在众多信息中筛选、提炼出有助于解决研究问题的信息，并能通过"手抄报""思维导图""幻灯片""电子小报"等方式灵活多样地呈现和运用信息，了解利乐包装的回收利用方法和技术的多样性。

（4）规划校内利乐包装回收方案，设计清洗和晾晒区，动手操作，实践回收方案可行性，培养孩子们劳动能力和实践精神。

（5）运用数学知识测量、计算利乐包装的表面积、容积和稳定性，估算回收方案的经济值，计算利乐包原材料的回收率。在解决问题的过程中，感受数学的作用和实际价值，感受数学的趣味、实用和神奇富有挑战。

（6）通过改进利乐包装的回收方式和利乐包装组成材料的分离方法，从不同视角思考问题，提高了学生科学思维能力，设计并制作简单而有创意的作品。

（7）宣传推广，学写简单的研究报告、推广方案，能简单进行项目布展，把"利乐包装的回收利用"小妙招介绍给更多的人，让垃圾分类、节约资源、可持续发展的意识在更多人的心里生根发芽。

（8）综合运用多学科知识，紧密联系现实生活，进行艺术创新和实际应用。学生对创作的过程和方法进行探究与实验，生成独特的想法并转化为艺术成果。创意实践的培育，有助于学生形成创新意识，提高艺术实践能力和创造能力，增强团队精神。

4. 项目内容

本次项目化学习课程面向三至六年级学生开设，全校师生共同参与，以校园中真实存在的问题为主题，任务是实现利乐包装的高效回收利用，践行垃圾分类，保护环境，节约资源。该项目以"垃圾分类，资源再生，实现利乐包装回收再利用"为驱动问题，在不浪费水资源的前提下，把牛奶盒的清洗回收融入师生的日常生活，多角度、跨学科、多领域构思"利乐包装回收再利用"方案。

为了充分体现学科知识在研学课程中的实践应用，我们对中高年级相关学科的学科概念以及培养目标进行了梳理，整理了一份和本项目课程学科概念和能力思维导图。

结合各个学科与本项目课程相关的概念和能力点，我们对项目研究进行了具体规划，形成了如下项目思维导图（图1）和课程版块图（图2）。

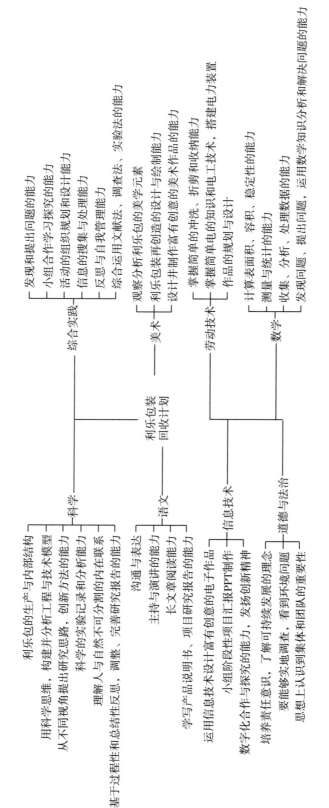

图1 [利乐包装回收计划] 项目课程学科概念和能力思维导图

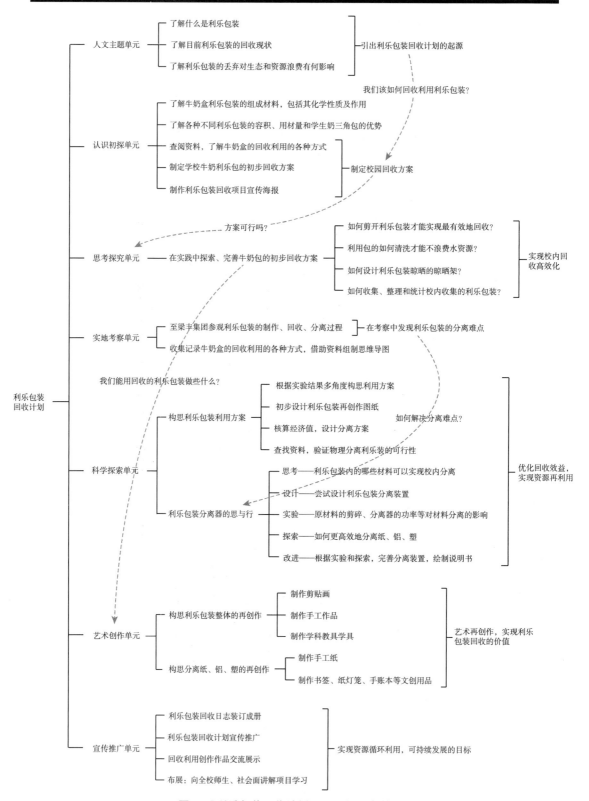

图 2 ［利乐包装回收计划］项目课程版块图

2021 年世界粮食计划署学生供餐项目情况

■ 世界粮食计划署（WFP）在 2021 年为 1 550 万名儿童提供了校餐或零食，其中包括 600 万名急需解决供餐问题的儿童。

■ WFP 通过人道主义或其他方式向 16 个国家扩大了学校供餐业务，并使其中 14 个国家的供餐业务过渡到国家所有制计划。

■ 在 39 个国家中，WFP 通过本土学校供餐方案向小型农户提供支持。

■ 在 2021 年，WFP 在 78 个国家实施或支持学校供餐计划。

■ 在 COVID-19 疫情期间，WFP 在学校关闭期间通过提供食品或现金的形式解决供餐问题（23 个国家）。

■ WFP 直接提供技术援助，并在当地执行或实施（57 个国家）。

■ WFP 只向政府提供技术援助（21 个国家）。

◎ 论文摘要

大安市实施"营养改善计划"5 年前后学生营养状况变化

目的：分析比较 2012 年与 2017 年吉林省大安市开展"农村义务教育学生营养改善计划"（以下简称"营养改善计划"）的两所中学和两所小学的中小学生营养健康状况变化，为开展下一步的营养干预措施提供依据。方法：分析所调查大安市 4 所中小学参与 2012 年和 2017 年营养改善计划学生的监测数据。监测指标包括身高、体重、营养状况等，根据相关标准客观评价中小学生的营养健康状况。结果：经过 5 年的营养改善，大安市 6~17 岁中小学生身高、体重略有波动，但总体呈增长趋势；2017 年营养不良检出率为 6.8%，较 2012 年（9.7%）有所下降；但差异无统计学意义（$P>0.05$）；超重/肥胖率由 2012 年的 14.6% 上升为 2017 年的 21.2%，差异有统计学意义（$X^2=7.913$，$P<0.05$）。结论：营养改善计划覆盖地区中小学生营养不良和生长迟缓情况明显改善，同时超重/肥胖率不断增加，需要在今后计划实施中加强宣教和干预[①]。

中国学龄前儿童贫血现况与神经心理发育的相关性

目的：分析中国学龄前儿童贫血现况及其与不同能区及总体神经心理发育状况的相关关系。方法：数据来源于"中国 0~18 岁儿童营养与健康系统调查与应用"项目，以 14 省 28 个调查点的 3 261 名 2~6 岁儿童及其家长为研究对象。儿童相关人口学特征由经过

---

① 张晶波，周莹莹，张丽薇，等．大安市实施"营养改善计划"5 年前后学生营养状况变化［J］．中国卫生工程学，2022，21（4）：570-572．

统一培训的调查员进行面对面调查。采用血红蛋白检测方法（Hemocue 法）测定儿童全血血红蛋白，儿童的神经心理发育水平由经过培训的儿童保健人员采用《0～6 岁儿童发育行为评估量表》（WS/T 580—2017）进行测查。结果：儿童血红蛋白平均水平为（125.23±11.49）克/升，贫血率为 10.30%。调整性别、年龄、民族、地区、喂养方式、母孕期情况等混杂因素之后，2～6 岁贫血儿童在大运动（$\beta = -2.15$，95%CI $= -3.89 \sim -0.41$）、精细动作（$\beta = -2.46$，95%CI $= -4.12 \sim -0.79$）、适应能力（$\beta = -2.59$，95%CI $= -4.42 \sim -0.76$）、语言（$\beta = -3.65$，95%CI $= -5.53 \sim -1.78$）和社会行为（$\beta = -3.11$，95%CI $= -4.94 \sim -1.28$）5 个能区以及全量表（$\beta = -2.79$，95%CI $= -4.10 \sim -1.49$）发育商水平均低于非贫血儿童（P 值均<0.05）。结论：2～6 岁儿童贫血与其总体发育商以及大运动、精细动作、适应能力、语言和社会行为五大能区发育商水平均呈负相关，建议积极开展学龄前儿童贫血监测、干预工作，进一步提高儿童的神经心理发育水平①。

青少年肥胖指标评定与阶段脂肪比平衡的研究

文章测定了肇庆市第一中学实验学校 60 名学生的身体生长发育基本指标及身体成分，结果显示：受试者的平均体脂率和 BMI 指数均在正常范围内；受试女生的体脂率显著高于男生，男生的肌肉量普遍多于女生；受试者左右侧肢体发展不均衡。因此，青少年要注重左右肢体及躯干的均衡发展，并注重膳食搭配，合理饮食，积极锻炼身体②。

北京市房山区某初中学生中医饮食健康素养与超重和肥胖的相关性研究

目的：调查北京市房山区某初中中医饮食健康素养和超重/肥胖现况，为开展"食育项目"的中医营养教育和干预提供依据。方法：采取分层整群抽样方法抽取北京市房山区某初中初一至初三年级学生共 190 名，进行中医饮食健康素养调查，分析其超重和肥胖与中医营养知识（knowledge）-态度（attitude）-行为（practice）（以下简称 K-A-P）、每周/每日运动频率和睡眠时间的相关性，并对超重和肥胖的相关因素进行 Logistic 多元回归分析。结果：房山区初中生超重和肥胖比例分别为 44.7% 和 27.1%；超过 95% 的中医饮食健康素养的条目得分与 BMI（Body Mass Index）之间存在相关性，相关系数在 $-0.808 \sim -0.499$，差异有统计学意义（$P < 0.01$）；Logistic 回归分析结果表明，在校正中医营养 KAP 和每周/每日运动频率、睡眠时间等条目后，中医知识中"四性"（OR $= 0.032$）、"五味"（OR $= 0.080$），态度中"使用中医营养知识指导膳食的态度"（OR $= 0.074$），行为中"感冒的中医食养选择"（OR $= 0.036$）仍是儿童青少年超重/肥胖的危险因素。结论：该中学初中生中医饮食健康素养有待改善，中医营养 K-A-P、睡眠时间和每日/每周运动频次均与青少年超重/肥胖的风险存在统计学关联，应加强家校合作，开展

———————————

① 王利红，杨慧敏，李瑞莉，等 . 中国学龄前儿童贫血现况与神经心理发育的相关性 [J]. 中国学校卫生，2022，43（8）：1220-1223.

② 高珊珊 . 青少年肥胖指标评定与阶段脂肪比平衡的研究 [J]. 体育视野，2022（16）：80-82.

中医营养的宣教，特别是应普及控制体质量的饮食健康素养相关知识①。

大学体育专业学生膳食营养研究

体育专业大学生在日常训练中体力耗能比较大，加之正处于青春发育的末期，营养摄入的需求比较高，如果摄入营养不足，不仅会影响正常的生长发育，降低自身的免疫能力，还无法专业高效地进行日常训练，继而使其竞技水平难以实现质的突破。所以，体育专业大学生在日常饮食中务必要加强营养的摄取，保持饮食均衡，保证每日膳食营养满足身体需求，以便保持良好的身体状态及竞技状态。本文首先明确了大学体育专业学生的主要特点，其次调查分析其膳食营养的现状，最后根据存在的问题提出改善策略，促使大学体育专业学生饮食均衡营养，增强体魄，改善身体机能，从而以更积极，更饱满的状态投入训练之中，获得令人满意的成绩②。

高中膳食营养现状及健康体质的调查与分析

高中阶段是学生成长发育的关键时期，膳食营养状况与高中生的体质健康息息相关。本文主要对安丘市第一中学、安丘市青云学府、安丘市第二中学和安丘市实验中学的膳食营养现状进行调查，并就其影响因素和膳食营养状况与学生体质健康的关系展开分析。结果显示，当前高中生的膳食营养现状令人担忧，普遍存在一些问题。因此，需要在强化健康宣教的同时，采取合理干预手段，才能进一步增强高中生的身体素质③。

我国中部某脱贫县小学生食物摄入情况及其影响因素分析

目的：分析我国中部某脱贫县小学生的主要食物摄入情况及其影响因素，为改善我国学生营养健康状况提供基础数据。方法：在我国中部某脱贫县的城镇和乡村分别抽取 2 所小学，随机抽取 738 名二至四年级小学生。通过"学生调查表"收集他们的主要食物摄入频率、家庭及个人状况。结果：仅 12.8% 的小学生肉类摄入频率达到 1 次/天及以上，9.4% 的小学生大豆及其制品摄入频率达到每天 1 次及以上；18.9% 的小学生蛋类摄入达到 1 个/天及以上，8.3% 的小学生奶类及奶制品摄入达到 1 包/天及以上；13.0% 的小学生水果摄入频率达到 1 次/天及以上，还有 23.5% 的小学生摄入蔬菜达到 3 种/天及以上。男、女生之间奶制品摄入频率的差异有统计学意义（$P<0.05$）；不同受教育程度母亲的子女摄入蛋类、水果有统计学意义（$P<0.05$）；在城镇和乡村之间肉类、奶制品、大豆及其制品、水果及蔬菜的摄入情况均有统计学意义（$P<0.05$）。多因素分析结果显示，城镇上

① 热依拉·吐尔逊，赵艳，杨亚洁，等．北京市房山区某初中学生中医饮食健康素养与超重和肥胖的相关性研究［J］．西部中医药，2022，35（8）：80-85.

② 张俊威．大学体育专业学生膳食营养研究［J］．中国食品，2022（16）：152-154.

③ 王成花，周德福．高中膳食营养现状及健康体质的调查与分析［J］．食品安全导刊，2022（22）：93-95.

学的小学生相对于乡村，肉类摄入达到每周 4 次及以上的 OR 值为 2.181（95% CI：1.172~4.057，$P<0.05$）；母亲高中及以上受教育程度相对于初中及以下，蛋类摄入达到每周 4 个及以上的 OR 值为 2.011（95% CI：1.158~3.493，$P<0.05$）。结论：我国中部某脱贫县小学生的肉蛋奶等动物性食物摄入明显不足，尤其是乡村地区；且摄入情况可能与母亲受教育程度有关。建议针对小学生及其母亲开展合理膳食相关的指导①。

2016—2017 年中国 12~17 岁儿童青少年膳食微量营养素摄入状况

目的：分析 2016—2017 年中国 12~17 岁儿童青少年膳食微量营养素摄入状况。方法：数据来源于 2016—2017 年中国儿童与乳母营养健康监测，采用多阶段分层随机抽样方法，在全国 31 个省（自治区、直辖市）抽取 275 个监测点开展营养健康监测。膳食调查采用连续 3 天 24 小时膳食回顾法收集食物摄入信息，采用食物秤称重记录家庭或学校食堂连续 3 天食用油和调味品的摄入量，依据中国食物成分表计算微量营养素的摄入量。结果：2016—2017 年中国 12~17 岁儿童青少年膳食维生素 A（视黄醇活性当量）、维生素 B_1、维生素 B_2、维生素 C、钙、铁、锌、钠的日均摄入量分别为 356.8 微克、0.8 毫克、0.8 毫克、60.5 毫克、342.8 毫克、19.2 毫克、9.8 毫克和 5 230.4 毫克，膳食维生素 A、维生素 B_1、维生素 B_2、维生素 C、钙的日均摄入量低于推荐值 60% 的比例分别为 74.3%、59.4%、57.7%、62.6% 和 93.0%，铁和锌的日均摄入量达到推荐值 80% 的比例分别为 73.8% 和 64.8%，钠的日均摄入量超过了适宜摄入量的比例达到 94.4%。12~17 岁儿童青少年膳食微量营养素的日均摄入量均随年龄的增长而增加，维生素 A 的日均摄入量在性别、城乡方面的差异有统计学意义（$P<0.05$），维生素 C 的日均摄入量在城乡方面的差异有统计学意义（$P<0.01$），维生素 B_1、维生素 B_2、钙、铁、锌的日均摄入量在年龄、性别和城乡方面的差异均有统计学意义（$P<0.01$），钠的日均摄入量在年龄、性别方面的差异有统计学意义（$P<0.01$）。结论：2016—2017 年中国 12~17 岁儿童青少年大多数膳食铁和锌摄入量基本满足，钠的摄入量偏高，部分微量营养素的摄入量不足②。

膳食营养素对中国 7~17 岁儿童青少年体质指数影响的多水平研究

目的：分析中国 7~17 岁儿童和青少年膳食营养素摄入与其体质指数之间的关系。方法：数据来源于"中国健康与营养调查"，选择至少参加一轮（2000 年、2006 年、2011年和 2015 年）调查并有完整膳食和体格测量调查数据的 5 562 名 7~17 岁儿童青少年作为研究对象，构建三水平（社区-个人-观察水平）体质指数的线性随机截距混合效应模型，

① 宋若琳，车会莲. 我国中部某脱贫县小学生食物摄入情况及其影响因素分析 [J/OL]. 中国食品卫生杂志，2022：1-13 [2022-11-23].

② 琚腊红，赵丽云，房红芸，等. 2016—2017 中国 12~17 岁儿童青少年膳食微量营养素摄入状况 [J]. 卫生研究，2022，51（4）：544-549.

分析城乡不同性别儿童青少年膳食营养素摄入对其体质指数的影响。采用连续 3 天 24 小时和家庭称重记账法评价膳食营养素摄入情况。结果：城市儿童青少年体质指数高于农村儿童青少年体质指数；12~17 岁儿童青少年体质指数高于 7~11 岁儿童青少年体质指数；男孩体质指数高于女孩的，但仅在 2011 年和 2015 年调查中差异有统计学意义。在控制个体水平（调查年份、年龄、身体活动和家庭人均收入）与社区水平（社区城市化指数）等混杂因素后，三水平模型显示农村男孩的体质指数随胆固醇摄入量（$P<0.01$）的增加而增加；城市女孩的体质指数随维生素 B_1 摄入量（$P<0.05$）和铁摄入量（$P<0.01$）的增加而增加；农村女孩的体质指数随维生素 E 摄入量（$P<0.001$）和钠摄入量（$P<0.05$）的增加而增加。结论：影响城乡不同性别 7~17 岁儿童青少年体质指数水平的膳食营养素存在一定差异[①]。

关于 2021 年越秀区健康促进学校开展全民营养周——中国学生营养日活动专题报告

2021 年 5 月 17—23 日是我国第 7 个"全民营养周"，5 月 20 日是中国学生营养日。为贯彻落实《健康中国行动（2019—2030）年》及《国民营养计划（2017—2030 年）》，越秀区以全民营养周和"5·20"中国学生营养日为契机，以献礼建党百年、巩固新冠肺炎疫情防控成果、倡导合理膳食、杜绝浪费、预防疾病为导向，深入开展学生营养改善行动，推动国民健康饮食习惯的形成和巩固，务求把合理膳食行动落到实处[②]。

西藏山南市某县 318 名小学生营养素养调查分析

目的：分析西藏山南市某县小学生营养素养现状，探讨可行性提升方案。方法：使用课题组自编问卷，选取某县镇属小学和乡属小学各 1 所，对一至五年级学生进行抽样调查。使用 χ^2 检验或独立样本 t 检验，分析镇小学与乡小学学生营养素养是否存在差异。结果：318 名藏族学生在食物搭配、睡眠时长、户外活动时长、谷物主要营养素、深色蔬菜、预防缺血性贫血的食品等题目的知晓率较低。不少于 83.9% 的学生愿意将所知道的营养健康知识进行宣传。三、四年级学生报告一周内所吃食物种类平均为 4.2~4.4 类，五年级学生报告一周内所吃食物种类平均为 6.0~6.3 类。镇小学低年级学生在"饭前手卫生"（100% 和 81.8%，$\chi^2=12.064$，$P<0.001$）及"餐后口腔卫生"（88.1% 和 67.3%，$\chi^2=6.965$，$P=0.008$）方面的知晓率高于乡小学；镇小学中年级学生"新鲜水果代替食物"（81.9% 和 53.6%，$\chi^2=11.970$，$P<0.001$）知晓率高于乡小学，乡小学中年级学生"室外活动时长"（30.4% 和 6.9%，$\chi^2=12.131$，$P<0.001$）知晓率高于镇小学；镇小学高年级学生在"预防贫血"（29.3% 和 0，$\chi^2=9.920$，$P=0.002$）及"室外活动时长"

① 胡浩杰，关方旭，胡霄，等．膳食营养素对中国 7~17 岁儿童青少年体质指数影响的多水平研究［J］．卫生研究，2022，51（4）：561-567，573．
② 何斯哲．关于 2021 年越秀区健康促进学校开展全民营养周——中国学生营养日活动专题报告［C］//广州市第十三届健康教育与健康促进学术交流活动稿集．2022：535-536．

（56.1%和0，$X^2 = 23.561$，$P < 0.001$）方面的知晓率高于乡小学，乡小学高年级学生在"新鲜水果代替食物"（100%和75.6%，$X^2 = 6.18$，$P = 0.012$）及"睡眠时长"（100%和80.5%，$X^2 = 6.152$，$P = 0.013$）方面的知晓率高于镇小学，上述差异均具有统计学意义。结论：山南市小学生营养素养尚存在较大的提升空间。应在镇、乡各级学校应加强对认识食物、食物搭配、营养健康术语等内容的专题指导，以提高学生营养素养和健康水平[①]。

广西 Y 区农村义务教育学生营养改善计划实施状况调查研究

作为我国的一项长期政策，农村义务教育学生营养改善计划（以下简称"营养改善计划"）不仅有利于众多学子的健康成长，也有利于我国教育的健康发展。随着营养改善计划覆盖面的不断扩大，学校的供餐管理逐步规范化，政策信息逐渐公开化，宣传形式多种多样，家长和学生普遍感到满意，学生营养不良的状况得到了有效缓解。因此，有关部门应进一步加大经费投入力度，建立家校合作分担机制；加强管理力度，提高营养供餐质量；落实人员编制，加强营养人才培养；健全监管机制，提高政策执行力度，以巩固、提高实施成效[②]。

蛟河市儿童青少年营养健康水平综合干预措施的研究

从儿童青少年自身成长发育角度来看，营养健康对儿童青少年的身体成长具有重要意义。对此，蛟河市教育部门积极探索儿童青少年营养健康水平综合干预措施，通过试点先行、以点带面，逐步在蛟河市全面推广营养与健康学校建设工作，更好地适应儿童青少年日益增长的营养健康需求，切实推动蛟河市学校营养健康饮食服务整体水平的提升[③]。

中国营养学会理事长、膳食指南修订专家委员会主任杨月欣：学龄儿童要参与食物选择和制作

中国营养学会理事长、膳食指南修订专家委员会主任杨月欣表示，《中国婴幼儿喂养指南（2022）》是落实国家相关政策的技术性文件，主要目标是提供不同年龄段孩子的生长发育需要和膳食营养指导原则[④]。

---

① 虞晓含，邵丹青，郭沫凡，等．西藏山南市某县 318 名小学生营养素养调查分析［J］．中国校医，2022，36（7）：537-540.

② 王玮．广西 Y 区农村义务教育学生营养改善计划实施状况调查研究［J］．求知导刊，2022（19）：5-7.

③ 车宇飞．蛟河市儿童青少年营养健康水平综合干预措施的研究［J］．食品安全导刊，2022（19）：126-128.

④ 中国营养学会理事长、膳食指南修订专家委员会主任杨月欣．学龄儿童要参与食物选择和制作［N］．中国食品安全报，2022-06-30（D02）.

农村义务教育学生膳食多样性与膳食构成分析

目的：探讨农村义务教育学生的膳食多样性与膳食构成，并分析不同个人和家庭特征以及地区间的差异。方法：基于2018—2019年在中国多地区城乡义务教育学校调查的13 871名农村户籍学生1天24小时膳食回顾和个人家庭特征数据，统计分析学生膳食多样化评分（DDS）和膳食构成，并在不同亚组间进行差异检验。结果：样本学生DDS（7.39±1.95）处于较高水平。中低DDS水平组学生的膳食构成以谷物、蔬菜和肉类为主。不同性别和年龄组间的学生DDS和主要膳食构成无差异。走读生的DDS和膳食构成均优于寄宿生。不同生活方式组间，留守组学生DDS最低；与非留守组和留守组相比，流动组学生的膳食构成缺少蛋类。不同地区间的学生DDS和膳食构成丰富程度按由高到低依次为河南、内蒙古、云南、苏州和安徽。结论：中国农村义务教育学生的膳食多样性已经得到明显改善，但寄宿生和留守学生仍属于相对弱势群体。建议在推进农村义务教育阶段学生营养改善措施的过程中，着重加强对寄宿学生、留守学生和膳食欠丰富地区学生的支持，并设计针对性的措施改善其膳食质量①。

国内外学生营养健康教育概况分析与启示

目的：分析国内外学生营养健康教育进展和经验。方法：综述了部分国家在学生营养健康教育方面的进展和我国的营养教育经验。结果：明确了国内外学生营养健康教育的开展情况，为我国开展学生营养健康教育工作、促进学生健康成长提供参考。结论：营养健康教育对中小学生的健康成长具有重要意义，应结合国内外经验继续完善我国的营养健康教育②。

中国农村0~5岁留守儿童的营养不足现状及特征

目的：分析2016—2017年中国农村0~5岁留守儿童的营养不足状况及特征。方法：数据来自中国居民营养与健康状况监测（2015—2017年），营养不足包括生长迟缓、低体重和消瘦，0~4岁儿童营养不足采用WHO 2006年生长发育标准判定，5~5.99岁儿童采用WHO 2007年生长发育参考值判断。结果：2016—2017年中国农村0~5岁留守儿童的生长迟缓率为6.4%，低体重率为2.3%，消瘦率为2.1%。中国西部、贫困农村留守儿童生长迟缓率较高；低出生体重留守儿童的生长迟缓率、消瘦率、低体重率高；母亲文化程度高则生长迟缓率低，父亲看护者生长迟缓率、低体重率较高。结论：中国农村0~5岁

---

①　陶畅，李军，赵启然．农村义务教育学生膳食多样性与膳食构成分析［J］．营养学报，2022，44（3）：247-251．

②　徐颖，杨媞媞，张倩．国内外学生营养健康教育概况分析与启示［J］．中国食物与营养，2022，28（6）：12-16．

留守儿童的营养不足状况需要关注，尤其重视低出生体重、西部、贫困农村和父亲看护的儿童①。

中国 6~17 岁儿童青少年奶制品摄入状况分析

目的：了解 2016—2017 年中国及各省份 6~17 岁儿童青少年奶及奶制品的摄入情况，为指导儿童青少年合理摄入奶及奶制品提供科学依据。方法：利用"2016—2017 年中国儿童与乳母营养健康监测"中连续 3 天 24 小时膳食回顾及称重法获得的膳食调查数据，分析我国及各省份 6~17 岁青少年的奶制品摄入现状及消费现状，并根据《中国居民膳食指南（2016）》对其奶制品摄入是否达标进行评价。结果：2016—2017 年，中国 6~17 岁儿童青少年奶制品平均摄入量为 62.62 克/天，总奶类消费率为 47.94%，达到膳食指南推荐量（300 克/天）的仅为 2.86%。奶类消费以液态乳以及酸奶为主。其中，城镇 6~17 岁儿童青少年奶制品摄入状况、消费状况以及达标状况显著优于农村。6~11 岁年龄段儿童青少年的奶制品摄入状况、消费状况以及达标状况优于 12~17 岁年龄段的儿童青少年，女性儿童青少年酸奶、奶酪及其他奶制品的消费状况优于男性儿童青少年，而男性儿童青少年的奶制品达标状况则优于女性儿童青少年。结论：2016—2017 年，我国儿童青少年奶制品摄入严重不足，达标情况不良，亟需改善②。

专家解读——《中国学龄儿童膳食指南（2022）》核心推荐

食育教育，营养素养应该作为素质教育不可分割的一部分，因为我们所有需要的营养都是来自各种各样的食物。营养不仅满足体格的生长发育，同时也关系到智力的发育，而且生命早期的营养是不是合理，是不是充足，直接会影响到成年后是不是健康。因此，儿童青少年的营养非常重要，我们要强调饮食行为的培养，强调"会选会烹"就是希望孩子学会选择食物，在选择食物的过程当中，去了解、去掌握有关食物和营养知识。比如说在选择包装食品的时候，要去看它的能量，是不是含有添加糖，是不是含有饱和脂肪酸，这对他今后成年后学会理智选择食品是有帮助的，从小就形成这种健康的行为和生活方式。《中国学龄儿童膳食指南（2022）》主要强调学龄儿童要科学饮食，而在此之前也推出了《中国居民膳食指南（2022）》，主要是针对一般人群的。作为家长，作为一般人群，我们同样要提高自己的营养素养，这样才能跟孩子一起学习营养，学习健康的知识，帮助孩子来建立健康的行为和生活方式③。

---

① 曹秋野，周晨，于冬梅，等. 中国农村 0~5 岁留守儿童的营养不足现状及特征［J］. 中国食物与营养，2022，28（6）：21-25，30.

② 史佳，房红芸，于冬梅，等. 中国 6~17 岁儿童青少年奶制品摄入状况分析［J］. 中国食物与营养，2022，28（6）：26-30.

③ 马冠生. 专家解读——《中国学龄儿童膳食指南（2022）》核心推荐［J］. 中国食物与营养，2022，28（6）：89.

青岛市学龄儿童营养健康教育干预研究

目的：了解我国城市学龄儿童饮食行为习惯及营养健康知识掌握情况，分析影响学龄儿童饮食行为的关键因素并进行干预，评估干预效果，为开展学生营养改善工作和制定更加完善的干预措施提供科学依据。方法：在青岛市采用随机抽取 3 所小学，以 3~5 年级学龄儿童研究对象，利用随机分层整群抽样方法，1 所小学为对照组，另外 2 所小学为干预组，每组不少于 300 人。对所有研究对象开展基线和终期两次问卷调查，对干预组进行一学期的营养健康教育干预措施。结果：干预组学生在每天吃早餐、早餐食物选择、每日饮奶量、吃零食和饮料、足量饮水、不暴饮暴食挑食偏食以及营养健康知识知晓等方面明显好于对照学校。但是在睡眠时间、视屏时间等健康行为养成方面，干预组表现不如对照组。结论：营养健康教育干预对小学生形成良好的饮食行为习惯有一定的积极作用，但干预效果受到干预时间、频次等因素影响[①]。

海南省"营养改善计划"某试点地区中小学生贫血状况及影响因素分析

目的：分析海南省"农村义务教育学生营养改善计划"（简称"计划"）某试点地区中小学生贫血的变化趋势及影响因素。方法：2014—2017 年采用分层整群随机抽样法，在实施"计划"的重点监测县抽取中小学生进行血红蛋白等生化指标检测及问卷调查。多组均值间比较采用方差分析，率的比较采用 c2 检验，贫血影响因素分析采用二分类 Logistic 回归。结果：2014—2017 年共抽取学生 2 590 人，各年血红蛋白平均水平分别为 （138.1±12.0）、（136.4±13.4）、（138.1±12.4）、（138.1±15.4）克/升，差异无统计学意义 （$P>0.05$）。4 年来各年贫血率分别为 5.4%、5.4%、4.5%、6.7%，变化趋势无统计学意义 （$P>0.05$）；其中 2015 年初中生贫血率高于小学生 （$P<0.05$），其余年度小学、初中生间，男、女生间贫血率差异均无统计学意义 （均 $P>0.05$）。Logistic 回归分析结果显示，少数民族学生 （OR = 6.947）和维生素 A 亚临床缺乏/缺乏学生 （OR = 2.030）发生贫血的风险更高。结论：该地区中小学生贫血状况改善不明显，少数民族和维生素 A 亚临床缺乏/缺乏学生是需改善贫血的重点人群[②]。

张掖市 3~6 岁儿童单纯性肥胖及影响因素分析

目的：了解张掖市 3~6 岁儿童单纯性肥胖及影响因素，为制定干预措施提供依据。方法：2008—2020 年每年 6 月抽调儿保科医师对辖区直管幼儿园 3~6 岁儿童进行体重、

---

① 陈暕，张鹏，杨博. 青岛市学龄儿童营养健康教育干预研究 [J]. 中国卫生监督杂志，2022，29（3）：254-260.

② 冯棋琴，陈俊，易聪，等. 海南省"营养改善计划"某试点地区中小学生贫血状况及影响因素分析 [J]. 华南预防医学，2022，48（6）：651-654.

身高测量，并对肥胖儿童家长进行问卷调查。单纯性肥胖诊断标准以 WHO（2006 年）生长发育标准为准。结果：3~6 岁儿童单纯性肥胖患病率增长过快，2008 年为 2.3%，2020 年为 13.1%，12 年上升幅度达 57.0%。肥胖程度以轻度为主（$P<0.01$），年龄以 5~6 岁儿童为主（$P<0.01$），男童患病率高于女童（$P<0.01$）。文化程度（$x^2=365.132$）、经济收入（$x^2=331.763$）、遗传因素（$x^2=333.156$）、饮食行为（$x^2=376.175$）、饮食习惯（$x^2=356.285$）、营养模式（$x^2=351.651$）、体力活动（$x^2=332.268$）、危害认知（$x^2=325.256$）8 个因素与儿童单纯性肥胖有关（$P<0.01$）。结论：积极广泛开展健康教育，提出儿童期平衡膳食、规律运动、监测体重等干预措施，提高儿童营养水平，促进儿童身心健康[①]。

湖南省农村营养改善计划地区 6~15 岁学生贫血及影响因素

目的：了解湖南省 2012—2021 年"农村义务教育学生营养改善计划"实施地区 6~15 岁学生贫血的流行规律及影响因素，为更好地实施营养改善计划提供支撑和建议。方法：采用整群随机抽样的方法，在湖南省实施营养改善计划以及开展重点监测的县抽取义务教育学生，进行身高、体重、血红蛋白、饮食习惯、健康知识知晓情况的调查。结果：湖南省从 2012 年实施营养改善计划以来，贫血率从 12.8% 下降到 9.3%；血红蛋白平均体积浓度从 133.9 g/L 下降到 130.0 g/L；每天保证吃肉的学生、每次能吃到 3 个乒乓球大小肉量的学生分别从 20.4%，21.4% 逐年递增到 47.3%，47.3%；每天能吃 3 种以上蔬菜的学生除 2016 和 2019 年达到 39.1% 和 32.6%，其他年份均未超过 30%；每次能吃够 3 个乒乓球及以上蔬菜量的学生从 19.5% 递增到 39.6%；每天不吃零食的学生从 13.1% 增加到 76.9%；每天不喝饮料的学生从 36.5% 增加到 90.7%。女生、12 岁及以上学生、不能保证每天都吃肉、每次吃肉量不足 1 个乒乓球、每次吃蔬菜以及水果的量不足 3 个乒乓球、每天吃蔬菜种类少于 3 种的学生、生长发育迟缓的学生更容易发生贫血，且各年份学生贫血发生的影响因素有所不同。结论：农村义务教育学生营养改善计划的实施在一定程度上改善了湖南农村地区义务教育阶段学生的营养状况，然而贫血现象依然存在。应不断提升学生健康素养，有针对性地开展科学合理膳食的分类指导和干预[②]。

校园营养餐与卫生健康综合管理信息平台设计

本文以一个地市级校园营养餐与卫生健康综合管理信息平台的建设为例，介绍了学生营养餐与卫生健康管理平台的设计方案，结合云计算技术的应用，构建了一个预防为主、

---

① 强燕. 张掖市 3~6 岁儿童单纯性肥胖及影响因素分析 [J]. 中国公共卫生管理，2022，38（3）：385-388.

② 胡冀，付中喜，李开宇，等. 湖南省农村营养改善计划地区 6~15 岁学生贫血及影响因素 [J]. 中国学校卫生，2022，43（6）：906-911.

分层管理、责任溯源的信息化管理平台①。

食品营养与健康的课程思政探索与实践

为了在专业课程学习中培养学生具有德、智、体、美、劳全面发展的综合素质，拥有正确的世界观、人生观、价值观。对食品营养与健康课程内容进行了重整，巧妙融入思政元素，无形地渗透到课程教学当中，为社会培养高素养技术技能型人才打下铺垫。对课程全面进行改革后，找出存在的问题并进行反思与整改②。

2022 年全民营养周主场宣传活动在京启动

5 月 13 日，2022 全民营养周暨"5·20"中国学生营养日主场启动会顺利启动。启动会由国家卫生健康委员会、国民营养健康指导委员会、国家食物与营养咨询委员会主办，中国营养学会等承办，国家卫生健康委食品司司长、国民营养健康指导委员会办公室主任刘金峰主持。国家卫生健康委副主任、国民营养健康指导委员会常务副主任雷海潮出席启动会并讲话，他指出，组织此次主题宣传活动，是推进健康中国建设、贯彻落实健康中国行动和国民营养计划的重要举措，也是将"大食物观"融入营养健康工作的良好契机③。

2016 年三地区藏族、蒙古族与壮族 10~12 岁儿童肠道菌群状况

目的：研究三个地区藏族、蒙古族和壮族儿童的肠道菌群组成结构。方法：于 2016 年 9—10 月，采用随机等距抽样方法从西藏巴宜区藏族、内蒙古扎旗蒙古族和广西南宁上林县壮族 3 个民族中各选取 10~12 岁儿童 100 名，采集其粪便样本进行高通量测序和生物信息学分析，比较 3 个民族儿童肠道菌群的结构差异。结果：多样性分析结果表明，调查地区的 3 个民族儿童肠道菌群的多样性和丰富度在两两比较时存在差异。藏族儿童厚壁菌门（Firmicutes，54.01%）和拟杆菌门（Bacteroidetes，31.13%）细菌数量占优，在属水平上，普氏菌属（Prevotella，15.72%）和粪杆菌属（Faecalibacterium，15.46%）细菌数量占优；蒙古族儿童厚壁菌门（Firmicutes，54.89%）、拟杆菌门（Bacteroidetes，17.85%）和变形菌门（Proteobacteria，15.99%）细菌数量占优，粪杆菌属（Faecalibacterium，20.84%）和埃希氏杆菌属（Escherichia，17.52%）细菌数量占优；壮族儿童厚壁菌门（Firmicutes，50.68%）和拟杆菌门（Bacteroidetes，34.74%）细菌数量占优，普氏菌属（Prevotella，18.40%）、拟杆菌属（Bacteroides，17.78%）和粪杆菌属（Faecalibacterium，14.68%）细菌数量占优。结论：2016 年所调查的三地区的藏族和壮族儿童肠道菌

① 于英涛. 校园营养餐与卫生健康综合管理信息平台设计［J］. 电子技术与软件工程，2022（12）：234-237.

② 李剑，马丽萍，李银花，等. 食品营养与健康的课程思政探索与实践［J］. 中国多媒体与网络教学学报（中旬刊），2022（6）：79-82.

③ 王崇民. 2022 年全民营养周主场宣传活动在京启动［J］. 食品安全导刊，2022（16）：4.

群组成结构较相近，蒙古族儿童肠道菌群结构则与前两者差异较明显①。

学龄儿童膳食指南发布

学龄儿童应该吃什么样的早餐？如何选零食？喝多少水合适……5 月 19 日，《中国学龄儿童膳食指南（2022）》发布，《中国学龄儿童膳食指南（2022）》修订专家委员会组长、北京大学营养与食品卫生学系主任马冠生针对这些问题一一进行了解答②。

桂林市城区 2019—2021 年幼儿园膳食营养调查分析

目的：了解桂林市城区幼儿园 2019—2021 年膳食营养状况，对膳食记录进行分析，为幼儿园合理膳食提供科学依据。方法：采用记账法、称重法，连续记录幼儿园 5 天膳食情况及就餐人数，将数据参照膳食调查方法计算。结果：蛋白质、能量、尼克酸达标率较高，能量达标率逐年好转；钙、锌摄入不足率一直较高，且钙、磷比值低，铁有摄入不足，也有摄入超量；维生素存在不同程度的摄入不足；部分幼儿园三大产能营养素供能比不合理；膳食结构中水产品、奶类、蔬菜、水果、食用油摄入不足率较高，细粮、畜禽肉类及食盐摄入超标率较高。结论：2019—2021 年桂林市城区幼儿园膳食能量及蛋白质供给情况好转，钙、锌、铁、维生素（尼克酸除外）存在摄入不足现象，膳食结构不合理，应加强幼儿园膳食管理，提高膳食质量③。

中小学生校园营养干预逻辑模型的构建与实施

我国中小学生的营养状况在不断改善的同时，仍面临超重肥胖凸显、慢性病低龄化等问题。为了改善中小学生的营养状况，为地方性干预政策的出台提供参考依据和建议，本研究利用逻辑模型的理论构建出了符合我国国情、可推广的校园营养干预逻辑模型框架。该模型包括输入、输出、结果 3 大部分内容：输入包括学生、家长、老师、学校食堂工作人员、资金提供者、教育行政部门、卫生行政部门、技术支持部门等所有参与项目的利益相关者；输出包括营养教育、膳食指导、促进身体活动和塑造营养环境 4 项具体干预活动，以及学生、家长、老师、食堂工作人员等干预对象；结果包括干预项目产生的短期、中期及长期影响。以此校园营养干预逻辑模型为框架的试点项目——"营养校园"，已在全国 10 个省市进行了初步实践，通过干预 1 年后的评估发现，干预前后学生的营养知识水平、饮食行为、身体活动等都得到了较好的改善。建议各地结合自身经济发展水平、饮食结构特点等构建地方校园营养干预逻辑模型，并保持其长期性和稳定性，以达到改善中

① 杨倬，高洁，孙静，等 .2016 年三地区藏族、蒙古族与壮族 10～12 岁儿童肠道菌群状况［J］.卫生研究，2022，51（3）：411-416.

② 乔靖芳 . 学龄儿童膳食指南发布［N］. 健康时报，2022-05-27（4）.

③ 崔秀，黄丰，吴兰兰，等 . 桂林市城区 2019—2021 年幼儿园膳食营养调查分析［J］. 中国食物与营养，2022，28（9）：69-74，81.

小学生营养健康状况的最终目标①。

学生营养餐十年再提质

为全面提升贵州省营养改善计划实施水平，进一步改善农村少年儿童营养健康状况，贵州提出"5+X"的供餐模式将在今年全面实施，贵州学生营养餐从吃得好向吃得营养、科学、均衡迈进。在独山县实验小学食堂，学生们兴奋地夹起刚出锅的白灼虾，一点点剥开虾壳，接着将鲜嫩的虾仁放进了嘴里。白灼虾是本学期独山县实验小学食堂新增的一道菜，同时也是深受学生喜爱的菜品②。

中国营养学会发布《中国居民膳食指南（2022）》

4月26日，经过近3年努力，汇聚上百位专家智慧，由中国营养学会编著、被誉为"中国人的膳食宝典"的《中国居民膳食指南（2022）》，时隔6年再次发布。《中国居民膳食指南（2022）》由2岁以上大众膳食指南、特定人群膳食指南、平衡膳食模式和膳食指南编写说明这3部分组成，包含2岁以上大众膳食指南及9个特定人群指南。其中，9个特定人群指南分别是备孕和孕期妇女、哺乳期妇女、0~6月龄婴儿、7~24月龄婴幼儿、学龄前儿童、学龄儿童、一般老年人、高龄老年人、素食人群③。

学前教育阶段学生营养改善策略探究——评《学校供餐计划评估框架研究》

学前教育指的是对3~6周岁儿童开展基本的保育和教育，以此激发儿童智力发育。学前阶段是孩童智力发展的关键阶段，强化对儿童的智力教育能促进大脑各部分功能的逐渐完善，进而提升孩童智力水平。除智力教育之外，探索如何促进儿童健康成长也是重要内容之一。儿童时期是智力与身体发育的关键阶段，因此，改善学前教育阶段学生的营养状况具有非常重要的现实意义。由程蓓编著，吉林出版集团股份有限公司于2019年1月出版的《学校供餐计划评估框架研究》一书，全面论述学校供餐的意义④。

农村学龄儿童膳食多样性与营养状况关联性

为了解中国农村学龄儿童膳食多样性与以年龄别体质指数 Z 评分衡量的多种营养不

---

①　甘倩，张倩，杨媞媞，等. 中小学生校园营养干预逻辑模型的构建与实施［J］. 中国健康教育，2022，38（5）：471-474.

②　梁珍情. 学生营养餐十年再提质［J］. 当代贵州，2022（20）：16-17.

③　张聪. 中国营养学会发布《中国居民膳食指南（2022）》［J］. 食品安全导刊，2022（14）：4.

④　万梦君. 学前教育阶段学生营养改善策略探究——评《学校供餐计划评估框架研究》［J］. 粮食与油脂，2022，35（5）：164.

良形式之间的关系，利用中国 5 省（自治区、直辖市）12 508 名农村学生的微观截面数据，建立多元线性回归模型和 Probit 模型进行系数估计；以性别、年龄、膳食多样性评分（Dietary diversity score，DDS）水平划分亚组分析组间差异性，并探究用于构建 DDS 的具体食物组对营养状况的可能影响。结果表明：1）提高农村学龄儿童膳食多样性水平能够降低其营养不良风险，此影响具有组间异质性；提高低 DDS 水平亚组的膳食多样性，有助于降低营养不足率；提高中高 DDS 水平学生的膳食多样性，有助于降低超重肥胖风险；2）提高膳食多样性对降低超重肥胖风险的作用在女生和 9～11 岁学生中表现更为显著。据此，建议在进一步推进营养改善计划时，加强对学生照料人和营养配餐单位的营养健康教育，丰富学生膳食大类和细类的多样性水平；并在制定学龄儿童营养改善政策时，更多关注女孩和学龄初期儿童[①]。

学生的合理膳食营养

随着人民生活水平的大幅度提高，现今的学生面临着营养过剩、营养不均衡等问题，那么学生要如何做到合理营养呢？重视学生的营养问题关乎健康，也关乎智力，孩子是祖国的花朵，国家的未来，营养好则身体壮，智力强。习近平总书记说："少年强则国家强。"正应了梁启超先生的那句话："少年智则国智，少年富则国富，故今日之责任，全在我少年[②]。"

校园儿童膳食供餐分析与建议

儿童正处于身体发育的重要阶段，而膳食营养是促使他们健康发育的重要保证。校园儿童供餐模式主要有三种，即学校自主经营供餐、食堂外包供餐和委托第三方配送供餐，不同的供餐模式对儿童膳食结构、营养素摄入、能量及供能比的影响也会有所不同。为了保证校园儿童的膳食营养均衡，有必要对不同的供餐模式在膳食营养方面的实际情况进行观察、比较，从而提供符合儿童成长规律的膳食，并满足《中国居民膳食指南》中儿童青少年每日食物摄入标准的建议，也为提高学生餐的质量和改善学生营养状况提供一定的参考依据[③]。

吉林省农村地区义务教育阶段学生营养健康状况分析

目的：本研究通过对吉林省 2014—2017 年"农村义务教育阶段学生营养改善计划"学生营养健康监测（简称"营养改善计划"）试点地区监测学生身高、体重及血红蛋白等部分监测数据的分析，了解营养改善计划实施以来吉林省农村地区义务教育阶段学生的

① 陶畅，赵启然，李军．农村学龄儿童膳食多样性与营养状况关联性［J］．中国农业大学学报，2022，27（6）：290-300.

② 朱丙连．学生的合理膳食营养［J］．开卷有益-求医问药，2022（5）：43-44.

③ 闵欢欢，张文露，江漫．校园儿童膳食供餐分析与建议［J］．中国食品，2022（9）：145-147.

生长发育和营养健康状况，分析学生的超重、肥胖、消瘦以及贫血的现状和变化趋势，为今后对吉林省农村地区义务教育阶段学生营养状况的预防和干预提供一定的参考。

方法：采取分层随机整群抽样的方法，抽取吉林省的 3 个县作为试点监测县，2017 年在原有监测县的基础上新增 1 个监测县，监测县分为常规监测县和重点监测县。在所有监测县三种供餐模式（学校食堂供餐、企业/单位供餐、家庭/个人托餐）的学校中随机抽取不低于 10%（总数≥10 所）的小学和初中学校进行监测。在重点监测县已抽取的监测学校中按三种供餐模式分类，每类供餐模式随机选择 2 所小学和 2 所初中作为重点监测学校。所有监测学校，均按年级分层，进行随机整群抽样，从小学一年级至初中三年级，每个年级以班为单位，抽取 1~2 个班，保证参加监测学生数量达到 40 人左右，要求男女基本均衡。对所有监测学校的学生进行身高、体重等体格检查，同时对重点监测学校的学生还要进行血样采集。数据首先通过 Excel 进行初步整理和筛选，然后使用 SPSS 24.0 进行数据的统计分析。对于学生的身高、体重等计量资料采用均数±标准差进行描述，采用独立样本 t 检验或方差分析，分析学生身高、体重在不同性别、年龄、年份等的差异。采用单样本 t 检验对学生身高和体重的平均水平与 2014 年全国体质调研中 6~15 岁学生的身高和体重平均值进行比较。学生超重、肥胖、消瘦和贫血等计数资料采用频数和率（%）进行描述性分析，分析学生超重、肥胖、消瘦和贫血的检出率在不同性别、年龄、年份、年级等的差异及其变化趋势。

结果：（1）本研究选取的为 2014—2017 年吉林省营养改善计划地区 6~15 岁的学生监测数据。2014—2017 年吉林省营养改善计划地区重点监测县学生总计 8 455 人，常规监测县学生总计 13 088 人；重点监测学校学生总计 2 554 人，常规监测学校学生总计 18 989 人。2014—2017 年监测地区参加身高和体重监测的学生分别有 5 659 人、5 163 人、4 815 人和 5 906 人。2014—2017 年参加血液样本采集的学生人数分别为 698 人、715 人、733 人和 730 人。

（2）2014—2017 年吉林省营养改善计划地区的学生平均身高增加了 0.6 厘米，学生平均体重增加了 1.0 千克。2014—2017 年小学生的平均身高增加了 0.1 厘米，小学生平均体重增加了 0.8 千克。2014—2017 年初中生的平均身高增加了 0.8 厘米，初中生平均体重增加了 0.7 千克。

（3）吉林省营养改善计划地区监测学生中男生 6~8 岁和 13~15 岁年龄段的平均身高大于女生的平均身高，男生 6~10 岁和 13~15 岁年龄段平均体重大于女生平均体重。重点监测县学生平均身高和体重在各年龄段均大于常规监测县学生的平均身高和体重。重点监测学校学生的平均身高在 9 岁、10 岁、13~15 岁年龄段上大于常规监测学校学生的平均身高。重点监测学校学生的平均体重在 10 岁、13 岁和 14 岁年龄段上大于常规监测学校学生的平均体重。

（4）2014—2017 年吉林省营养改善计划地区学生总体超重检出率为 14.7%，肥胖检出率为 8.8%，超重肥胖合计检出率为 23.5%，消瘦检出率为 5.7%。学生的总体超重检出率从 2014 年的 14.3% 增加到 2017 年的 15.9%，超重检出率呈现增加的趋势（$\chi^2_{趋势} = 5.697$，$P = 0.017$）；学生总体肥胖率从 2014 年的 7.1% 增加到 2017 年的 10.3%，肥胖检出率呈现增加的趋势（$\chi^2_{趋势} = 39.568$，$P < 0.001$）；学生总体消瘦检出率从 2014 年的 6.7% 降低到 2017 年的 5.3%，呈现降低的趋势（$\chi^2_{趋势} = 16.421$，$P < 0.001$）。男生的超重、肥胖

和消瘦检出率均高于女生超重、肥胖和消瘦检出率（$\chi^2_{超重}=75.512$，$P<0.001$；$\chi^2_{肥胖}=52.907$，$P<0.001$；$\chi^2_{消瘦}=6.182$，$P=0.013$）。小学生的肥胖和消瘦检出率均高于初中生肥胖和消瘦检出率（$\chi^2_{肥胖}=234.528$，$P<0.001$；$\chi^2_{消瘦}=9.046$，$P=0.003$）。重点监测县的学生消瘦检出率低于常规监测县的学生消瘦检出率（$\chi^2=49.834$，$P<0.001$）。重点监测学校的学生消瘦检出率低于常规监测学校的学生消瘦检出率（$\chi^2=24.709$，$P<0.001$）。不同学段学生的超重、肥胖和消瘦检出率的差异有统计学意义（$\chi^2_{超重}=8.141$，$P=0.017$；$\chi^2_{肥胖}=280.923$，$P<0.001$；$\chi^2_{消瘦}=9.231$，$P=0.01$）。

（5）2014—2017 年吉林省营养改善计划地区学生总体贫血检出率为 6.2%。其中男生总体贫血检出率为 5.2%，女生贫血检出率为 7.4%，女生贫血检出率高于男生贫血检出率（$\chi^2=5.593$，$P=0.018$）。2014—2017 年监测学生贫血检出率分别是 7.4%、6.9%、3.7% 和 7.0%，其中男生贫血检出率分别是 7.7%、5.7%、2.3% 和 5.4%，女生贫血检出率分别是 7.2%、8.3%、5.3% 和 8.7%。男生贫血检出率呈现下降趋势。女生贫血检出率呈现随年龄的增长而先降低后增高的趋势。小学生总体贫血检出率为 5.2%，初中生贫血检出率为 8.1%，初中生贫血检出率高于小学生贫血检出率（$\chi^2=9.248$，$P=0.002$）。小学 1~3 年级、小学 4~6 年级和初中 1~3 年级学生总体贫血检出率分别为 6.1%、4.4% 和 8.1%，不同学段的学生贫血检出率差异有统计学意义（$\chi^2=11.431$，$P=0.003$）。

结论：（1）2014—2017 年吉林省营养改善计划地区小学生和初中生平均身高和体重均呈现增长的现象，并且学生身高和体重发育符合一般生长发育规律。

（2）2014—2017 年吉林省营养改善计划地区的学生超重和肥胖检出率均呈现增加的趋势，消瘦检出率呈现降低趋势但仍处于相对较高的水平。这提示吉林省营养改善计划地区在对学生进行膳食补助等措施的同时，还要更加关注学生的合理膳食等方面，来降低学生的超重和肥胖。并且还要不断探讨更加合理的方案来改善学生的营养健康状况，使学生消瘦情况逐渐趋于更低水平。

（3）2014—2017 年吉林省营养改善计划地区的学生男生贫血检出率呈现下降趋势，女生贫血检出率呈现随年龄的增长先降低后增高的趋势。同时学生总体贫血检出率依旧处于较高水平，提示对学生贫血状况改善依旧不断跟进，并且要更加注意处于青春期及之后女生的贫血状况①。

兰州民生公司西固区学生营养早餐配送方案改进研究

农村学生营养改善计划已实施十年，随着政府和市场对于企业供餐比例的调整，行业竞争日趋激烈。兰州民生公司是一家以加工、配送食品为主的小型餐饮服务企业，由于配送方案存在设计不合理、工作区分不明确和任务分配不均衡等问题，加之相关部门长期沿用且未曾调整和改进，造成配送成本高、配送效率低的后果，致使配送服务质量难以提升且客户和员工满意度下降。本文基于物流管理理论以及二手数据分析、访谈调研法对民生公司西固区学生营养早餐配送方案做出改进。首先，通过实地观测和调研收集配送过程的

---

① 李传恩. 吉林省农村地区义务教育阶段学生营养健康状况分析 [D]. 长春：吉林大学，2022.

相关数据，结合民生公司二手数据找出影响配送成本和效率的主要原因。其次，以区分工作类别、改进配送路线、均衡工作任务为改进策略，通过访谈形成初步方案。最后，从运输距离、配送时长、要素效率、客户满意度等方面对初步方案进行可行性分析，从中选出改进方案并进行效果分析，实现降低配送成本，提高配送效率和员工、客户的满意度的改进目标。论文结论表明，通过对西固区学生营养早餐配送方案进行上述改进，配送里程从每周 1 896.2 千米减少至 1 600.2 千米，减少了 15.61%；粗略估计，相应的配送成本降低12.76%；每日配送总时长由 12.15 小时减少至 9.6 小时，每小时配送效率提高 20.99%；民生公司管理者对改进方案表示赞同，员工和客户对配送工作的满意度提高。总体而言，本文改进方案可以在不改变现有配送资源的条件下，达到了降低配送成本、提高效率等方面的效果，有助于民生公司降低成本，增加效益，提升其即食食品配送业务的竞争力，从而更好地满足市场和客户需求①。

四川省多民族农村地区儿童膳食多样性与生长发育的相关性

目的：了解四川省多民族农村地区儿童膳食多样性及生长发育现状，探究膳食多样性与生长发育指标的关系。方法：采用多阶段随机整群抽样方法，选取四川省汉族、藏族和彝族农村地区 18~36 月龄儿童及其主要看护人为研究对象。采用自行设计的问卷收集儿童及其看护人的社会人口学特征和家庭基本情况。按照联合国粮食及农业组织《衡量家庭和个人膳食多样性的准则》计算儿童膳食多样性得分（DDS）。采用标准的人体学测量设备测量儿童的身高（长）和体重，依据世界卫生组织标准计算儿童的年龄别身高 Z 评分（HAZ）、年龄别体重 Z 评分（WAZ）、身高别体重 Z 评分（WHZ）。运用多元线性回归分析儿童膳食多样性与生长发育指标的关系。结果：共纳入 1 092 名儿童，DDS 为（4.8±1.7）分，低膳食多样性（DDS≤4）的儿童所占比例为 45.3%。汉族儿童的 DDS［（5.8±1.4）分］均高于藏族儿童［（4.9±1.6）分］和彝族儿童［（3.9±1.6）分］（P均<0.001）。儿童生长迟缓（HAZ<-2）率、低体重（WAZ<-2）率以及消瘦（WHZ<-2）率分别为 21.1%、4.9%、2.5%。多元线性回归结果显示，在调整了儿童性别、月龄、出生体重、是否早产、父母身高因素后，DDS 与 HAZ 呈正相关（$\beta=0.206$，95%CI=0.158~0.254，$P<0.001$），进一步调整家庭固定资产、民族、看护人类型、看护人文化程度因素后，DDS 与 HAZ 仍呈正相关（$\beta=0.077$，95%CI=0.026~0.128，$P=0.003$）。结论：四川省多民族农村地区儿童的膳食多样性情况较差，且存在明显的民族差异，其中彝族农村地区问题尤为突出。儿童 DDS 与 HAZ 呈正相关。建议针对四川省多民族农村地区的儿童膳食特征，开展营养健康教育指导，从而改善儿童的生长发育状况②。

① 秦明．兰州民生公司西固区学生营养早餐配送方案改进研究［D］．兰州：兰州大学，2022．
② 王睿乾，杜艳，吴玉菊，等．四川省多民族农村地区儿童膳食多样性与生长发育的相关性［J］．中国医学科学院学报，2022，44（2）：236-243．

安徽省贫困地区 2015—2020 年婴幼儿营养状况监测结果分析

目的：了解安徽省贫困地区婴幼儿营养状况的动态变化，为进一步开展儿童营养改善工作提供数据支持。方法：2015—2020 年在安徽省贫困地区儿童营养改善项目县，采用入样概率与活产数成比例的 PPS 抽样和随机等距抽样相结合的方法，对抽取的 6~23 月龄婴幼儿进行身长、体重测量和血红蛋白实验室检测，对其看护人进行问卷调查。结果：2015—2020 年共调查 12 418 名 6~23 月龄婴幼儿及其看护人。不同年份间，婴幼儿身长、体重和血红蛋白值差异有统计学意义（$P<0.05$），分别由 2015 年的 77.83 厘米、10.17 千克、115.23 克/升上升至 2020 年的 78.24 厘米、10.26 千克、118.47 克/升，分别增长了0.41 厘米、0.09 千克、3.24 克/升，身长、血红蛋白值增长差异有统计学意义（$P<0.05$）。2015—2020 年婴幼儿蛋白质-能量营养不良率、超重肥胖率、贫血率呈下降趋势（$P_{趋势}<0.05$），分别从 2015 年的 4.36%、23.53%、29.81% 降至 2020 年的 3.01%、21.05%、17.21%，降幅分别为 30.96%、10.54%、42.27%。各类营养性疾病下降幅度均呈现性别和年龄差异。结论：通过实施贫困地区儿童营养改善项目，安徽省贫困地区婴幼儿营养状况显著改善，但超重肥胖问题仍应引起关注[①]。

2019 年广西贫困地区学生营养状况分析

目的：了解广西贫困地区学生营养状况，为学生营养改善工作及相关政策的实施提供理论依据。方法：依托"农村义务教育学生营养改善计划"项目，选取 2019 年广西 42 个项目监测县的学生营养健康状况监测评估数据，比较不同年龄、性别、学段间学生营养不良、超重和肥胖的差异。结果：2019 年共监测 124 355 名中小学生，学生营养不良率、生长迟缓率、消瘦率、超重率和肥胖率依次为 22.34%、5.60%、16.73%、6.02% 和3.47%，男生的生长迟缓率（x^2 值 = 181.103，P 值<0.001）、消瘦率（x^2 值 = 609.876，P值<0.001）、营养不良率（x^2 值 = 874.014，P 值<0.001）、超重率（x^2 值 = 172.161，P值<0.001）和肥胖率（x^2 值 = 81.319，P 值<0.001）均高于女生，差异均有统计学意义。小学生的营养不良率（x^2 值 = 220.316，P 值<0.001）、肥胖率均高于初中生（x^2 值 = 357.795，P 值<0.001），差异均有统计学意义。结论：广西贫困地区学生营养不良率和超重/肥胖率均处于较高的水平，需持续加强学生营养改善工作，改善学生营养不良状况，控制学生超重/肥胖的发生和发展[②]。

"学生饮用奶计划"对新疆奶源基地建设的影响

"学生奶饮用计划"已在新疆维吾尔自治区（简称"新疆"）推行了 11 年，不仅提

---

① 方亮，黄永玲，计国平，等. 安徽省贫困地区 2015—2020 年婴幼儿营养状况监测结果分析［J］. 中国儿童保健杂志，2022，30（5）：500-503，530.

② 任轶文，周为文，董邕晖，等. 2019 年广西贫困地区学生营养状况分析［J］. 应用预防医学，2022，28（2）：133-135.

高了新疆青少年的健康素质，还在引导消费、改善膳食结构、调整和优化农业结构、增加农牧民收入等方面发挥了重要作用。本文通过调查新疆主要学生饮用奶奶源基地的运营、管理、疫病检测、粪污处理等情况，综述了"学生饮用奶计划"实施以来对新疆奶源基地建设的影响：截至 2020 年泌乳牛数量增加了 243%；平均日单产上涨了 17%；平均乳脂率上涨 0.15%；平均乳蛋白率上涨 0.1%；平均体细胞数下降 46.65%；平均菌落总数下降 82%；平均耐热芽孢菌数降幅 28%；平均嗜冷菌数降幅 28%；重金属、抗生素均未检出①。

商都县建档立卡贫困家庭 3~6 岁儿童营养状况分析

目的：对商都县建档立卡贫困家庭 3~6 岁儿童膳食营养状况进行检查，防止由于儿童营养不良导致疾病的发生。方法：采用体检、膳食调查等方法检查儿童生长发育情况和膳食营养状况。结果：受检儿童共 75 人，男童 35 人，女童 40 人，检出营养不良 4 人，占 5.33%，男女儿童间营养不良检出率差异无统计学意义（$x^2 = 0.797$，$P>0.05$）；检出贫血 8 人，占 10.67%，男女儿童间贫血检出率差异无统计学意义（$x^2 = 0.040$，$P>0.05$）。奶、蛋、豆制品、蔬菜、水果摄入量没有达到平衡膳食宝塔建议摄入量的儿童分别占 87.01%、71.43%、85.71%、66.23% 和 38.96%。膳食营养素钙、维生素 A、铁、维生素 B$_2$、维生素 C 摄入不足的儿童分别占 81.33%、66.67%、44.00%、52.00% 和 41.30%。结论：受检儿童存在营养不良、膳食结构不合理现象。因此，要进一步加强对儿童的营养监测和健康教育，鼓励儿童摄入优质蛋白质食物和深色新鲜蔬菜、水果，避免偏食②。

江苏省 4 地区 0~3 岁儿童生长发育及营养状况分析

目的：分析江苏省 0~3 岁儿童生长发育现况及营养不良状况，为进一步做好江苏省 0~3 岁儿童保健工作提供参考依据。方法：基于多中心、大样本的动态队列，利用全国儿童营养与健康监测系统资料，选取江苏省 4 个监测区县，每个区县抽取 4 个街道（乡镇），将街道（乡镇）辖区内在 2016 年 1 月—2019 年 12 月接受健康监测的 3 岁以下常住健康儿童做为研究对象，利用监测数据对其进行生长发育分析，并与 WHO 儿童生长发育标准比较，分析和评价儿童体重和身长/高的生长速率，采用 Z 评分法进行营养状况评价。结果：共收集 0~3 岁健康儿童体检数据 43 518 例，各月龄儿童的平均体重、身长/高均显著高于 2006 年 WHO 标准（$P<0.05$）；男童各月龄平均体重、身长/高均显著高于女童（$P<0.05$）；男童体重在 8 月龄前、身长在 6 月龄前生长速率快于女童（$P<0.05$）。儿童总体低体重率为 0.14%，生长迟缓率为 0.28%，消瘦率为 0.55%，超重率为 3.88%，

① 刘莉，王涛，华实，等．"学生饮用奶计划"对新疆奶源基地建设的影响［J］．中国乳业，2022（4）：13-18.

② 席飞，李瑞珍，王红霞，等．商都县建档立卡贫困家庭 3~6 岁儿童营养状况分析［J］．中国公共卫生管理，2022，38（2）：218-220.

肥胖率为 0.55%；男童的低体重率、生长迟缓率、超重率以及肥胖率均显著高于女童（$X^2 = 6.612$，$P = 0.01$；$X^2 = 13.287$、89.339、18.732，$P < 0.001$）。结论：江苏省 4 地区 0~3 岁儿童生长发育状况良好，营养不良情况仍存在，低体重、消瘦、生长迟缓发生率较低，但儿童超重和肥胖仍是今后儿童保健需要重点关注的问题[①]。

昆明市五华区某校中学生营养知识、态度、行为现况调查

目的：了解昆明市五华区某中学学生营养知识、态度与行为（KAP）现状，发现学生营养健康方面存在的问题，为学校制定个性化营养健康教育策略提供依据。方法：2020 年 7 月采用整群抽样方法，对昆明市五华区某校 190 名中学生进行横断面调查，问卷采用自行设计的结构化 KAP 模型问卷。结果：190 名中学生中，对营养知识的知晓率为 45.3%~93.7%，仅有 11.1% 的学生营养知识得分为满分，不同年龄学生营养知识得分比较，差异有统计学意义（$t = 8.640$，$P < 0.05$）。营养知识得分高的学生，其营养态度好于营养知识得分低的学生。53.2% 的学生有挑食行为，74.6% 的学生有偶尔吃零食的习惯，仅有 39.04% 的学生能做到天天吃早餐；学生最喜欢吃的食物为肉类，最不喜欢吃的食物为蔬菜类和豆制品。结论：中学生对营养知识的知晓率、正确态度率和行为形成率有待提升，有必要加强对中学生营养知识的宣传和教育力度，并改善目前中学生的膳食行为习惯[②]。

2019 年"农村义务教育学生营养改善计划"覆盖地区中小学生贫血状况及影响因素分析

目的：分析 2019 年"农村义务教育学生营养改善计划"覆盖地区中小学生贫血状况及其影响因素。方法：研究对象为 2019 年"农村义务教育学生营养改善计划"覆盖地区 47 297 名 6~17 岁中小学生。依据 2011 年 WHO 贫血诊断标准，分析比较不同性别、年龄、地区中小学生的血红蛋白水平和贫血率，并采用多因素 Logistic 回归模型分析贫血的影响因素。结果：2019 年我国"农村义务教育学生营养改善计划"覆盖地区中小学生血红蛋白均值为 135.19 g/L，贫血率为 8.7%；女生贫血率（10.0%）高于男生（7.4%），西部地区贫血率（9.8%）高于中部地区（7.1%）；西北、西南、中南、华东、华北及东北地区贫血率分别为 10.2%、9.7%、8.3%、7.5%、5.7% 和 3.5%；6~、11~、14~17 岁年龄组贫血率分别为 8.0%、8.3% 和 10.9%。多因素 Logistic 回归分析显示，不使用营养配餐软件的学校（$OR = 1.482$，95%CI：1.296~1.694，$P < 0.001$）、午餐不供应肉类食物的学校（$OR = 1.241$，95%CI：1.103~1.395，$P < 0.001$）以及低收入家庭（$OR = 1.297$，95%CI：1.211~1.389，$P < 0.001$）的学生贫血发生风险更高；模型增加学生饮食

① 李准，王绪东，罗璨，等. 江苏省 4 地区 0~3 岁儿童生长发育及营养状况分析［J］. 中国儿童保健杂志，2022，30（5）：570-574.

② 赵田甜，王晋恩，王琦，等. 昆明市五华区某校中学生营养知识、态度、行为现况调查［J］. 中国初级卫生保健，2022，36（4）：84-87.

相关因素后显示，每周吃≥3次肉类食物的学生贫血发生风险较低（OR = 0.907，95% CI：0.832~0.989，P = 0.026）。结论："农村义务教育学生营养改善计划"对我国中小学生贫血改善已产生重要影响，但"农村义务教育学生营养改善计划"覆盖地区学生贫血率仍高于全国平均水平，学生家庭收入、学校所在地、学校配餐能力及食物供应种类等是中小学生贫血发生率的主要影响因素，需要各方给予进一步关注和重视①。

2019 年"农村义务教育学生营养改善计划"覆盖地区中小学生生长迟缓状况及影响因素分析

目的：了解我国"农村义务教育学生营养改善计划"覆盖地区中小学生生长迟缓状况及其影响因素，为改善我国农村学生营养状况提供科学依据。方法：采用多阶段整群随机抽样方法，抽取我国"农村义务教育学生营养改善计划"覆盖地区的 1 550 969 名 6~15 岁中小学生，男女生比例基本均衡，测量身高，依据《学龄儿童青少年营养不良筛查标准》（WS/T 456—2014）判定学生生长迟缓状况。通过《学校调查表》和《县级调查表》调查相关影响因素。学生生长迟缓情况采用例数和百分率描述，组间比较采用 x^2 检验。采用二分类 Logistic 回归进行学生生长迟缓影响因素分析。结果：2019 年我国"农村义务教育学生营养改善计划"覆盖地区中小学生的生长迟缓率为 5.7%（88 631/1 550 969），西部地区生长迟缓率（7.1%，66 167/ 927 954）高于中部地区（3.7%，19 511/ 533 973），差异有统计学意义（P < 0.001）；男生生长迟缓率（6.3%，50 665/ 803 851）高于女生（5.1%，37 966/747 118），差异有统计学意义（P<0.001）。中部地区小学生生长迟缓率为 3.9%（14 914/380 598），高于初中生（3.0%，4 597/153 375，P<0.001）；而西部地区初中生生长迟缓率（7.2%，21 494/ 297 217）高于小学生（7.1%，44 673/630 737，P = 0.009），差异均有统计学意义。多因素 Logistic 回归分析结果显示，高收入地区（OR = 0.829，95% CI：0.816~0.842，P<0.001）、家长承担一部分餐费（OR = 0.948，95% CI：0.931~0.965，P<0.001）、企业供餐（OR = 0.845，95% CI：0.805~0.887，P<0.001）、学校提供牛奶（OR = 0.780，95% CI：0.767~0.793，P<50.001）、开设健康教育课（OR = 0.702，95% CI：0.682~0.723，P<0.001）和当地有其他营养改善活动（OR = 0.739，95% CI：0.720~0.758，P<0.001）的学生生长迟缓率较低。结论：我国"农村义务教育学生营养改善计划"覆盖地区中小学生生长迟缓率有明显的地区、性别和年龄差异，学校适宜的食物供应、开设健康教育课，以及家长参与营养改善与儿童较低的生长迟缓率有关②。

2019—2020 年凉山州中小学生生长发育和营养状况分析

目的：了解凉山州中小学生生长发育情况及其特征，为促进儿童青少年健康成长提供

① 徐培培，张倩，杨媞媞，等.2019 年"农村义务教育学生营养改善计划"覆盖地区中小学生贫血状况及影响因素分析［J］. 中华流行病学杂志，2022，43（4）：496-502.

② 高婷婷，曹薇，杨媞媞，等.2019 年"农村义务教育学生营养改善计划"覆盖地区中小学生生长迟缓状况及影响因素分析［J］. 中华流行病学杂志，2022，43（4）：488-495.

科学依据。方法：利用 2019—2020 年凉山州开展四川省学生近视及其他重点常见病和健康影响因素监测与干预项目的监测数据，对中小学生生长发育情况进行统计分析。结果：2019—2020 年体检 8 046 人（男生 4 103 人，女生 3 943 人），不同性别中小学生各年龄段身高均值普遍低于全国同年龄段中小学生，各年龄段男生体重均值也普遍低于全国同年龄段男生。2019 年营养不良检出率为 13.6%，高于 2020 年；2020 年超重检出率为 13.3%，肥胖检出率为 7.9%，均高于 2019 年。不同性别、不同学段学生的营养状况存在差异。结论：凉山州中小学生正面临营养不良尚未完全解决、超重肥胖检出率逐渐上升的双重挑战。在今后的学生营养改善工作中需做到防控营养不良和超重肥胖齐抓共管①。

中国 7~17 岁儿童青少年膳食指南指数建立及应用

目的：建立基于《中国居民膳食指南（2016）》的中国 7~17 岁儿童青少年膳食指南指数（2021）[CDGI（2021）-C]，验证其可靠性，并利用 CDGI（2021）-C 评价中国 15 个省（自治区、直辖市）7~17 岁儿童青少年膳食质量及影响因素。方法：以《中国居民膳食指南（2016）》中针对儿童青少年的各类食物建议摄入量和平衡膳食宝塔为依据，采用等权重连续性评分方法，建立中国儿童青少年膳食指南指数并进行验证。利用 2018 年 "中国健康与营养调查" 数据，评价中国 15 个省（自治区、直辖市）7~17 岁儿童青少年膳食质量状况及影响因素。结果：依据《中国居民膳食指南（2016）》，CDGI（2021）-C 包含 3 个大类，14 个评价指标，分别为 "足量" 摄入类：蔬菜、深色蔬菜比例、水果、奶及奶制品和大豆及其制品；"适量" 摄入类：水产品、畜禽肉、蛋类、碳水化合物供能比、其他谷物和杂豆类、坚果类；"限量" 摄入类：油、盐、酒，总分范围为 0~110 分。2018 年中国 15 个省（自治区、直辖市）7~17 岁儿童青少年膳食指南指数平均分为 51.11 分，中位数为 51.46 分。女孩膳食指南指数高于男孩，7~10 岁儿童膳食指南指数最高，母亲教育水平较高的儿童青少年膳食指南指数较高，东部儿童青少年膳食指南指数高于西部和中部，城市高于农村，家庭人均年收入水平和城市化指数高的儿童青少年膳食指南指数较高。2018 年中国 15 个省（自治区、直辖市）7~17 岁儿童青少年膳食评分较低的前 5 个指标依次为蔬菜、其他谷物及杂豆、深色蔬菜比例、大豆及其制品和水果。经相关性分析验证，CDGI（2021）-C 与儿童青少年能量、脂肪、碳水化合物和钠的膳食摄入量呈负相关（$P<0.001$），与蛋白质、膳食纤维、维生素 A、维生素 C 和钙的膳食摄入量呈正相关（$P<0.001$）。结论：2018 年中国 15 个省（自治区、直辖市）7~17 岁儿童青少年的膳食质量整体偏低，且不同人口和经济特征差异较大。蔬菜、其他谷物及杂豆、大豆及其制品、水果、奶及奶制品和水产品的摄入量需要增加，对儿童青少年的营养教育和干预工作要向中、西部地区、农村、低家庭人均收入和母亲教育水平较低的儿童青少年倾斜，同时还要多关注男孩及青少年的膳食状况②。

---

① 邓明菊，陈剑宇，沙瑛，等.2019—2020 年凉山州中小学生生长发育和营养状况分析 [J]. 职业卫生与病伤，2022，37（2）：91-96.

② 胡霄，姜红如，王柳森，等.中国 7~17 岁儿童青少年膳食指南指数建立及应用 [J]. 卫生研究，2022，51（2）：181-188.

陕西省农村义务教育阶段学生营养计划实施十年效果研究

目的：自 2011 年国家启动实施农村义务教育学生营养改善计划后，陕西省全力响应国家号召，大力支持与发展陕西省农村义务教育学生的营养工作。陕西省位于我国西北部，经济发展与沿海地区相比水平不高，部分欠发达地区农村义务教育阶段学生的营养状况依然令人担忧。为此，针对陕西省西安市、延安市和汉中市实施农村义务教育学生改善计划的地区 7~15 岁学生的三次国民体质监测数据相比较，观察农村义务教育学生营养改善计划的实施后的效果情况，可以为后续的学生营养改善工作提供一定的基础数据以及相关建议。

方法：1）文献资料法：检索有关农村义务教育学生营养计划的详细资料，对收集到的资料进行整理、分析和利用，对该问题形成初步认识，确定研究内容，为实证调查提供思路，为后续工作的开展提供坚实的理论依据；2）测试法：在 2010 年 10 月—11 月、2014 年 9 月—11 月和 2019 年 10 月—12 月根据全国学生体质调研的测试内容对延安市、西安市、汉中市农村对部分年龄段义务教育在籍农村学生完成测试。内容包括身体形态、身体素质和身体机能等指标。采用前后结果对照，比较 2010 年、2014 年和 2019 年学生身体形态、身体素质和身体机能数据。测试人数共 8 100 人；3）数理统计法：运用 SPSS 20.0 对测试数据进行常规描述性统计，计量资料以 $x\pm s$ 表示，运用两个独立样本的 t 检验，对平均数、标准差进行显著性检验，以 $P<0.05$ 为差异有统计学意义。采用对照的试验方法，比较 2010 年、2014 年和 2019 年学生身体形态、身体素质和身体机能数据。

结果：通过实施义务教育农村营养计划，农村地区 7~15 岁学生身体形态、身体机能和身体素质均有改善。1）在身体形态中，通过前后数据对照发现，营养改善计划实施后，在身高方面 7~15 岁学生均随着年龄而增长，其中 12 岁是身高的增长峰值，实施计划十年后，身高的增长幅度更大，7~15 岁所有年龄段在 2010—2019 年中的增长均值和幅度都高于 2010—2014 年，尤其在 15 岁时，与 2010—2014 年的身高生长幅度相比竟高达 10.56 倍；体重方面 7 岁至 15 岁学生的体重均有上升，五年中 9 个年龄阶段的学生体重平均增长 3.27 千克，其中，12 岁学生的体重平均增加了 6.26 千克，增长幅度最大，与前五年相比，2010—2019 年的体重变化并不是十分规律，随着营养知识的普及，并不再一味地追求增长体重；7~15 岁各年龄段学生的胸围皆随着时间有不同幅度的增长；2）在身体机能中，随着年龄的增长，各个年龄段学生的脉搏数逐渐下降，从 2010 年学生平均脉搏 87.93 到 2014 年学生平均脉搏 81.11，下降 6.82。脉搏次数随着年龄的增长而逐渐下降，这是脉搏变化的生理规律；在 2010—2014 年中 7~15 岁学生的肺活量数据均随着时间而增长，除了 7 岁以外学生，变化都非常明显。2014 年 7~15 岁学生的平均肺活量从 1 459.19 上升至 1 811.76，但在 2010—2019 年中 7 岁学生的增长是 2010—2014 年的 5.03 倍，说明实施时间越长，影响越大。从总体观察，数据说明学生的心肺功能较为健康；在血红蛋白的数据中得知，无论是 2010—2014 年还是 2010—2019 年，学生的血红蛋白浓度皆在正常范围内。但在两个年份段对比中得知，所测试年龄段学生的血红蛋白含量较以往上升更多；3）在身体素质中，握力的变化与体重形成正相关，从 2010 年和 2014 年的数据得知握力总体变化趋势是上升的，从平均的 17.98 上升至 18.81；由于城市及农村较以往更加重视早操、课间操的开展，各年龄段的学生 50 米跑都有提升，有差异但不显著；但耐力的数据显示大多数学生们的耐力水平处于下降趋势，这也说明营养计划并没有解决所有问题，体质健康依旧需要营养与锻炼相结合。

结论：陕西省部分农村 7~15 岁学生的体质呈现出了较为良好的增长趋势，这与陕西省大力发展农村义务教育营养改善计划息息相关。通过对 2010 年和 2014 年陕西省部分农村 7~15 岁学生的身体形态、身体机能和身体素质的体质健康测试对比研究发现，在实施农村义务教育学生营养改善计划后，各项指标数据都随着时间有不同程度的增长，并且对 2010 年与 2019 年的数据进行对比，可以得知计划实施的时间越长，部分生理生化指标实施效果越好，并且各项指标增长幅度大于以前。农村义务教育营养改善计划为学生带来了更好的膳食条件，为学生的营养供给提供了不竭的动力，为学生的健康体质提供了有利条件。学生营养计划的实施国外起步比较早，系统也比较完善。我们可以对发达国家的营养实施计划的相关政策与方法取其精华去其糟粕，为我国未来更好地继续营养改善计划添砖加瓦。但农村义务教育学生营养改善计划仍然任重而道远，农村儿童及青少年的生长和营养问题依旧是我国需要攻克的难题①。

基于数字化平台的学生午餐食谱评价

目的：了解基于数字化平台的学生午餐各类食物和营养素水平，为指导有关部门配餐和供餐提供参考。方法：2020 年 11 月至 2021 年 4 月，利用食品安全和营养健康数字化管理平台收集天津市滨海新区 96 所学校 13 018 份学生午餐食谱，对学生午餐中的谷薯类、蔬菜类、水果类、畜禽肉类、鱼虾类、蛋类、奶及奶制品、大豆类及其制品/坚果和其他九大类食物，能量和包括蛋白质、脂肪、碳水化合物、钙、铁、锌、硒、维生素 A、维生素 B_1、维生素 B_2、维生素 C 和膳食纤维 12 项营养素指标进行评价。结果：学生午餐各类食物合格率由高到低依次是畜禽肉类 96.8%（116.4 克）、谷薯类 92.3%（179.5 克）、蔬菜类 65.0%（170.6 克）、大豆类及其制品/坚果 47.7%（21.4 克）、蛋类 33.4%（18.0克）、鱼虾类 14.4%（8.5 克）、水果类 14.1%（19.6 克）、奶及奶制品 0.3%（35.4 克）。不同年级间各类食物摄入合格率间差异均有统计学意义（P 值均<0.05）。学生午餐能量合格率为 76.9%（932.6 千卡），各类营养素合格率由高到低依次是铁 96.9%（9.7 毫克）、锌 96.8%（5.9 毫克）、蛋白质 96.4%（43.8 克）、碳水化合物 87.6%（130.8 克）、硒 82.9%（23.5 微克）、维生素 C 78.5%（48.8 毫克）、维生素 B_1 75.9%（0.5 毫克）、脂肪 74.3%（28.5 克）、维生素 A 74.1%（327.1 微克）、维生素 B_2 49.9%（0.5 毫克）、膳食纤维 19.5%（5.9 克）和钙 13.4%（246.1 毫克）。不同年级间能量和各类营养素合格率间差异均有统计学意义（P 值均<0.05）。结论：数字化平台基本满足学生午餐食物种类和营养素水平，但也存在鱼虾类、水果类和奶及奶制品不足及维生素 B_2、膳食纤维

---

① 张芝琳，任文君. 陕西省农村义务教育阶段学生营养计划实施十年效果研究［C］//第十二届全国体育科学大会论文摘要汇编——墙报交流（运动营养分会）. 中国体育科学学会会议论文集，2022：65-67.

和钙不足等问题。建议优化学生午餐食谱或在其他餐次增加相应食物摄入①。

学前儿童营养健康提升策略研究

营养健康教育是提升学前儿童饮食行为的重要手段之一。人们对学前儿童营养健康问题的关注度逐步提升，学前儿童健康教育的出发点和归宿点都应为学前儿童健康行为的养成。本研究有助于提高学前教育工作者及幼儿对营养健康知识的认知以及重视程度，将知识生活化，并自觉将该类知识运用到课堂教学和实际生活中，逐渐改善儿童的饮食习惯与生活习惯②。

北京市教育委员会等三部门《关于切实做好 2022 年学校（幼儿园）食品安全与营养健康工作的通知》（节选）

各区教委、市场监管局、卫生健康委，燕山教委、经开区社会事业局，各普通高等学校、中等职业学校：学校食品安全与营养健康关乎广大师生身体健康和生命安全，事关首都教育安全稳定大局。为扎实做好 2022 年学校（幼儿园）食品安全与营养健康工作，严防校园食品安全事故，切实提高在校就餐质量，现就有关工作提出以下要求。严守食品安全底线。各区教育、市场监管和卫生健康部门要建立完善工作联动机制，指导督促学校（幼儿园）食堂、学生餐配送企业和校园周边食品经营单位加强自身管理，强化对学校（幼儿园）食品安全工作的目标考核③。

《儿童营养与健康评价指标》标准解读

遵循《卫生标准管理办法》的相关规定，依据《GB/T 1.1—2020 标准化工作导则第 1 部分：标准化文件的结构和起草规则》《WS/T 598.1—2018 卫生统计指标　第 1 部分：总则》编制《儿童营养与健康评价指标》。标准由 4 章组成，包括适用范围、规范性引用文件、术语和定义、指标目录。标准规定了儿童群体营养与健康评价的指标及指标描述，适用于儿童营养与健康调查相关医疗机构、疾病预防控制机构及卫生健康行政部门进行相关指标利用、发布及共享。本标准实施对于规范各地儿童营养与健康调查指标具有重要的指导作用，对儿童营养与健康调查工作的发展起到积极的促进作用④。

---

① 高春海，罗莎，赵帅，等. 基于数字化平台的学生午餐食谱评价［J］. 中国学校卫生，2022，43（3）：359-362，366.

② 吴丹. 学前儿童营养健康提升策略研究［J］. 现代食品，2022，28（5）：100-103.

③ 北京市教育委员会等三部门《关于切实做好 2022 年学校（幼儿园）食品安全与营养健康工作的通知》（节选）［J］. 中国食品，2022（5）：155.

④ 朱岩，张诚，夏天，等.《儿童营养与健康评价指标》标准解读［J］. 中国卫生标准管理，2022，13（4）：1-4.

北京市房山区 164 名中小学生膳食营养摄入状况分析

目的：调查北京市房山区中小学生膳食营养摄入状况，为房山区学生改善营养提供科学依据。方法：对北京市房山区中小学生进行膳食调查，采用 3 天 24 小时膳食回顾结合家庭调味品称重法，依据中国食物成分表计算每日食物消费及营养素摄入状况。结果：共调查北京市房山区中小学生 164 名，男生 91 名，女生 73 名，平均年龄（8.93±2.21）岁。中小学生水产品类、奶及奶制品、大豆类及其制品、蔬菜水果类摄入不足，畜禽肉类、盐摄入过多。能量平均摄入量为 1 710.30 千卡，蛋白质、脂肪和碳水化合物平均摄入量分别为 61.57 克、72.21 克、211.48 克，供能比分别占 14.38%、37.95% 和 47.68%。中小学生维生素 A、维生素 B_1、维生素 B_2、维生素 C、硒平均摄入量达到推荐摄入量（RNI）的比例分别为 34.8%、27.4%、33.5%、24.4% 和 47.0%。仅 2.4% 的学生钙摄入量达到了 RNI，超过一半的学生铁、锌、铜平均摄入量达到 RNI。其中，女生铁摄入量达到 RNI 的比例低于男生（$P<0.05$）。结论：北京市房山区中小学生膳食结构不合理、微量营养素摄入不足，需加强学生、家长、学校食堂营养宣教，有针对性地改善学生营养状况[①]。

学校供餐与学生营养密不可分

截至 2020 年，全球有 2.88 亿儿童接受学校供餐，学校供餐计划成为更广泛的学校健康和营养干预的一部分。为推进我国中小学合理供餐，促进儿童青少年营养改善的科学发展，落实《国民营养计划（2017—2030 年）》提出的学生营养改善行动，日前，2021 年学校供餐与学生营养研讨会在北京召开[②]。

情系山村教育 爱助困难儿童 中华慈善总会雷锋专项基金为南阳市黑虎庙小学捐赠营养餐费 35 万元

1 月 10 日上午，中华慈善总会雷锋专项基金捐赠南阳市镇平县黑虎庙小学学生营养餐费受赠仪式，在黑虎庙小学举行。河南省南阳市镇平县教体局副局长时海波等一行，受中华慈善总会雷锋专项基金办公室的委托，特意来到位于伏牛山深处的黑虎庙小学，向"时代楷模"、该校张玉滚校长转达了中华慈善总会雷锋专项基金对全体师生的问候，希望广大师生懂得感恩社会，用好每分善款，弘扬雷锋精神[③]。

---

① 赵霞，张冬然，喻颖杰，等. 北京市房山区 164 名中小学生膳食营养摄入状况分析 [J]. 华南预防医学，2022，48（2）：151-155.

② 周岩，王佳仪. 学校供餐与学生营养密不可分 [J]. 食品界，2022（2）：22-24.

③ 余超凤，陈运军. 情系山村教育 爱助困难儿童 中华慈善总会雷锋专项基金为南阳市黑虎庙小学捐赠营养餐费 35 万元 [J]. 雷锋，2022（2）：68.

儿童膳食模式与健康关系的流行病学研究进展

儿童时期建立健康的饮食习惯和树立健康的饮食观念，可以更好地预防膳食相关疾病的发生。膳食模式相对于单个营养素或食物可以更全面地反映儿童饮食摄入情况，有助于确定饮食对儿童健康的影响。本文对既往文献进行分析，阐述评估膳食模式的主要方法，探讨儿童膳食模式与肥胖、青春期启动、心血管疾病和神经发育的关系，为儿童膳食相关疾病的预防提供依据，同时为未来儿童膳食模式研究方向提供参考[①]。

营养餐计划助力农村儿童健康成长

学生平均身高增长 10 厘米，营养不良率下降约 10%，数学成绩提升约 14 分……这些数据来自中国发展研究基金会近期发布的"农村义务教育学生营养改善计划"10 周年评估报告。截至 2020 年底，受益学生达 3 797.83 万人。儿童养育理念、能力的城乡差距，是肉眼可见的。当一些农村校园周边被廉价食品包围时，城市中高收入家庭却是不计代价地"育儿养娃"。久而久之就是人口素质差距被进一步放大，青少年起跑线差距增大[②]。

山东省市场监督管理局、山东省教育厅《山东省学校食堂食品安全检查办法》

第一章：总则　第一条：为规范学校食堂食品安全监督检查，保障学生集中用餐食品安全，根据《中华人民共和国食品安全法》及其实施条例、《学校食品安全与营养健康管理规定》等法律法规规章，结合本省实际，制定本办法。第二条：本办法适用于全省范围内实施学历教育的各级各类学校、幼儿园食堂和为学生供餐的集体用餐配送单位（以下统称学校食堂）食品安全自查以及管理、监管部门的监督检查工作。第三条：学校食品安全实行校长（或园长，下同）负责制。学校食堂应当以学校名义依法办理《食品经营许可证》或含食品经营许可范围的《行业综合许可证》[③]。

《儿童营养与健康调查基本数据集标准》标准解读

遵循《卫生标准管理办法》的相关规定，依据《GB/T 1.1—2020 标准化工作导则第 1 部分：标准化文件的结构和起草规则》《WS 370—2012 卫生信息基本数据集编制规范》编制《儿童营养与健康调查基本数据集标准》。标准由 4 章组成，包括适用范围、规

---

①　陈梦雪，熊静远，赵莉，等．儿童膳食模式与健康关系的流行病学研究进展［J］．中华预防医学杂志，2022，56（2）：139-145.
②　田川，朱炯骁．营养餐计划助力农村儿童健康成长［J］．家长，2022（4）：4.
③　山东省市场监督管理局、山东省教育厅《山东省学校食堂食品安全检查办法》［J］．中国食品，2022（3）：154-155.

范性引用文件、数据集元数据属性、数据元属性。标准实现儿童营养与健康调查信息在收集、存储、发布、交换等应用中的一致性[①]。

安徽省学龄前留守儿童膳食平衡指数评价研究

目的：运用调整的膳食平衡指数（DBI_16）评价安徽省部分 3~6 岁留守儿童的膳食质量，为快速、准确地评估学龄前留守儿童的营养健康状况提供一定的参考和借鉴。方法：2018 年 9—12 月，选择安徽省怀远县和舒城县有完整膳食调查资料的 3~6 岁留守儿童 306 名和非留守儿童 598 名作为研究对象，利用 DBI_16 的总分（TS）、负端分（LBS）、正端分（HBS）和膳食质量距（DQD）等指标评价膳食质量，比较留守儿童组与非留守儿童组之间的差异。结果：留守儿童的 TS（-18.2，-16.1）分值低于非留守儿童，LBS（24.8，23.1）、HBS（7.9，6.4）和 DQD（35.9，34.4）的分值均高于非留守儿童，差异均有统计学意义（Z 值分别为 -46.02，12.45，4.14，4.78，P 值均 <0.05）；在食物摄入量及评分上，学龄前儿童的蔬菜水果、动物性食物、奶类豆类和饮水摄入存在明显不足，留守儿童与非留守儿童在奶类（-4.1，-2.7）、动物性食物（-2.2，-0.8）和食物种类（-7.4，-6.2）的膳食摄入得分方面差异均有统计学意义（Z 值分别为 -26.42，-13.51，-6.59，P 值均 <0.01）；学龄前留守儿童中高度的摄入不足比例为 44.1%，66.0% 的留守儿童存在中高度的膳食不平衡，留守儿童组和非留守儿童组在摄入过量和膳食不平衡的膳食质量分布上，差异均有统计学意义（X^2 值分别为 15.79，11.51，P 值均 <0.05）。结论：安徽省学龄前儿童的膳食质量亟待改善，膳食摄入不足是存在的主要问题；留守儿童组与非留守儿童组间的 DBI_16 存在差异。应适量增加学龄前儿童奶类、蛋类、水果的摄入，开展有针对性的干预措施[②]。

重庆市营养改善计划地区中学生营养素养现况及影响因素

目的：分析重庆市农村义务教育学生营养改善计划地区中学生营养素养现状及影响因素，为提高学生的营养素养提供科学依据。方法：于 2020 年 9 月通过网络调查从重庆市 12 个国家试点区县、2 个地方试点区县的中学抽取 3 365 名初一、初二学生作为调查对象，匿名填写自制的营养素养问卷。通过相对评价法将营养素养得分折算为百分制，以中位数作为营养素养合格的判定标准。结果：学生营养素养得分中位数为 63.5 分，64.2% 达到合格水平。多因素 Logistic 回归分析结果显示，寄宿学校（OR = 1.28，95% CI = 1.08 ~ 1.51）和主要带养人为非父母（OR = 1.22，95% CI = 1.05 ~ 1.42）学生营养素养不合格风险较高；居住地为城镇（OR = 0.75，95% CI = 0.63 ~ 0.90）、营养改善地区为地方试点（OR = 0.83，95% CI = 0.71 ~ 0.97）和父亲具有较高的文化程度（OR = 0.70，95% CI =

① 汤学军，朱岩，夏天，等.《儿童营养与健康调查基本数据集标准》标准解读 [J]. 中国卫生标准管理，2022，13（2）：1-5.

② 束莉，李晓璐，邱孟庭，等. 安徽省学龄前留守儿童膳食平衡指数评价研究 [J]. 中国学校卫生，2022，43（1）：33-37.

0.52~0.95）学生营养素养不合格风险较低（P 值均<0.01）。课堂为学生目前（65.1%）和期望（72.8%）获取营养信息的主要渠道。结论：重庆市营养改善计划地区中学生的营养素养水平有待提高。可通过加强学校的营养教育，以寄宿学校、居住地为农村、国家试点地区的中学生及其带养人为重点人群[1]。

从政府采购角度探析"营养餐"问题

随着学生营养改善计划财政经费投入量进一步增长，"营养餐"采购及其运营的规范性被进一步提上日程，本文对政府采购中的采购过程以及合同签订及履约过程中可能存在的问题进行了深入的探析，并给出了关于"营养餐"计划健康运行的意见建议[2]。

儿童营养与健康：成就、问题分析与思考

改革开放 40 多年来，中国的儿童发展取得了巨大的进步，提前实现了新千年的发展目标。婴幼儿死亡率大幅下降，儿童健康不断改善。中国政府和社会的努力以及取得的成绩得到国际社会的高度赞扬。儿童期的健康发展取决于养育与关爱，确保儿童获得健康、营养、积极有回应的照护、安全及早期学习，才能实现儿童良好的早期发展。2021 年 2 月 25 日，我国作为世界上人口最多的国家宣告消除了绝对贫困。在我国《儿童发展纲要 2021—2030》发布之际，回顾改革开放 40 年儿童营养状况的变化，分析存在的主要问题，对进一步改善儿童健康具有实际的意义[3]。

安徽农村学龄前儿童缺铁性贫血及膳食营养相关因素分析

目的：运用学龄前儿童膳食平衡指数（DBI_C）评价安徽省部分学龄前儿童的膳食质量，为科学指导该人群合理膳食和防治 IDA 提供实证依据。方法：2018 年 9—12 月，选择安徽省有完整膳食调查资料的 3~6 岁留守儿童 306 名和非留守儿童 598 名作为研究对象，利用 DBI_C 的总分（TS）、负端分（LBS）、正端分（HBS）和膳食质量距（DQD）等指标评价膳食质量，运用多因素 Logistic 回归模型分析膳食平衡指数与缺铁性贫血患病的关联。结果：安徽省农村地区 3~6 岁儿童贫血率为 13.3%，其中留守儿童为 16.7%，非留守儿童为 10.9%，差异有统计学意义（x^2=8.87，P=0.00）。贫血组和非贫血组 DBI_C 分值比较中，TS ［-18.3（25.2，-12.7），-15.2（-19.8，-8.6）］、LBS ［25.4（18.3，32.5），22.7（16.5，30.6）］和 DQD ［36.8（23.9，43.4），34.1（27.5，41.0）］差异有统计学意义（Z 值分别为-23.07，5.81，4.63，P 值均<0.05）。

① 李升平，曾茂，谢畅晓，等．重庆市营养改善计划地区中学生营养素养现况及影响因素［J］．中国学校卫生，2022，43（1）：41-44，52.

② 虢青波．从政府采购角度探析"营养餐"问题［J］．中国政府采购，2022（1）：56-61.

③ 毛萌．儿童营养与健康：成就、问题分析与思考［J］．中国儿童保健杂志，2022，30（1）：4-6.

贫血组和非贫血组儿童食物摄入评分在奶类豆类 ［-5.9（-10.7，-0.4），-5.0（-8.7，0.2）］、动物性食物 ［-2.4（-5.6，0.8），-0.6（3.5，1.9）］和食物种类 ［-7.5（-9.1，-4.8），-6.3（-8.0，-2.9）］等方面差异均有统计学意义（Z值分别为-5.42，-16.47，-6.83，P值均<0.05）。留守儿童（OR=1.27，95%CI=1.15~1.49）贫血发生的比例较高，每周吃肉类食物≥3次（OR=0.81，95%CI=0.68~0.94）、每天吃新鲜蔬菜≥2种（OR=0.84，95%CI=0.73~0.95）贫血发生的比例较低（P值均<0.05）。结论：安徽省农村地区3~6岁儿童贫血率较高，尤其要关注留守儿童；通过提高看护人的膳食素养、增加膳食中动物性食物和新鲜蔬菜的摄入可以有效减少儿童贫血的发生①。

天津市和平区2017—2019年儿童营养状况调查分析

目的：了解天津市和平区学龄前儿童生长发育及营养健康状况，促进儿童保健工作的进一步完善。方法：对2017年天津市和平区21所幼儿园4 145名儿童，2018年天津市和平区23所幼儿园6 789名儿童；2019年天津市和平区19所幼儿园7 384名学龄前儿童营养评估和体格测量资料进行分析。结果：2017—2019年低体重患病率均≤0.5%；发育迟缓患病率均为0.3%，无明显变化趋势；肥胖患病率随年龄的增长而逐步升高，且各年龄段男童患病率略高于女童，2017—2019年肥胖患病率变化不明显；营养不良患病率随年龄增长而逐步上升，且各年龄段女童患病率略高于男童。2017—2019年贫血发生率均<0.5%。结论：2017—2019年天津市和平区托幼机构儿童体检结果显示，肥胖、营养不良、低体重、发育迟缓等健康问题在学龄前儿童中发生率较高，需重点管理，并积极宣传推行各项预防措施，预防疾病发生。要定期健康体检，及早发现健康问题，及时就诊，并确保每个就诊的儿童得到专业的指导和有效的干预治疗，家庭、幼儿园及妇幼保健机构实现有效的配合，以保障儿童身心健康②。

农村学生营养改善计划实施十年效果喜人

"少年强则国强，少年智则国智"，青少年的身体健康状况事关国家和民族未来。中国区域、城乡之间发展不平衡，广大农村学生的营养问题一直是政府关心的头等大事。2011年10月26日，国务院召开常务会议，决定启动实施农村义务教育学生营养改善计划③。

中国0~5岁儿童营养与健康系统调查与应用项目总体方案

0~5岁儿童期是人一生体格生长和神经心理发育的关键时期。儿童期合理的膳食营

---

① 束莉，李梦瑶，李晓璐，等.安徽农村学龄前儿童缺铁性贫血及膳食营养相关因素分析 ［J］. 中国学校卫生，2021，42（12）：1793-1797.

② 朱效燕.天津市和平区2017—2019年儿童营养状况调查分析 ［J］.中国城乡企业卫生，2021，36（12）：85-87.

③ 农村学生营养改善计划实施十年效果喜人 ［J］.中国总会计师，2021（12）：188.

养是儿童生长发育的保障，可降低感染性疾病和成年后慢性病发生。儿童营养健康状况是衡量国家社会发展水平的重要指标，保障儿童营养与健康是实现中国梦的人力资源保障。终止儿童营养不良也是全球可持续发展目标之一。2013 年我国 6 岁以下儿童生长迟缓率为 8.1%，但儿童超重肥胖问题日益凸显。中华人民共和国成立以来我国开展了一系列儿童营养和健康调查，为儿童营养状况全面改善提供了部分基础数据。但各调查都存在不足，如调查指标少、年龄范围窄、代表性不足等。因此在"十三五"期间，科技部支持开展针对我国 0~5 岁儿童营养与健康基础数据的系统调查①。

教育部办公厅 市场监管总局办公厅 国家卫生健康委办公厅关于加强学校食堂卫生安全与营养健康管理工作的通知

教体艺厅函〔2021〕38 号 各省、自治区、直辖市教育厅（教委）、市场监管局（厅、委）、卫生健康委，新疆生产建设兵团教育局、市场监管局、卫生健康委，部属各高等学校、部省合建各高等学校：学校食品安全关系学生身体健康和生命安全，关系家庭幸福和社会稳定。为保障各级各类学校和幼儿园（以下统称学校）食品安全和营养健康，落实《中华人民共和国反食品浪费法》《学校食品安全与营养健康管理规定》《营养与健康学校建设指南》，促进学生健康成长，现就加强学校食堂卫生安全与营养健康管理工作通知如下②。

落实营养餐制度；提高初中生营养健康水平——初中班级落实学生营养餐制度的实践探索

为保证九年义务教育阶段学生的健康成长，国家提出了营养餐计划，一方面是为了呵护、关爱学生的健康以及成长，另一方面爱护青少年为其提供相关的制度保证，也正是为了祖国未来的发展、民族未来的复兴。因此，在学校教育教学中，落实营养餐制度是一项重要任务，各班级也要切实将营养餐制度落到实处，提高初中生的营养健康水平，促进他们健康成长③。

10 年，农村学生的餐盘变了样……

从"鸡蛋牛奶加餐"到"校校有食堂"，我国启动实施农村义务教育学生营养改善计划 10 年来，惠及 4 000 万学生。如今，这一政策正由让学生"吃得饱"向"吃得营养"

---

① 杨振宇，张倩，徐韬，等．中国 0~5 岁儿童营养与健康系统调查与应用项目总体方案 [J]．卫生研究，2021，50（6）：879-881.

② 教育部办公厅 市场监管总局办公厅 国家卫生健康委办公厅关于加强学校食堂卫生安全与营养健康管理工作的通知 [J]．中华人民共和国教育部公报，2021（11）：10-11.

③ 张永熙．落实营养餐制度，提高初中生营养健康水平——初中班级落实学生营养餐制度的实践探索 [J]．新课程，2021（45）：8.

迈进。有基层教育人士表示，营养改善是一种补充性计划，不少学校在探索"4+X"模式，外来务工者忙于生计，学校也在探索"家庭不足学校补"工程。听到上二年级的儿子在学校能吃上鸡腿、牛排，还有紫菜汤、白菜汤，宋得春脸上挂满了笑容。现在，儿子的身高已经接近1.4米，在班里算是高个子①。

通州区中小学生奶及奶制品摄入调查

目的：了解北京市通州区中小学生奶及奶制品摄入情况，并分析影响因素，为开展中小学生奶及奶制品摄入干预提供参考。方法：采用分层整群抽样方法，抽取通州区城区和乡镇小学三到六年级、初中一到三年级和高中一到三年级各1个班级的学生为调查对象；通过问卷调查收集学生及其家庭的基本情况，调查前1周奶及奶制品摄入情况；参考《中国居民膳食指南（2016）》，以每日平均摄入量≥300克为达标，分析中小学生奶及奶制品摄入量达标情况，并采用Logistic回归模型分析其影响因素。结果：发放问卷804份，回收有效问卷771份，回收有效率为95.90%。调查小学生321人，占41.63%；初中学生228人，占29.57%；高中学生222人，占28.80%。调查前1周奶及奶制品摄入率为90.92%，不良反应率为10.12%。每日摄入率为36.71%。每日平均摄入量中位数为214.29克，每日平均摄入量达标率为28.02%。多因素Logistic回归分析结果显示，学段（小学，$OR = 1.672$，95%CI：$1.102 \sim 2.535$；初中，$OR = 2.086$，95%CI：$1.349 \sim 3.225$）、体质指数（超重，$OR = 1.747$，95%CI：$1.131 \sim 2.700$；肥胖，$OR = 2.469$，95%CI：$1.698 \sim 3.591$）和父母文化程度（本科及以上，$OR = 1.760$，95%CI：$1.022 \sim 3.029$）是中小学生奶及奶制品每日平均摄入量达标的影响因素。结论：通州区中小学生奶及奶制品每日平均摄入量未达到《中国居民膳食指南（2016）》推荐标准，学段、体质指数和父母文化程度是中小学生奶及奶制品每日平均摄入量达标的影响因素②。

中国小学生乳类及制品消费情况分析

目的：分析2016—2017年我国小学生乳类及制品的消费状况。方法：分析数据来自"2016—2017年中国儿童与乳母营养健康监测"，抽样方法采用多阶段分层随机抽样，研究对象为全国275个监测点42 930名小学生。采用食物频率法的膳食调查问卷，收集小学生的乳类及制品消费情况。结果：2016—2017年我国小学生乳类及制品的消费率为80%，男生为79.5%、女生为80.5%，城市为89%、农村为71.9%，大城市、中小城市、普通农村和贫困农村、乳类及制品的消费率分别为93.2%、87.9%、73%、69.2%。液态奶（53.7%）和酸奶（59.5%）的消费率相对较高。2016—2017年我国小学生消费乳类及制品的频次≥1次/天、4～6次/周、1～3次/周、<1次/周、不消费的百分比分别为41.7%、13.3%、21.9%、3.2%、19.8%，≥1次/天百分比最高。消费乳类及制品的小学

---

① 赵黎浩. 10年，农村学生的餐盘变了样……［J］. 决策探索（上），2021（11）：24-25.

② 黄春宇，刘波，江南. 通州区中小学生奶及奶制品摄入调查［J］. 预防医学，2021，33（11）：1100-1104.

生，液态奶、奶粉、酸奶和其他乳制品的日均消费量分别为 154.7 克、46.6 克、92.4 克、23.7 克。将所有乳类及制品的消费量折合成液态奶的消费量，2016—2017 年我国消费乳类及制品的小学生折合液态奶的消费量为 198 克/天，城市（230.9 克/天）高于农村（161.2 克/天）；大城市、中小城市、普通农村、贫困农村分别为 264.4 克/天、220.2 克/天、164.1 克/天、153.4 克/天，呈现下降趋势。2016—2017 年我国小学生乳类及制品消费量达到《中国居民膳食指南（2016）》推荐摄入量的比例为 13.3%，在消费人群中为 16.6%。结论：2016—2017 年我国小学生乳类及制品消费水平整体偏低，尤其是农村地区，需进一步加强对小学生及其家长相关的健康教育，增加小学生乳类及制品的消费水平①。

湘西州土家族与苗族 6~14 岁农村学生营养状况特征分析

目的：分析湘西州土家族与苗族农村学生营养状况，为制订少数民族农村学生营养改善策略提供参考。方法：以《学龄儿童青少年营养不良筛查》（WS/T 456—2014）和《学龄儿童青少年超重与肥胖筛查》（WS/T 586—2018）作为判定标准，通过分层随机整群抽取湘西州 6~14 岁 1785 名农村学生进行营养状况评价。采用 X^2 检验对不同民族、不同性别、不同学段农村学生营养状况进行比较。结果：土家族与苗族 6~14 岁农村学生营养不良与营养过剩检出率分别为 11.88% 和 16.13%，其中生长迟缓率 4.48%、消瘦率 7.40%（中重度 2.30%、轻度 5.10%）、超重率 8.74%、肥胖率 7.40%。苗族营养不良和生长迟缓率分别为 13.28%、5.47%，高于土家族 9.99%、3.15%（X^2 值为 4.527，5.465，P 均<0.05）。土家族营养过剩、超重和肥胖率分别为 20.24%、10.51% 和 9.72%，高于苗族 13.09%、7.42% 和 5.66%（X^2 值分别为 16.497，5.228，10.508，P 均<0.05）。男、女生营养不良率差异有统计学意义（X^2 = 5.221，P<0.05）。营养不良和营养过剩率在不同学段之间差异均有统计学意义（X^2 值为 7.913，7.843，P 均<0.05）。营养不良以 9~11 岁为易感学段；营养过剩以 6~8 岁为易感学段。结论：湘西州土家族与苗族 6~14 岁农村学生同时存在营养不良和营养过剩，不同类型特征学生营养状况各异，亟须有针对性地开展少数民族农村学生营养指导及干预②。

后疫情时代营养健康教育课程思政的路径研究

营养健康教育作为指导大众科学合理地平衡膳食及建立健康生活方式的重要途径，日益受到重视。在新冠疫情防控的特殊背景下，高校学生健康教育及思想政治教育工作面临着新要求。加强健康教育与思政教育接轨，把爱国教育、理想信念、科学素养、敬畏意

---

① 许晓丽，于冬梅，房红芸，等. 中国小学生乳类及制品消费情况分析 ［J］. 中国食物与营养，2021，27（10）：5-9.
② 周县委，张天成，张福兰，等. 湘西州土家族与苗族 6~14 岁农村学生营养状况特征分析 ［J］. 职业卫生与病伤，2021，36（5）：310-315.

识、道德责任等融入课程教学，实现教书和育人的有机统一①。

财政部等两部门：深入实施农村义务教育学生营养改善计划 膳食补助标准提高至每生每天 5 元

近期，财政部会同教育部印发《关于深入实施农村义务教育学生营养改善计划的通知》（以下简称《通知》），进一步提高学生营养膳食补助国家基础标准（以下简称膳食补助标准），确保惠民政策持续有序有力落实到位。《通知》明确，自 2021 年秋季学期起，农村义务教育学生膳食补助标准由每生每天 4 元提高至 5 元。其中，国家试点地区所需资金继续由中央财政全额承担；地方试点地区所需资金由地方财政承担，中央财政在地方落实膳食补助标准后按照每生每天 4 元给予定额奖补②。

改善农村学生营养状况

近年来，中央财政认真落实中央决策部署，不断优化政策措施，加大投入力度，持续改善农村义务教育学生营养状况。9 月 30 日，财政部发布数据，2021 年全年共安排学生营养膳食补助资金 260 亿元，增长 12.9%。近期，财政部会同教育部印发《关于深入实施农村义务教育学生营养改善计划的通知》，进一步提高学生营养膳食补助国家基础标准，确保惠民政策持续有序有力落实到位③。

教育部等三部门印发通知　加强食堂卫生安全与营养健康管理

为保障各级各类学校和幼儿园食品安全和营养健康，落实《中华人民共和国反食品浪费法》《学校食品安全与营养健康管理规定》《营养与健康学校建设指南》，促进学生健康成长，近日，教育部联合市场监管总局、国家卫生健康委印发《关于加强学校食堂卫生安全与营养健康管理工作的通知》（以下简称《通知》），明确加强学校食堂卫生安全与营养健康管理工作的具体内容④。

---

① 张雅利，刘健康，龙建纲，等. 后疫情时代营养健康教育课程思政的路径研究［J］. 陕西教育（高教），2021（10）：6-7.

② 财政部等两部门：深入实施农村义务教育学生营养改善计划 膳食补助标准提高至每生每天 5 元［J］. 中国食品，2021（20）：42.

③ 杨梦帆. 改善农村学生营养状况［J］. 农家致富，2021（20）：55.

④ 教育部等三部门印发通知 加强食堂卫生安全与营养健康管理［J］. 青春期健康，2021，19（19）：88.

第六部分

年度大事记

2021 年 8 月 6 日，教育部办公厅、市场监管总局办公厅、国家卫生健康委办公厅发布《关于加强学校食堂卫生安全与营养健康管理工作的通知》①。

2021 年 8 月 18 日，襄阳市人民政府办公室发布《关于切实做好"学生饮用奶计划"推广工作的通知》②。

2021 年 9 月 1 日，《信阳日报》刊文"扩大学生奶覆盖面 筑牢开学'免疫'长城——普及饮用'学生奶'，筑牢学生营养与食品安全双重防线"③。

2021 年 9 月 3 日，教育部召开发布会，发布第八次全国学生体质与健康调研结果。调研工作显示，我国学生体质健康达标优良率逐渐上升④。

2021 年 9 月 6 日，滨州日报/滨州网无棣讯刊文"无棣：学生奶惠及农村娃"。无棣县车王镇小学学生喝上享受政府补贴的学生奶，这项活动已经惠及全县 55 所农村学校⑤。

2021 年 9 月 6 日，湖北省卫生健康委员会、湖北省教育厅、湖北省市场监督管理局和湖北省体育局发布《关于开展营养与健康学校建设工作的通知》⑥。

2021 年 9 月 8 日，国务院印发《中国儿童发展纲要（2021—2030 年）》⑦。

2021 年 9 月 14 日，黑龙江省人民政府公开《黑龙江省人民政府办公厅关于同意建立黑龙江省农村义务教育学生营养改善计划联席会议制度的函》⑧。

2021 年 9 月 16 日，民革泰州市委聚焦学生饮用奶计划，开展民生专题协商议事⑨。

2021 年 9 月 26 日，财政部、教育部联合印发《关于深入实施农村义务教育学生营养

① 中华人民共和国教育部. 教育部办公厅 市场监管总局办公厅国家卫生健康委办公厅关于加强学校食堂卫生安全与营养健康管理工作的通知［EB/OL］.（2021－08－13）［2022－11－25］. http://www.moe.gov.cn/srcsite/A17/moe_943/s3283/202108/t20210824_553926.html.

② 襄阳市人民政府. 市人民政府办公室关于切实做好"学生饮用奶计划"推广工作的通知［EB/OL］.（2021－08－24）［2022－11－25］. http://xxgk.xiangyang.gov.cn/szf/zfxxgk/zc/gfxxwj/xzbh/202108/t20210824_2559824.html.

③ 信阳日报. 扩大学生奶覆盖面 筑牢开学"免疫"长城——普及饮用"学生奶"，筑牢学生营养与食品安全双重防线［EB/OL］.（2021－09－01）［2022－11－25］. https://www.xyxww.com.cn/jhtml/xinyang/311797.html.

④ 央视网. 第八次全国学生体质与健康调研结果发布 我国学生体质健康达标优良率逐渐上升［EB/OL］.（2021－09－03）［2022－11－25］. http://news.cctv.com/2021/09/03/ARTIs7nnOefaaN3lXT4I44gI210903.shtml.

⑤ 网易；滨州日报. 无棣：学生奶惠及农村娃［EB/OL］.（2021－09－06）［2022－11－25］. https://www.163.com/dy/article/GJ83CFOF0530HINK.html.

⑥ 湖北省卫生健康委员会. 关于开展营养与健康学校建设工作的通知［EB/OL］.（2021－09－18）［2022－11－25］. http://wjw.hubei.gov.cn/zfxxgk/zc/gkwj/ywh/202109/t20210918_3771175.shtml.

⑦ 中国政府网. 国务院关于印发中国妇女发展纲要和中国儿童发展纲要的通知［EB/OL］.（2021－09－27）［2022－11－25］. http://www.gov.cn/zhengce/content/2021/09/27/content_5639412.htm.

⑧ 黑龙江省人民政府. 黑龙江省人民政府办公厅关于同意建立黑龙江省农村义务教育学生营养改善计划联席会议制度的函［EB/OL］.（2021－09－17）［2022－11－25］. https://zwgk.hlj.gov.cn/zwgk/publicInfo/detail?id=449812.

⑨ 江苏统一战线.［泰州］民革泰州市委聚焦学生饮用奶计划开展民生专题协商议事［EB/OL］.（2021－09－22）［2022－11－25］. http://www.jstz.org.cn/a/20210922/163227231245.shtml.

改善计划的通知》①。

2021 年 9 月 26 日，北京市卫生健康委员会、北京市教育委员会发布《关于开展中小学营养教育试点建设的通知》②。

2021 年 9 月 28 日，2021 年国际食品安全与健康大会上发布《乳品与儿童营养共识》③。

2021 年 9 月 29 日，湖南日报·新湖南刊文"世界学生奶日丨推广'学生饮用奶'护佑中国'少年强'"④。

2021 年 9 月，河北省教育厅印发《关于进一步加强"学生饮用奶计划"管理工作的通知》⑤。

2021 年 10 月 8 日，《工人日报》刊文"10 年，农村学生的餐盘变了样……"⑥。

2021 年 10 月 9 日，湖南日报·新湖南客户端刊文"不花钱就能吃饱吃好，'营养改善计划'普惠了石门农村娃"⑦。

2021 年 10 月 19 日，《中国食品报》刊文"我国儿童营养健康进步明显 '学生饮用奶计划'发挥重要作用"⑧。

2021 年 10 月 19 日，国家"学生饮用奶计划"在郑州市惠济区启动实施⑨。

2021 年 10 月 21 日，重庆市财政局、重庆市教育委员会印发《关于进一步做好农村

① 中华人民共和国教育部．关于深入实施农村义务教育学生营养改善计划的通知［EB/OL］．（2021-09-26）［2022-11-25］．http://www.moe.gov.cn/jyb_xxgk/moe_1777/moe_1779/202112/t20211223_589718.html.

② 北京市卫生健康委员会．北京市卫生健康委员会 北京市教育委员会关于开展中小学营养教育试点建设的通知［EB/OL］．（2021-09-28）［2022-11-25］．http://wjw.beijing.gov.cn/zwgk_20040/zxgk/202109/t20210928_2503907.html.

③ 中国市场监管报．《乳品与儿童营养共识》发布［EB/OL］．（2021-10-14）［2022-11-25］．http://www.cmrnn.com.cn/content/2021-10/14/content_206719.html.

④ 百度；湖南日报·新湖南．世界学生奶日丨推广"学生饮用奶"护佑中国"少年强"［EB/OL］．（2021-09-29）［2022-11-25］．https://baijiahao.baidu.com/s?id=1712199659552046878&wfr=spider&for=pc.

⑤ 邯郸新闻网．邯郸市委市政府重点招商引资企业——君乐宝争做"学生饮用奶计划"的引领者［EB/OL］．（2022-03-02）［2022-11-25］．https://baijiahao.baidu.com/s?id=1726168817141897357&wfr=spider&for=pc.

⑥ 工人日报，新华网．10 年，农村学生的餐盘变了样［EB/OL］．（2021-10-08）［2022-11-25］．http://education.news.cn/2021-10/08/c_1211394997.htm.

⑦ 湖南日报·新湖南客户端．不花钱就能吃饱吃好，"营养改善计划"普惠了石门农村娃［EB/OL］．（2021-10-09）［2022-11-18］．https://www.hunantoday.cn/news/xhn/202110/14081255.html.

⑧ 中国食品报．我国儿童营养健康进步明显"学生饮用奶计划"发挥重要作用［EB/OL］．（2021-10-19）［2022-11-25］．http://www.cnfood.cn/article?id=1450047455156604930.

⑨ 腾讯网．国家"学生饮用奶计划"在郑州市惠济区启动实施［EB/OL］．（2021-10-20）［2022-11-25］．https://new.qq.com/rain/a/20211020A03IN600.

义务教育学生营养改善计划有关工作的通知》①。

2021 年 10 月 28 日，宝鸡市"国家学生饮用奶计划"正式启动②。

2021 年 11 月 16 日，联合国粮食及农业组织、联合国教科文组织、联合国儿童基金会、世界粮食计划署和世界卫生组织 5 家联合国机构发表联合声明，承诺为 60 余个国家组成的校餐联盟提供支持。该联盟旨在为在校儿童提供营养餐，改善他们的健康和教育现状，力争在 2030 年前确保每个有需要的儿童都有机会获得营养校餐③。

2021 年 11 月 17 日，山西省朔州市财政三举措保障"学生饮用奶工程"落到实处④。

2021 年 11 月 21 日，陕西省今年落实农村学生营养膳食补助资金 14.94 亿元⑤。

2021 年 11 月 22 日，国家卫生健康委办公厅、国家乡村振兴局综合司联合印发《脱贫地区健康促进行动方案（2021—2025 年）》⑥。

2021 年 11 月 24 日，教育部办公厅发布《关于成立全国学校食品安全与营养健康工作专家组的通知》⑦。

2021 年 11 月 24 日，河南省省长王凯主持召开食品产业企业家座谈会。会上，花花牛集团董事长关晓彦提出多项建议，比如政府给予企业适当政策支持，支持国家"学生饮用奶计划"推广工作，稳步推动我省奶业振兴，加快构建经济双循环格局，让人民群众和广大学生喝上营养奶、健康奶、放心奶，为促进河南奶业高质量发展做出贡献⑧。

2021 年 11 月 29 日，中国江苏网刊文"引领'学生饮用奶计划'助推'健康中国'建设"⑨。

2021 年 11 月 29 日，河南省教育厅、河南省市场监督管理局联合下发《关于全面加

① 重庆市财政局. 重庆市财政局 重庆市教育委员会关于进一步做好农村义务教育学生营养改善计划有关工作的通知 [EB/OL]. (2021-10-25) [2022-11-25]. http://czj.cq.gov.cn/zwgk_268/zfxxgkml/zcwj/qtwj/202110/t20211025_9887817.html.

② 西部网. 宝鸡市"国家学生饮用奶计划"正式启动 [EB/OL]. (2021-11-01) [2022-11-25]. http://edu.cnwest.com/jyzx/a/2021/11/01/20064269.html.

③ 新华网. 5 家联合国机构承诺为校餐联盟提供支持 [EB/OL]. (2021-11-17) [2022-11-25]. http://www.news.cn/2021-11/17/c_1128072509.htm.

④ 朔州市财政局. 市财政三举措保障"学生饮用奶工程"落到实处 [EB/OL]. (2021-11-17) [2022-11-25]. http://czj.shuozhou.gov.cn/czdt/202111/t20211117_363305.html.

⑤ 陕西省人民政府. 我省今年落实农村学生营养膳食补助资金 14.94 亿元 [EB/OL]. (2021-11-21) [2022-11-25]. http://www.shaanxi.gov.cn/xw/sxyw/202111/t20211121_2201048_wap.html.

⑥ 中华人民共和国国家卫生健康委员会. 关于开展脱贫地区健康促进行动的通知 [EB/OL]. (2021-12-06) [2022-11-25]. http://www.nhc.gov.cn/xcs/s7846/202112/a9c14594f70d4057b1f70541a7e241f1.shtml.

⑦ 中华人民共和国教育部. 教育部办公厅关于成立全国学校食品安全与营养健康工作专家组的通知 [EB/OL]. (2021-11-25) [2022-11-25]. http://www.moe.gov.cn/srcsite/A17/moe_943/s3283/202112/t20211210_586361.html.

⑧ 河南日报, 花花牛乳业集团. 河南省长王凯主持召开食品企业家座谈会 花花牛等食品企业参加 [EB/OL]. (2021-11-26) [2022-11-18]. https://cj.sina.com.cn/articles/view/2081511671/7c1158f700100vuuk.

⑨ 中国江苏网. 引领"学生饮用奶计划"助推"健康中国"建设 [EB/OL]. (2021-11-29) [2022-11-18]. https://baijiahao.baidu.com/s?id=1717764280741647746&wfr=spider&for=pc.

强校外供餐单位食品安全监督管理的紧急通知》①。

2021 年 11 月，从 2021 年秋季学期起郧阳区农村义务教育学生营养膳食财政补助标准，由每生每天 4 元提高至 5 元②。

2021 年 12 月 1 日，安徽省教育厅印发《安徽省学校食堂食品安全管理工作指南（试行）》③。

2021 年 12 月 1 日，中国经济网刊文 "《乳品与儿童营养共识》发布 亟待加强儿童营养强化乳制品研发"④。

2021 年 12 月 7 日，联合国粮食及农业组织承诺加大支持力度，让所有人获得更好营养和健康膳食⑤。

2021 年 12 月 10 日，南京市教育局召开南京市中小学营养午餐实施工作现场会，发布《南京市中小学生营养午餐指南》（2021 版）⑥。

2021 年 12 月 18 日，由教育部财务司会同中国发展研究基金会联合开展的 "农村义务教育学生营养改善计划" 评估报告正式发布⑦。

2021 年 12 月 19 日，腾讯网发文 "全国 3797.83 万学生受益营养改善计划，肥胖问题成新挑战"⑧。

2021 年 12 月 22 日，贵州省教育厅、省财政厅、省卫生健康委、省市场监管局和省发展改革委发布《关于实施农村义务教育学生营养改善计划提质行动的通知》⑨。

2021 年 12 月 24 日，《中国教育报》刊文 "受益学生体质健康合格率从 2012 年的

① 郑州市市场监督管理局. 河南发文：师生、家长参与校外供餐招标，监督过程［EB/OL］.（2021-12-03）［2022-11-25］. https://amr. zhengzhou. gov. cn/xwfb/6108539. jhtml.

② 郧阳区融媒体中心. 郧阳 2.5 万名学生营养餐补助标准提了［EB/OL］.（2021-11-14）［2022-11-18］. https://www. syiptv. com/article/show/162469.

③ 合肥市人民政府.《安徽省学校食堂食品安全管理工作指南（试行）》出台［EB/OL］.（2021-12-20）［2022-11-25］. https://www. hefei. gov. cn/ssxw/csbb/107187673. html.

④ 中国经济网.《乳品与儿童营养共识》发布 亟待加强儿童营养强化乳制品研发［EB/OL］.（2021-12-01）［2022-11-18］. http://www. ce. cn/cysc/sp/bwzg/202112/01/t20211201_37131049. shtml.

⑤ 联合国粮食及农业组织. 联合国粮农组织承诺加大支持力度，让所有人获得更好营养和健康膳食［EB/OL］.（2021-12-07）［2022-11-25］. https://www. fao. org/newsroom/detail/fao-pledges-upscaled-support-for-better-nutrition/zh.

⑥ 南京市教育局. 市教育局召开南京市中小学营养午餐实施工作现场会［EB/OL］.（2021-12-10）［2022-11-25］. http://edu. nanjing. gov. cn/xwdt/yw/202112/t20211210_3227971. html.

⑦ 央视新闻. 农村学生营养改善计划实施十年：男生平均身高增长 10 厘米［EB/OL］.（2021-12-18）［2022-11-25］. https://m. thepaper. cn/baijiahao_15902736.

⑧ 腾讯网. 全国 3797.83 万学生受益营养改善计划，肥胖问题成新挑战［EB/OL］.（2021-12-19）［2022-11-25］. https://new. qq. com/rain/a/20211219A02S5300.

⑨ 贵州省教育厅. 省教育厅 省财政厅 省卫生健康委 省市场监管局 省发展改革委关于实施农村义务教育学生营养改善计划提质行动的通知［EB/OL］.（2021-12-22）［2022-11-25］. https://jyt. guizhou. gov. cn/zwgk/gzhgfxwjsjk/gfxwjsjk/202201/t20220112_72293352. html.

70.3%提高至 2021 年的 86.7%——营养改善计划如何增强一代人体质"①。

2021 年 12 月 28 日，国家卫生健康委办公厅印发《托育机构婴幼儿喂养与营养指南（试行）》②。

2021 年 12 月 28 日-29 日，2021 年学校供餐与学生营养研讨会在北京举行。会议由国家卫生健康委疾控局和教育部体卫艺司指导，中国疾病预防控制中心营养与健康所和中国学生营养与健康促进会联合主办。全国 31 个省（自治区、直辖市）和新疆生产建设兵团的各级疾控中心、教育部门、学校、社会团体和企业约 12 万人通过线上或线下参会。教育部全国学生资助管理中心处长王振亚鼓励采用信息化技术、集中采购等方式加强学校供餐监管③。

2021 年 12 月 31 日，《南方周末》刊文"在 2021 的最后一天，我们一起做了这件暖心的事"④。

2022 年 1 月 6 日，在湖北省随州市第五届人民代表大会第一次会议上，随州市《政府工作报告》明确提出：着力保障和改善民生，继续推行国家"学生饮用奶计划"。这也是随州市连续 3 年将国家"学生饮用奶计划"写进市《政府工作报告》⑤。

2022 年 1 月 6 日，湖北省黄冈市《政府工作报告》，提出"打造健康黄冈。……巩固提升国家'学生饮用奶计划'覆盖率"⑥。

2022 年 1 月 6 日，孝感市《政府工作报告》，提出"提升学生营养改善计划和饮用奶计划覆盖率"⑦。

2022 年 1 月 10 日，人民网-人民健康刊文"2021 年学校卫生与健康教育工作十件大事"⑧。

————————————

① 中国教育报.受益学生体质健康合格率从 2012 年的 70.3% 提高至 2021 年的 86.7%——营养改善计划如何增强一代人体质 [EB/OL].（2021-12-24）[2022-11-25]. http://paper.jyb.cn/zgjyb/html/2021-12/24/content_603625.htm?div=-1.

② 中华人民共和国国家卫生健康委员会.国家卫生健康委办公厅关于印发托育机构婴幼儿喂养与营养指南（试行）的通知 [EB/OL].（2022-01-10）[2022-11-25]. http://www.nhc.gov.cn/rkjcyjtfzs/s7786/202201/ab07090ff8ea49b9a2904a104380e35c.shtml.

③ 中国疾病预防控制中心.2021 年学校供餐与学生营养研讨会顺利举办 [EB/OL].（2022-01-08）[2022-11-25]. https://www.chinacdc.cn/zxdt/202201/t20220108_255929.html.

④ 南方周末.在 2021 的最后一天，我们一起做了这件暖心的事 [EB/OL].（2021-12-31）[2022-11-18]. http://www.infzm.com/contents/221287.

⑤ 随州市人民政府.全面建设健康随州 巩固提升国家"学生饮用奶"计划覆盖率 [EB/OL].（2022-02-23）[2022-11-25]. http://www.suizhou.gov.cn/zwgk/xxgk/qtzdgknr/hygq/202202/t20220223_970789.shtml.

⑥ 黄冈市人民政府.市长 李军杰.2022 年政府工作报告——2022 年 1 月 6 日在黄冈市第六届人民代表大会第一次会议上 [EB/OL].（2022-01-15）[2022-11-25]. http://www.hg.gov.cn/art/2022/1/15/art_13625_1550595.html.

⑦ 孝感市人民政府.市长 熊征宇.2022 年孝感市政府工作报告 [EB/OL].（2022-01-10）[2022-11-25]. http://gkml.xiaogan.gov.cn/c/www/zfgzbg/227441.jhtml.

⑧ 人民网-人民健康.2021 年学校卫生与健康教育工作十件大事 [EB/OL].（2022-01-10）[2022-11-18]. http://www.moe.gov.cn/jyb_xwfb/s5147/202201/t20220111_593824.html.

2022年1月11日，广东省梅州市《政府工作报告》，提出"建设健康梅州。……落实国民营养计划，加大国家'学生饮用奶计划'推广力度"①。

2022年1月12日，广东省清远市《政府工作报告》明确提出"更好地保障和改善民生，扩大国家'学生饮用奶计划'实施覆盖面"②。

2022年1月13日，益阳市市政府主持召开中粮集团来益开展国家"学生饮用奶"计划工作座谈会，市政府办公室、市教育局、赫山区教育局、市市场监督管理局分管领导参加会议，中粮集团湖南区域办、蒙牛乳业学生奶中南大区、蒙牛乳业学生奶湖南区域办相关负责人列席会议③。

2022年1月14日，教育部指导全国中小学健康教育教学指导委员会专家，提出《2022年寒假中小学生和幼儿健康生活提示要诀》，引导中小学生和幼儿加强体育锻炼，合理安排假期生活和学习，均衡膳食营养，养成健康生活方式，做自己健康的第一责任人④。

2022年1月19日，市场监管总局、教育部、公安部发布《关于开展面向未成年人无底线营销食品专项治理工作的通知》⑤。

2022年1月20日，在湖北省第十三届人民代表大会第七次会议上，湖北省《政府工作报告》重点工作任务中明确提出：全面建设健康湖北，巩固提升国家"学生饮用奶计划"覆盖率，这是湖北省政府继2020年、2021年之后第3次将此项工作写入《政府工作报告》⑥。

2022年1月20日，重庆市卫生健康委员会、重庆市教育委员会、重庆市市场监督管理局和重庆市体育局4部门联合印发《重庆市营养与健康学校、营养健康食堂（餐厅）建设工作指导方案》⑦。

---

① 梅州市人民政府.梅州市市长王晖.政府工作报告——2022年1月11日在梅州市第八届人民代表大会第一次会议上［EB/OL］.（2022-01-27）［2022-11-25］.https://www.meizhou.gov.cn/zwgk/gzbg/zfgzbg/content/post_2282214.html.

② 清远市人民政府.《政府工作报告》明确提出：扩大国家"学生饮用奶计划"实施覆盖面［EB/OL］.（2022-01-27）［2022-11-25］.http://www.gdqy.gov.cn/xxgk/zzjg/zfjg/qysrmzfbgs/bmyw/content/post_1508125.html.

③ 腾讯网."健康益阳"，大力推广实施"国家学生饮用奶计划"［EB/OL］.（2022-01-17）［2022-11-25］.https://new.qq.com/rain/a/20220117a0615g00.

④ 中华人民共和国教育部.快乐寒假 健康生活［EB/OL］.（2022-01-15）［2022-11-25］.http://www.moe.gov.cn/jyb_xwfb/s5147/202201/t20220117_594815.html.

⑤ 中国政府网.市场监管总局 教育部 公安部关于开展面向未成年人无底线营销食品专项治理工作的通知［EB/OL］.（2022-01-19）［2022-11-25］.http://www.gov.cn/zhengce/zhengceku/2022-01/24/content_5670227.htm.

⑥ 随州市人民政府.全面建设健康随州 巩固提升国家"学生饮用奶"计划覆盖率［EB/OL］.（2022-02-23）［2022-11-25］.http://www.suizhou.gov.cn/zwgk/xxgk/qtzdgknr/hygq/202202/t20220223_970789.shtml.

⑦ 重庆市卫生健康委员会.重庆市卫生健康委员会等4部门关于印发《重庆市营养与健康学校、营养健康食堂（餐厅）建设工作指导方案》的通知［EB/OL］.（2022-01-20）［2022-11-25］.http://wsjkw.cq.gov.cn/zwgk_242/wsjklymsxx/jkfw_266458/zcwj_266459/202201/t20220124_10334505.html.

2022 年 1 月 21 日，人民网刊文 "营养餐带来了什么改变（人民时评）"①。

2022 年 2 月 8 日，教育部发布《教育部 2022 年工作要点》。"16. 统筹推进乡村教育振兴和教育振兴乡村工作" 中，提出 "做好农村义务教育学生营养改善计划实施工作，落实县级政府主体责任，大力推进食堂供餐"②。

2022 年 2 月 11 日，四川省委办公厅、省政府办公厅印发《2022 年全省 30 件民生实事实施方案》。为义务教育阶段符合条件的家庭经济困难学生提供生活费补助；为营养膳食补助试点地区义务教育阶段学生提供营养膳食补助。计划安排资金 43.4 亿元。其中争取中央补助 32.3 亿元，省级安排 5.9 亿元，市、县两级安排 5.2 亿元③。

2022 年 2 月 11 日，北京市教育委员会、北京市市场监督管理局和北京市卫生健康委员会发布《关于切实做好 2022 年学校（幼儿园）食品安全与营养健康工作的通知》④。

2022 年 2 月 11 日，湖北省随州市人民政府印发《关于切实做好国家 "学生饮用奶计划" 推广工作的通知》⑤。

2022 年 2 月 16 日，农业农村部印发《 "十四五" 奶业竞争力提升行动方案》⑥。

2022 年 2 月 17 日，山东省胶州市持续加大投入，率先实现中小学标准化食堂全覆盖，让农村娃只花 1 元钱吃上了热气腾腾的营养午餐⑦。

2022 年 2 月 24 日，教育部办公厅印发《关于开展 2022 年 "师生健康 中国健康" 主题健康教育活动的通知》⑧。

2022 年 2 月 28 日，湖北省宜昌市改革供餐模式，破解学生在校午餐难题⑨。

2022 年 3 月 1 日，由中国疾病预防控制中心营养与健康所组织编撰的《小学生营养

---

① 人民网-人民日报.营养餐带来了什么改变（人民时评）［EB/OL］.（2022-01-21）［2022-11-18］.http://opinion.people.com.cn/n1/2022/0121/c1003-32336224.html.

② 中华人民共和国教育部.教育部 2022 年工作要点［EB/OL］.（2022-02-08）［2022-11-25］.http://www.moe.gov.cn/jyb_xwfb/gzdt_gzdt/202202/t20220208_597666.html.

③ 四川省人民政府.省委办公厅、省政府办公厅印发《2022 年全省 30 件民生实事实施方案》［EB/OL］.（2022-02-11）［2022-11-25］.https://www.sc.gov.cn/10462/10464/10797/2022/2/11/39f90b5a64ec4bf3bd8740a49eaaa7f0.shtml.

④ 北京市教育委员会.北京市教育委员会北京市市场监督管理局北京市卫生健康委员会关于切实做好 2022 年学校（幼儿园）食品安全与营养健康工作的通知［EB/OL］.（2022-02-14）［2022-11-25］.http://jw.beijing.gov.cn/xxgk/zfxxgkml/zfgkzcwj/zwgzdt/202202/t20220214_2609373.html.

⑤ 随州市人民政府.全面建设健康随州 巩固提升国家 "学生饮用奶" 计划覆盖率［EB/OL］.（2022-02-23）［2022-11-25］.http://www.suizhou.gov.cn/zwgk/xxgk/qtzdgknr/hygq/202202/t20220223_970789.shtml.

⑥ 中华人民共和国农业农村部.农业农村部关于印发《 "十四五" 奶业竞争力提升行动方案》的通知［EB/OL］.（2022-02-16）［2022-11-25］.http://www.moa.gov.cn/govpublic/xmsyj/202202/t20220222_6389242.htm.

⑦ 闪电新闻.胶州：实现中小学标准食堂全覆盖 农村娃 1 元钱吃上营养午餐［EB/OL］.（2022-02-17）［2022-11-25］.https://baijiahao.baidu.com/s?id=1724993214459294001&wfr=spider&for=pc.

⑧ 亳州学院.教育部办公厅关于开展 2022 年 "师生健康 中国健康" 主题健康教育活动的通知［EB/OL］.（2022-04-19）［2022-11-25］.http://www.bzuu.edu.cn/tyx/2022/0419/c471a60524/page.htm.

⑨ 中国教育报.湖北宜昌改革供餐模式，破解学生在校午餐难题［EB/OL］.（2022-02-28）［2022-11-25］.https://baijiahao.baidu.com/s?id=1725989494112861079&wfr=spider&for=pc.

教育教师指导用书（2021）》和《中学生营养教育教师指导用书（2021）》正式出版①②③。

2022年3月1日，游戏全视点刊文"国家'学生饮用奶计划'，全面提升青少年儿童的健康"④。

2022年3月1日，湖南省浏阳市教育局组织召开学校学生食堂和饮用奶安全管理座谈会，集思广益、共商措施、商谋治理、提升效能，"将出台《学校学生饮用奶及自助服务系统管理暂行办法》，学生饮用奶运营服务商实行目录备案管理，全力确保学校学生饮用奶及自助服务系统管理规范"⑤。

2022年3月4日，《辽宁学生奶试点企业和奶源基地评估标准》研讨会在沈阳召开⑥。

2022年3月4日，安徽省铜陵市铜官区市场监管局开展学生饮用奶专项抽检工作⑦。

2022年3月11日，天津市教育委员会印发《天津市中小学校校外配餐管理办法》⑧。

2022年3月14日，中国扶贫基金会·爱加餐公益项目为宣威市倘塘镇法宏民族小学271名学生在校期间每天提供"一个蛋、一盒奶"的营养加餐⑨。

2022年3月17日，澎湃新闻·全球智库刊文"农村义务教育学生营养改善计划评估和改进建议"⑩。

---

①　中国奶业协会.《小学生营养教育教师指导用书（2021）》和《中学生营养教育教师指导用书（2021）》出版［J］. 2021（6）.

②　京东. 小学生营养教育教师指导用书. 2021［EB/OL］.（2022-03-01）［2022-11-25］. https://item. jd. com/10063281293773. html? cu = true&utm_source = www. baidu. com&utm_medium = tuiguang&utm_campaign = t_1003608409_&utm_term = b1bd6b85d7c749e7a36da130416034ed.

③　京东. 中学生营养教育教师指导用书（2021）中国疾病预防控制中心营养与健康所编 中小学营养教育教学参考书 人民卫生出版社［EB/OL］.（2022-03-01）［2022-11-25］. https://item. jd. com/10054418114358. html? cu = true&utm_source = www. baidu. com&utm_medium = tuiguang&utm_campaign = t_1003608409_&utm_term = 8c4cf2a832e8464a859f3af4e1c39631.

④　游戏全视点. 国家"学生饮用奶计划"，全面提升青少年儿童的健康［EB/OL］.（2022-03-01）［2022-11-18］. https://baijiahao. baidu. com/s?id = 1726088953357757464&wfr = spider&for = pc.

⑤　浏阳教育. 学生饮用奶拟实行目录备案！浏阳市教育局召开食品安全管理座谈会［EB/OL］.（2022-03-01）［2022-11-25］. https://view. inews. qq. com/k/20220301A0BVYH00? web_channel = wap&openApp = false.

⑥　网易.《辽宁学生奶试点企业和奶源基地评估标准》研讨会在沈阳召开［EB/OL］.（2022-03-03）［2022-11-25］. https://www. 163. com/dy/article/H1KGB59C0514EAHV. html.

⑦　网易. 铜陵市铜官区市场监管局开展学生饮用奶专项抽检工作［EB/OL］.（2022-03-10）［2022-11-25］. https://www. 163. com/dy/article/H23VTTI20514EAHV. html.

⑧　天津市教育委员会. 市教委关于印发天津市中小学校校外配餐管理办法的通知［EB/OL］.（2022-03-11）［2022-11-25］. https://jy. tj. gov. cn/ZWGK_52172/zcwj/sjwwj/202203/t20220314_5828203. html.

⑨　曲靖珠江网. 中国扶贫基金会·爱加餐为民族学生营养加餐［EB/OL］.（2022-03-16）［2022-11-25］. https://baijiahao. baidu. com/s?id = 1727409648197991466&wfr = spider&for = pc.

⑩　澎湃新闻·全球智库. 农村义务教育学生营养改善计划评估和改进建议［EB/OL］.（2022-03-17）［2022-11-18］. https://www. thepaper. cn/newsDetail_forward_17125298.

2022 年 3 月 23 日，健康中国行动推进委员会办公室印发《健康中国行动 2022 年工作要点》①。

2022 年 3 月 24 日，贵州省教育厅学生资助管理办公室印发《贵州省学生资助及营养改善计划 2021 年工作总结和 2022 年工作要点》的通知②。

2022 年 3 月 25 日，记者从襄阳市学生资助和学校后勤服务指导中心获悉，今年，襄阳市学校食堂和商店全面禁止销售和使用一次性不可降解塑料袋、塑料餐具等制品。襄阳市 2022 年中小学校后勤保障工作的主要目标包括持续推动全市营养带量食谱推广工作，完成襄阳市中小学生营养餐标准制定和发布，实现全市中小学校食堂全覆盖；持续推动国家"学生饮用奶计划"宣传推广工作，实现学校全覆盖等③。

2022 年 4 月 3 日，安徽省农业农村厅发布《关于实施奶业倍增计划提升奶业竞争力的意见》④。

2022 年 4 月 4 日，中国奶业协会刊文"投资儿童未来 | 营养餐如何保障教育，并助力摆脱饥饿和不平等"⑤。

2022 年 4 月 13 日，胶州发布 2022 年重点办好城乡建设和改善人民生活方面 10 件实事，包括增强教育保障能力，在全市农村中小学实施营养午餐工程和学生饮用奶计划等⑥。

2022 年 4 月 13 日，教育部办公厅发布《关于实施全国健康学校建设计划的通知》⑦。

2022 年 4 月 22 日，山东省畜牧兽医局印发《山东省"十四五"奶业高质量发展提升行动方案》⑧。

---

① 中华人民共和国国家卫生健康委员会．健康中国行动推进委员会办公室关于印发健康中国行动 2022 年工作要点的通知［EB/OL］．（2022-04-02）［2022-11-25］．http：//www.nhc.gov.cn/guihuaxxs/s7788/202204/67cb879e0afd44ba916912367de56170.shtml.

② 贵州省教育厅．关于印发《贵州省学生资助及营养改善计划 2021 年工作总结和 2022 年工作要点》的通知［EB/OL］．（2022-03-28）［2022-11-25］．https：//jyt.guizhou.gov.cn/zfxxgk/fdzdgknr/ghjh/jhzj/202203/t20220328_73158383.html.

③ 襄阳市人民政府．襄阳市学校食堂和商店禁用不可降解一次性塑料制品［EB/OL］．（2022-03-27）［2022-11-18］．http：//www.xiangyang.gov.cn/zxzx/jrgz/202203/t20220327_2758826.shtml.

④ 全球婴童网．安徽：实施奶业倍增计划提升奶业竞争力［EB/OL］．（2022-04-11）［2022-11-25］．http：//www.ytpp.com.cn/data/2022-04-11/102417.html.

⑤ 中国奶业协会．投资儿童未来 | 营养餐如何保障教育，并助力摆脱饥饿和不平等［EB/OL］．（2022-04-04）［2022-11-25］．http：//www.ytpp.com.cn/data/2022-04-04/102244.html.

⑥ 半岛新闻客户端．胶州发布 2022 年重点办好城乡建设和改善人民生活方面 10 件实事［EB/OL］．（2022-04-14）［2022-11-18］．https：//view.inews.qq.com/k/20220414A09ZBK00?web_channel=wap&openApp=false.

⑦ 中华人民共和国教育部．教育部办公厅关于实施全国健康学校建设计划的通知［EB/OL］．（2022-04-14）［2022-11-25］．http：//www.moe.gov.cn/srcsite/A17/s7059/202204/t20220424_621280.html.

⑧ 山东省畜牧兽医局．山东省畜牧兽医局关于印发《山东省"十四五"奶业高质量发展提升行动方案》的通知［EB/OL］．（2022-04-22）［2022-11-25］．http：//xm.shandong.gov.cn/art/2022/4/22/art_101469_10303787.html.

2022 年 4 月 26 日，中国营养学会在北京召开发布会，发布《中国居民膳食指南（2022）》①。

2022 年 4 月 27 日，国务院办公厅印发《"十四五"国民健康规划》②。

2022 年 5 月 6 日，中国奶业协会发布《国家"学生饮用奶计划"推广管理办法》（修订版）③。

2022 年 5 月 6 日，中国奶业协会发布由其牵头起草的《学生饮用奶 巴氏杀菌乳》（T/DACS 003—2022）、《学生饮用奶 发酵乳》（T/DACS 004—2022）和《学生饮用奶 入校操作规范》（T/DACS 005—2022）3 项团体标准，并自 2022 年 9 月 1 日起实施④。

2022 年 5 月 13 日，2022 全民营养周暨"5·20"中国学生营养日主场宣传活动在京启动⑤。

2022 年 5 月 17 日，贵州省毕节市在七星关区、黔西市和金沙县开展国家"学生饮用奶计划"试点工作⑥。

2022 年 5 月 19 日，中国营养学会组织编写的《中国学龄儿童膳食指南（2022）》正式发布⑦。

2022 年 5 月 25 日，教育部办公厅印发《关于加强学校校外供餐管理工作的通知》⑧。

2022 年 5 月 27 日，贵州省教育厅发布贵州省学生资助和营养改善计划政策简介⑨。

2022 年 5 月 30 日，蚌埠市人民政府办公室发布《关于做好全市中小学校饮用奶、营养餐及校服规范服务工作的通知》⑩。

---

① 中国营养学会妇幼营养分会.《中国居民膳食指南（2022）》发布［EB/OL］.（2022-04-26）［2022-11-25］. http://www. mcnutri. cn/kepu/642220200. html.

② 中国政府网. 国务院办公厅关于印发"十四五"国民健康规划的通知［EB/OL］.（2022-05-20）［2022-11-25］. http://www. gov. cn/zhengce/content/2022-05-20/content_5691424. htm.

③ 中国奶业协会.《国家"学生饮用奶计划"推广管理办法》（修订版）正式发布［EB/OL］.（2022-05-11）［2022-11-25］. https://www. dac. org. cn/read/newxhdt-22051116212159411253. jhtm.

④ 中国奶业协会. 中国奶业协会关于发布《学生饮用奶 巴氏杀菌乳》等 3 项团体标准的通知（中奶协发［2022］17 号）［EB/OL］.（2022-05-11）［2022-11-25］. https://www. dac. org. cn/read/newxhdt-22051116274011611256. jhtm.

⑤ 中国学生营养与健康促进会. 2022 全民营养周暨"5·20"中国学生营养日主场宣传活动在京启动［EB/OL］.（2022-07-27）［2022-11-25］. http://1912305266. pool601-site. make. site. cn/news/140. html.

⑥ 中国食品安全网. 毕节市开展国家"学生饮用奶计划"试点工作［EB/OL］.（2022-05-17）［2022-11-25］. https://www. cfsn. cn/front/web/mobile. newshow?newsid=84105.

⑦ 中国营养学会.《中国学龄儿童膳食指南（2022）》在京发布［EB/OL］.（2022-05-20）［2022-11-25］. https://www. cnsoc. org/scienpopuln/0522202015. html.

⑧ 中国政府网. 教育部办公厅关于加强学校校外供餐管理工作的通知［EB/OL］.（2022-05-25）［2022-11-25］. http://www. gov. cn/zhengce/zhengceku/2022-06/02/content_5693661. htm.

⑨ 贵州省教育厅. 贵州省学生资助和营养改善计划政策简介［EB/OL］.（2022-05-27）［2022-11-25］. https://jyt. guizhou. gov. cn/xwzx/tzgg/202205/t20220527_74287761. html.

⑩ 蚌埠市人民政府. 蚌埠市人民政府办公室关于做好全市中小学校饮用奶、营养餐及校服规范服务工作的通知［EB/OL］.（2022-07-15）［2022-11-25］. https://www. bengbu. gov. cn/public/21981/49929805. html.

2022 年 5 月 30 日，《中国青年报》刊文"一个山区县的 5 元自助营养餐实践"①。

2022 年 5 月 31 日，《湖北日报》刊文"建始专项审计学生膳食资金 护航 3 万学生营养"②。

2022 年 6 月 10 日，钟山县教科局召开关于进一步做好学生饮用奶推广实施工作会议，进一步贯彻落实《贺州市人民政府办公室关于推广全市中小学生饮用"学生饮用奶"工作的通知》精神，加强做好推广实施学生饮用奶工作，确保安全稳妥推进③。

2022 年 6 月 21 日，国家卫生健康委员会主任马晓伟在第十三届全国人民代表大会常务委员会第三十五次会议上作《国务院关于儿童健康促进工作情况的报告》④。

2022 年 6 月 23 日，2022 年中小学生膳食指导和营养教育网络视频培训班于线上召开⑤。

2022 年 6 月 24 日，洛阳市教育局印发《关于规范"学生饮用奶"推广工作的通知》⑥。

2022 年 6 月 27 日，《中国食品安全报》刊文"长春市三方面整治学生餐饮安全"⑦。

2022 年 6 月 27 日，国家卫健委召开"一切为了人民健康——我们这十年"系列新闻发布会，介绍党的十八大以来食品安全和营养健康工作进展与成效⑧。

2022 年 6 月 28 日，河北省人民政府办公厅发布《关于进一步强化奶业振兴支持政策的通知》，"三、扩大乳制品加工消费"中提出"支持'学生饮用奶计划'实施范围拓展。按照'政府引导、学生自愿、统一组织、自费订购'的原则，拓展'学生饮用奶计划'实施范围，让更多的中小学生喝上优质奶。（责任单位：省教育厅、省市场监管局、

---

① 中国青年报. 一个山区县的 5 元自助营养餐实践［EB/OL］.（2022-05-30）［2022-11-18］. http: //zqb. cyol. com/html/2022-05/30/nw. D110000zgqnb_20220530_3-05. htm.

② 湖北日报. 建始专项审计学生膳食资金 护航 3 万学生营养［EB/OL］.（2022-05-31）［2022-11-18］. http: //news. hubeidaily. net/pc/741635. html.

③ 贺州日报. 这项国家"计划"，在钟山县持续推进……［EB/OL］.（2022-06-13）［2022-11-18］. https: //view. inews. qq. com/k/20220613A09J6700? web_channel = wap&openApp = false.

④ 中国人大网. 国家卫生健康委员会主任 马晓伟. 国务院关于儿童健康促进工作情况的报告——2022 年 6 月 21 日在第十三届全国人民代表大会常务委员会第三十五次会议上［EB/OL］.（2022-06-22）［2022-11-25］. http: //www. npc. gov. cn/npc/c30834/202206/3442472183a94b29a3edd6a1cf978aa1. shtml.

⑤ 中国疾病预防控制中心. 2022 年中小学生膳食指导和营养教育网络视频培训顺利举行［EB/OL］.（2022-07-09）［2022-11-25］. https: //www. chinacdc. cn/zxdt/202207/t20220709_260163. html.

⑥ 洛阳市教育局. 关注 | 市教育局发布文件规范学生饮用奶推广工作［EB/OL］.（2022-06-24）［2022-11-25］. https: //mp. weixin. qq. com/s? __biz = MzAxNTAyNDEzOA = = &mid = 2455235377&idx = 2&sn = f17c1ffd489fcfa3945e4872bd415afa&chksm = 8c292254bb5eab42bc75e4de18f055bf3371a9c5c9a72d7edcc4639316a39f1bd8e410840010&scene = 27.

⑦ 中国食品安全报. 长春市三方面整治学生餐饮安全［EB/OL］.（2022-06-27）［2022-11-18］. https: //www. cfsn. cn/front/web/site. newshow? newsid = 85413.

⑧ 人民网. "一切为了人民健康——我们这十年"系列新闻发布会中疾控专家：我国贫困地区学生生长迟缓率从 8.0% 降到 2.5%［EB/OL］.（2022-06-27）［2022-11-25］. http: //health. people. com. cn/n1/2022/0627/c14739-32457585. html.

省农业农村厅）"①。

2022年6月29日，湖北省教育厅印发《关于进一步做好国家"学生饮用奶计划"推广管理工作的通知》，要求各级教育行政部门在加大幼儿园、义务教育阶段国家"学生饮用奶计划"推广力度的基础上，逐步向高中阶段学校延伸，让更多的学生受益此项计划②。

2022年7月4日，全国中小学健康教育教学指导委员会发布《2022年暑期中小学生和幼儿健康生活提示要诀》。在教育部指导下，全国中小学健康教育教学指导委员会在《2022年寒假中小学生和幼儿健康生活提示要诀》基础上修订而成③。

2022年7月14日，财政部、教育部印发《中小学校财务制度》④。

2022年7月21日，江苏省卫生健康委、江苏省教育厅发布《关于印发江苏省学生餐营养指南的通知》⑤。

2022年7月23日，由中国学生营养与健康促进会、呼和浩特市人民政府共同主办，蒙牛集团承办的"2022中国学生营养与健康发展大会"在内蒙古自治区呼和浩特市召开⑥。

2022年8月24日，市场监管总局办公厅、教育部办公厅、国家卫生健康委办公厅、公安部办公厅印发《关于做好2022年秋季学校食品安全工作的通知》⑦。

2022年8月，靖西市教育局召开推广全市中小学生及幼儿园"学生饮用奶"工作布置会，做到早部署、早落实，积极推动国家"学生饮用奶计划"在全市稳步开展⑧。

2022年10月9日，人民日报记者从教育部获悉：截至2021年底，农村义务教育学生

① 河北省人民政府.河北省人民政府办公厅关于进一步强化奶业振兴支持政策的通知［EB/OL］.（2022-06-28）［2022-11-25］.http://info.hebei.gov.cn//hbszfxxgk/6806024/6807473/6807180/7009117/7009241/7026948/index.html.

② 中国教育新闻网.湖北"学生饮用奶计划"将延伸至高中阶段学校［EB/OL］.（2022-07-20）［2022-11-25］.http://www.jyb.cn/rmtzcg/xwy/wzxw/202207/t20220720_701997.html.

③ 中华人民共和国教育部.2022年暑期中小学生和幼儿健康生活提示要诀［EB/OL］.（2022-07-05）［2022-11-25］.http://www.moe.gov.cn/jyb_xwfb/gzdt_gzdt/s5987/202207/t20220705_643591.html.

④ 中国政府网.关于印发《中小学校财务制度》的通知［EB/OL］.（2022-07-14）［2022-11-25］.http://www.gov.cn/zhengce/zhengceku/2022-08/11/content_5705015.htm.

⑤ 江苏省卫生健康委员会.关于印发江苏省学生餐营养指南的通知（苏卫疾控〔2022〕39号）［EB/OL］.（2022-07-28）［2022-11-25］.http://wjw.jiangsu.gov.cn/art/2022/7/28/art_7312_10555081.html.

⑥ 中国网.2022中国学生营养与健康发展大会在呼和浩特市成功召开［EB/OL］.（2022-07-27）［2022-11-25］.http://zw.china.com.cn/2022-07-27/content_78343438.html.

⑦ 中国政府网.市场监管总局办公厅 教育部办公厅 国家卫生健康委办公厅 公安部办公厅关于做好2022年秋季学校食品安全工作的通知［EB/OL］.（2022-08-24）［2022-11-25］.http://www.gov.cn/zhengce/zhengceku/2022-08/31/content_5707626.htm.

⑧ 靖西融媒中心.靖西：推广"学生饮用奶计划"助力中国少年强［EB/OL］.（2022-08-30）［2022-11-18］.https://mp.weixin.qq.com/s?__biz=MzUyMDAwNjU2NA==&mid=2247651913&idx=4&sn=1bba184dc6f44354462220117ba8f7e2&chksm=f9fc2c82ce8ba594e223079f16b4e04b9d2e8224c29aafaa4e9d338a0e3a16362c12931760c4&scene=27.

营养改善计划已惠及农村学生 3.5 亿人次①。

2022 年 10 月 18 日，中国经济时报记者李海楠撰文"十年营养改善助力阻断贫困代际传递"②。

2022 年 10 月 31 日，教育部、国家发展改革委、财政部、农业农村部、国家卫生健康委、市场监管总局和国家疾控局七部门印发《农村义务教育学生营养改善计划实施办法》的通知③。

---

① 人民网-人民日报. 营养改善计划惠及农村学生 3.5 亿人次（奋进新征程 建功新时代·非凡十年）［EB/OL］.（2022-10-09）［2022-11-25］. http://health. people. com. cn/n1/2022/1009/c14739-32541116. html.

② 中国经济时报. 十年营养改善助力阻断贫困代际传递［EB/OL］.（2022-10-18）［2022-11-25］. https://jjsb. cet. com. cn/show_525312. html.

③ 中华人民共和国教育部. 教育部等七部门关于印发《农村义务教育学生营养改善计划实施办法》的通知［EB/OL］.（2022-11-07）［2022-11-25］. http://www. moe. gov. cn/srcsite/A05/s7052/202211/t20221111_984150. html.

附　录

◎ 附录1　全国学校食品安全与营养健康工作专家组专家名单

组　长：

任发政　中国农业大学

副组长：

范学慧　国家市场监督管理总局

丁钢强　中国疾病预防控制中心

马冠生　北京大学

李　涛　中国食品安全报社

成　员：

刘爱玲　中国疾病预防控制中心

李新威　中国疾病预防控制中心

张　倩　中国疾病预防控制中心

姜　洁　北京市食品安全监控和风险评估中心

车会莲　中国农业大学

何计国　中国农业大学

张柏林　北京林业大学

厉梁秋　中国营养保健食品协会

陈彦桦　中国食品报社

路福平　天津科技大学

桑亚新　河北农业大学

韩　雪　河北科技大学

白彩琴　山西大学

程景民　山西医科大学

乌云格日勒　内蒙古师范大学

肖景东　辽宁中医药大学附属第四医院

岳喜庆　沈阳农业大学

南西法　锦州医科大学

施万英　中国医科大学

刘景圣　吉林农业大学

刘静波　吉林大学

赵　岚　黑龙江省疾病预防控制中心

王　慧　上海交通大学

陈　波　复旦大学

戴　月　江苏省疾病预防控制中心

孙桂菊　东南大学

韩剑众　浙江工商大学
赵存喜　安徽医科大学
曾绍校　福建农林大学
邓泽元　南昌大学
夏克坚　南昌师范学院
迟玉聚　山东省市场监督管理局
何金兴　齐鲁工业大学
吕全军　郑州大学第一附属医院
李　斌　华中农业大学
朱惠莲　中山大学
任娇艳　华南理工大学
李汴生　华南理工大学
肖平辉　广州大学
李习艺　广西医科大学
方桂红　海南医学院
张　帆　海南医学院
文雨田　重庆市九龙坡区教育委员会
李继斌　重庆医科大学
胡　雯　四川大学华西医院
梁爱华　四川旅游学院
魏绍峰　贵州医科大学
德　吉　西藏大学
于　燕　西安交通大学
梁　琪　甘肃农业大学
王树林　青海大学
马　芳　宁夏回族自治区疾病预防控制中心
肖　辉　新疆医科大学
武　运　新疆农业大学
罗建忠　新疆生产建设兵团疾病预防控制中心
程华英　新疆生产建设兵团第十一师疾病预防控制中心

◎　附录2　农村义务教育学生营养改善计划膳食指导与营养教育工作方案

　　自2011年国家启动实施农村义务教育学生营养改善计划（简称"营养改善计划"）以来，农村学生营养健康状况有较大改善、身体素质进一步提升。近年来，根据中国疾病预防控制中心开展的监测评估显示，部分试点地区（学校）普遍存在膳食结构不合理、饮食行为不健康、营养健康知识不足等现象。为贯彻落实《基本医疗卫生与健康促进法》（2019 年），持续推进健康中国行动（2019—2030 年），进一步加强营养健康宣传教育制度，不断提高供餐质量，从 2022 年开始，全国农村义务教育学生营养改善计划领导小组办公室会同中国疾病预防控制中心，在营养改善计划实施地区深入开展膳食指导和营养宣传教育。具体方案如下：

一、工作目标

在各省（自治区、直辖市）和新疆生产建设兵团的营养改善计划国家试点县、地方试点县和部分非试点县，开展农村中小学生膳食指导和营养健康宣传教育，营造"学校-家庭-社会"多层次营养健康氛围，提高农村中小学生营养健康素养，树立科学的营养观念，养成健康的饮食习惯，促进健康成长。

二、工作内容

深入分析历年学生营养健康监测评估数据，针对监测评估发现的问题，围绕中小学生营养与健康需求，结合当地中小学生营养健康状况和饮食习惯，通过营养健康宣传教育、食堂供餐管理、身体活动促进、营养健康培训等措施，开展综合性营养健康宣传教育和膳食指导工作。160 个重点监测县及常规监测县应在重点监测学校和常规监测学校开展规定活动，自主开展扩展活动；其他试点县和学校选择性开展规定活动或扩展活动。

（一）膳食指导

利用"学生电子营养师"等配餐软件，指导学校按照《学生餐营养指南》（WS/T 554—2017）要求，为学生提供营养均衡的食物。

1. 规定活动

（1）设计带量食谱。结合学生营养状况和饮食习惯，由疾控中心或营养专业人员指导学校按照《学生餐营养指南》（WS/T 554—2017）要求设计带量食谱，并每周公示。

（2）分析食谱营养。利用"学生电子营养师"等配餐软件或平台，由疾控中心或营养专业人员指导学校分析带量食谱的能量和主要营养素供应量，并按照《学生餐营养指南》（WS/T 554—2017）要求加以优化，做到营养均衡。

2. 扩展活动

（1）在教学楼为学生提供清洁卫生的饮用水或开水。

（2）实行选餐制的学校食堂开设营养套餐窗口，做到食物多样、荤素搭配、营养均衡。

（3）学校供餐逐步做到减盐、减油、减糖，使用营养标识。

（二）开展营养健康宣传教育

参考《小学生营养教育教师指导用书》《中学生营养教育教师指导用书》等书籍，以喜闻乐见、寓教于乐的形式向中小学生讲授营养健康知识，组织形式多样的宣传教育活动。

1. 规定活动

（1）开设营养健康课程。推动学校按要求开设健康教育课，由健康教育任课教师或经过培训的其他教师定期为学生讲授营养健康知识，每学期不少于 2 课时。

（2）组织学生营养日活动。在"5·20"学生营养日或全民营养周等时间点，结合"师生健康中国健康"主题健康教育活动，组织以营养健康为主题的学生活动，每年不少于 1 次。

（3）向家长宣传营养健康知识。通过家长信、宣传折页和手册、专家讲座、微信、校讯通等形式向家长开展营养宣传教育，每学期不少于 1 次。

2. 扩展活动

（1）在校园内宣传营养健康知识，如板报、海报、校园广播、滚动屏、营养健康小屋等。

（2）在校园内开辟小菜园，组织学生栽种蔬菜、果树、小麦、水稻等。

（3）组织学生开展营养主题实践活动，如班会、参观农田或食品工厂等。

（4）组织以营养健康为主题的家校活动，如学生烹饪比赛、营养夏令营等。

（三）促进身体活动

组织开展丰富多彩的活动，保证学生在学校每天累计进行至少 1 小时中等强度及以上的运动。

1. 规定活动

每天阳光运动 1 小时。利用体育课、课间、课外活动时间等，保证学生每天校内活动时间累计达到 1 小时，尽量在户外进行。

2. 扩展活动

（1）组织学生开展特色化的集体锻炼，例如"快乐 10 分钟"、跳绳、踢毽子、跑步或其他传统体育项目，打造运动特色学校。

（2）开设足球、篮球、乒乓球、排球、韵律操等运动兴趣小组。

（3）组织学生运动会。

（四）营养健康培训

1. 规定活动

组织省、市、县各级疾控中心和教育部门基层工作人员、学校教师、食堂从业人员开展营养健康和均衡膳食相关知识和技能培训。

2. 扩展活动

组织各级营养健康与膳食指导的技能比赛，如授课比赛、营养配餐技能赛等。

三、时间安排

膳食指导和营养教育工作从 2022 年开始，每两年为一个周期，第一年主要开展营养宣传教育和膳食指导；第二年主要开展营养健康监测评估，了解各项措施的实施效果。

四、组织实施

（一）加强组织领导。中国疾病预防控制中心、全国农村义务教育学生营养改善计划领导小组办公室负责膳食指导和营养宣传教育工作的组织协调。中国疾病预防控制中心营养与健康所负责组织各级疾控中心与教育部门配合，具体开展此项工作并评估工作实施效果。省、市级疾控中心要不断强化本级学生营养健康专业队伍建设，加强与教育部门协作，形成符合当地实际的营养宣传教育和膳食指导方案，做好基层人员培训，指导县（区）疾控中心开展工作。县级疾控中心与教育部门要密切合作，落实营养宣传教育和膳食指导工作。

（二）注重宣传引导。采取多种形式，强化营养教育和膳食指导，引导老师、食堂从业人员、学生了解和掌握必备营养健康知识，提高营养配餐能力，引导学生养成健康饮食习惯。

（三）及时总结工作。各级疾控中心应及时总结营养全传教育与膳食指导的工作成效和经验做法，每年 12 月通过营养改善计划营养健康状况监测评估系统提交当年工作开展情况的总结报告。

◎ 附录 3　农村义务教育学生营养改善计划营养干预试点方案

自 2011 年农村义务教育学生营养改善计划（以下简称"营养改善计划"）实施以来，农村学生营养状况明显改善、身体素质明显提升。但逐年开展的学生营养健康状况监测评估结果显示，部分地区中小学生贫血率仍处于较高水平，肥胖率呈现上升趋势，膳食结构不合理、饮食行为不健康、营养健康知识薄弱等现象普遍存在。为贯彻落实《基本医疗卫生与健康促进法》（2019 年）的要求，加强对欠发达地区未成年人实施营养干预，切实改善农村学生营养状况，全国农村义务教育营养改善计划领导小组办公室（以下简称"全国学生营养办"）会同中国疾病预防控制中心，从 2022 年秋季学期起，在营养改善计划部分重点监测县开展营养干预试点工作，探索可推广的学生营养健康改善模式，促进经济欠发达地区学生健康成长。

一、试点内容

以 2021 年农村学生营养健康监测评估结果为基础，选取 20 个贫血率、生长迟缓率或肥胖率相对较高的重点监测县作为营养干预试点县，进行有针对性的膳食指导和营养宣传教育，同时，从中选取 15 个县分别采用食物强化、营养优化、农校结合等措施进行专项营养干预指导，并将另外 5 个县作为对照组，开展营养干预效果分析。

（一）基本内容

20 个试点县在落实《农村义务教育学生营养改善计划膳食指导与营养教育工作方案》要求的基础上，重点开展以下工作：

1. 分析带量食谱。按照《学生餐营养指南》（WS/T 554—2017）对食物量和营养素的要求，利用"学生电子营养师"（网络版）配餐平台，分析调整供餐学校每周食谱，做到营养均衡，并公示每周带量食谱。

2. 开展校内营养健康讲座。结合《小学生营养教育教师指导用书》《中学生营养教育教师指导用书》，由接受过营养健康教育培训的教师为学生讲授营养健康知识，每学期累计不少于 2 学时。

3. 面向家长开展营养健康宣传。通过发放家长信、折页、小册子、微信、校讯通、讲座等方式，向家长宣传营养健康知识，强化家长的营养健康理念，每学期不少于 1 次。

4. 校园营养健康主题宣传。通过设置营养健康主题宣传板报、张贴宣传海报、滚动屏播放营养健康内容或校园广播宣传营养健康主题等方式，增强校内营养健康宣传氛围，每学期不少于 1 次。

（二）专项试点

对 15 个专项试点县分三类开展营养干预试点，分别采用食物强化、营养优化、农校结合的措施进行专项营养干预。

1. 食物强化

采用营养素补充强化的方式，改善试点县农村学生营养健康状况。比如，学校供餐过程中，采用铁强化酱油蔡代传统的酱油；采用复合微量营养素强化面粉代替普通面粉。由试点县（区）有关主管部门协调所需物资的集中采购和配送。

2. 营养优化

选取目前已实施膳食费用分担机制的县（区）作为试点，指导学校提高供餐质量，在供应完整正餐的基础上，通过每周额外供应 2~3 次牛奶或鸡蛋等方式进行营养优化。

3. 农校对接

由试点县（区）教育部门、卫生健康部门会同农业部门，统一设计营养改善计划实施学校的供餐食谱，统筹各类食物需求，指导当地农户按需种植、养殖农副产品等。搭建农校对接平台，按学校就餐人数定点采购、按时配送。

二、组织实施

1. 明确工作机制

全国学生营养办与中国疾病预防控制中心营养与健康所研究制定试点方案，确定营养干预试点县名单，组建专家组，组织调研和评估。相关省份学生营养办会同疾控中心，联合"全国学校食品安全与营养健康工作专家组"等相关领域专家，指导各试点县（区）开展工作。各县（区）学生营养办会同有关部门，制定营养干预试点具体实施方案，明确工作负责人和营养指导员，落实试点工作。

2. 组织人员培训

国家疾控中心组织相关省份疾控中心、教育部门人员培训，县（区）疾控中心会同教育部门组织教师、食堂从业人员等相关人员培训，讲授试点方案、具体要求、营养健康宣传教育及合理配餐的知识和技能。

3. 实施效果评估

在营养干预试点工作实施过程中，相关省份各级教育部门和疾控中心密切配合，做好营养指导工作，形成符合当地实际情况的膳食营养指南或带量食谱，确保餐食搭配合理、营养均衡，提高学生的健康指标。县级疾控中心通过对学生营养健康监测评估实施效果，并通过营养改善计划营养健康状况监测评估系统提交。

三、时间安排

2022 年 5—6 月　　　制定营养指导试点方案，确定试点地区
2022 年 6—7 月　　　组织人员培训，形成地方试点方案，实地调研
2022 年 8—12 月　　　实施营养干预试点，实地调研
2023 年 1 月　　　　　组织试点中期交流
2023 年 1—6 月　　　实施营养干预试点，实地调研
2023 年 7—12 月　　　开展检测评估，总结实施经验和效果

20 个营养干预试点县名单

序号	省（区）	县（区）	序号	省（区）	县（区）
1	西藏自治区	南木林县	11	四川省	叙永县
2	新疆维吾尔自治区	阿合奇县	12	重庆市	潼南区
3	甘肃省	武山县	13	贵州省	水城区
4	甘肃省	天祝县	14	山西省	高平市
5	青海省	乐都区	15	广西壮族自治区	武宣县
6	陕西省	清涧县	16	云南省	福贡县
7	江西省	修水县	17	海南省	陵水县
8	河北省	青龙县	18	浙江省	临海市
9	河南省	范县	19	广东省	连南县
10	湖北省	罗田县	20	新疆维吾尔自治区生产建设兵团	79 团场